三色堇种质资源研究与评价

杜晓华 著

中国农业出版社
北 京

图书在版编目（CIP）数据

三色堇种质资源研究与评价 / 杜晓华著．—北京：中国农业出版社，2020.12
ISBN 978-7-109-27758-8

Ⅰ．①三…　Ⅱ．①杜…　Ⅲ．①堇菜科—种质资源—研究—中国　Ⅳ．①S567.232.4

中国版本图书馆 CIP 数据核字（2021）第 008589 号

三色堇种质资源研究与评价
SANSEJIN ZHONGZHI ZIYUAN YANJIU YU PINGJIA

中国农业出版社出版
地址：北京市朝阳区麦子店街 18 号楼
邮编：100125
责任编辑：王玉英
版式设计：杜　然　　责任校对：吴丽婷
印刷：化学工业出版社印刷厂
版次：2020 年 12 月第 1 版
印次：2020 年 12 月北京第 1 次印刷
发行：新华书店北京发行所
开本：720mm×960mm　1/16
印张：13.5
字数：240 千字
定价：98.00 元

前　言

在当今世界经济全球化浪潮中，种业竞争和垄断化发展不断加剧。加快培育具有我国自主知识产权的作物（植物）优良品种，是从源头上保障我国粮食安全和园艺产业可持续发展的关键。种质资源是新优品种选育的基础，没有好的种质资源就不可能育成好的品种。种质资源也是农业生产发展的物质基础和生物研究的重要材料。发掘和利用各类植物种质资源已经成为当今生物科学研究的重要主题之一。

三色堇（*Viola*×*wittrockiana*. Gams）是堇菜科堇菜属美丽堇菜亚属（组）的多年生草本植物，常做一、二年生栽培。其具有花色丰富、花期长且耐寒等特点，是春季和秋冬季重要的花坛和盆栽的花卉，有“花坛皇后”的美誉，在欧洲以及美国、日本等发达国家十分流行。我国自20世纪80年代引进三色堇以来，深受人们喜爱，市场需要量很大。然而，目前市场90%以上种子来自国外。加强三色堇种质资源研究与新品种选育，已经成为我国育种工作者的重要任务之一。我们课题组近10多年来先后从国内外广泛引种，并对这些资源开展了一系列研究。为促进我国三色堇种质资源创新与利用，加快新优品种选育的步伐，在对相关文献进行归纳的基础上，将我们近10多年的研究予以总结，著成本书。本书内容共分6章：三色堇种质资源概述、三色堇种质资源的表型评价、三色堇种质资源的细胞遗传学研究、三色堇种质资源的分子遗传多样性研究、三色堇光合生理特性研究、三色堇的抗逆性研究。

本书的研究成果汇聚了笔者和课题组刘会超教授，穆金艳和朱小佩老师，研究生王梦叶、陈宏志、齐阳阳、杨雅萍、王虎等，以及数十位本科生的汗水。在此，对他们为我国三色堇事业付出的努力表示感谢。本书系三色堇种质资源的专著，可作为三色堇研究人员和花卉育种工作者的重要参考工具书。

著　者

2020年7月

目　　录

前言

第一章　三色堇种质资源概述 …… 1

一、野生资源 …… 2
二、品种资源 …… 3

第二章　三色堇种质资源的表型评价 …… 14

一、三色堇品种资源的观赏性状比较与评价 …… 14
二、层次分析法在三色堇观赏性评价中的应用 …… 21
三、三色堇观赏性状的主成分分析 …… 29
四、基于遗传距离的 33 个三色堇品种的聚类分析 …… 36
五、基于主成分的三色堇聚类分析 …… 43
六、三色堇数量性状的相关及灰关联度分析 …… 53
七、三色堇品种的灰色多维综合评估 …… 59

第三章　三色堇种质资源的细胞遗传学研究 …… 65

一、体细胞有丝分裂与花粉母细胞减数分裂 …… 65
二、大花三色堇的核型分析 …… 69
三、角堇与大花三色堇染色体核型比较分析 …… 79
四、流式细胞术在大花三色堇及角堇倍性鉴定中的应用 …… 86

第四章　三色堇种质资源的分子遗传多样性研究 …… 93

一、基于 SRAP 标记的三色堇种质资源遗传多样性分析 …… 93
二、基于 RSAP 标记的大花三色堇与角堇资源的遗传多样性分析 …… 108
三、三色堇转录组 SSR 分析及其分子标记开发 …… 119

第五章　三色堇的光合生理特性研究 …… 137

一、试验材料与方法 …… 138
二、结果与分析 …… 141
三、小结与讨论 …… 153

第六章　三色堇的抗逆性研究 …… 157

一、三色堇种质资源对高温胁迫的生理响应 …… 157
二、三色堇种质资源的耐寒性研究 …… 172
三、三色堇种质资源的耐盐性研究 …… 186

参考文献 …… 195

第一章　三色堇种质资源概述

三色堇（*Viola*×*wittrockiana*. Gams），又名大花三色堇、蝴蝶花、猫脸花和鬼脸花等，英文名称 Pansy，为园艺杂交种，常做一、二年生栽培。其花色彩丰富，花期长且耐寒，有“花坛皇后”的美誉，是春季和秋冬季重要的花坛和盆栽花卉。

三色堇为堇菜科（Violaceae）堇菜属（*Viola*）多年生草本植物。堇菜属有 525～600 个种（Ballard et al.，1999），广泛分布于温带、亚热带和热带地区，以北半球温带最多。中国约有 120 种，南北各省（自治区、直辖市）均有分布，大多数种类分布在西南地区，其次是东北和华北地区。

1823 年，Gingins 根据花柱特征将堇菜属划分为 5 个组：①*V*. sect. *Melanium* Gingins；② *V*. sect. *Dischidium* Gingins；③ *V*. sect. *Nominum* Gingins；④*V*. sect. *Chamemelanium* Gingins；⑤*V*. sect. *Leptidium* Gingins（段春燕等，2004）。一些学者认为各组间差异明显而将组提升为亚属，将堇菜属分为 4 大亚属，即堇菜亚属（Subgen. *Viola*）、二裂花柱亚属（Subgen. *Dischidium*（Ging.）Peterm）、须毛柱头堇菜亚属（Subgen. *Chamaemelanium*（Ging. Juz）和美丽堇菜亚属（Subgen. *Melanium* Gingins）（杨继和汪劲武，1989）。除了将 Gingins 划分的 sect. *Nominum* 和 sect. *Leptidium* 两个组合并为堇菜亚属外，其余亚属与相应的组一一对应。

三色堇的主要杂交亲本来自美丽堇菜亚属（组）。该亚属难以与其他亚属杂交，而亚属内各种易于杂交，亲缘关系较近，遗传差异较小（张其生等，2010）。因此，美丽堇菜亚属植物是三色堇常规杂交育种的主要种质资源。本亚属植物的特征是：多年生或一、二年生草本，有地上茎；托叶大，离生，通常羽状或呈掌状深裂，稀不裂；花较大，呈蓝色、紫堇色、黄色及杂色等；萼片的附属物较明显；花柱基部明显膝曲，柱头肥厚呈球状，无喙，近基部两侧有柔毛，腹面有大形柱头孔，柱头孔下方具瓣片状突起物；侧瓣向上且花粉粒较大，多倍性和杂交在本组物种进化过程中起着重要作用，并导致染色体数的多样性（Yockteng et al.，2003）。本亚属中国产 2 组。

一、野生资源

1. 三色堇（*V. tricolor* L.） 原产欧洲，为二年或多年生草本植物。茎高10～40 cm，全株光滑。地上茎直立或稍倾斜，有棱，单一或多分枝。基生叶长卵形或披针形，具长柄；茎生叶卵形、长圆形，先端圆或钝，边缘具稀疏的圆齿或钝锯齿。花朵直径3.5～6 cm，每茎上有3～10朵，每花通常有紫、白、黄三色。上方花瓣深紫堇色，侧方及下方花瓣均为三色，有紫色条纹，下方花瓣距较细，长5～8 mm。花柱短，基部明显膝曲，柱头膨大，呈球状，前方具较大的柱头孔。蒴果椭圆形，长0.8～1.2 cm。染色体数目不定，$2n=$20、26、42、46。喜阳光，喜凉爽，在昼温15～25℃、夜温3～5℃的条件下发育良好，较耐寒，根系可耐－15℃低温，但低于－5℃叶片受冻，边缘变黄。忌高温和积水（王庆瑞，1991）。有5个亚种（subsp. *tricolor*、subsp. *curtisii*、subsp. *macedonica*、subsp. *subalpina* 和 subsp. *matutina*），是园艺品种的主要亲本（包满珠，2004）。

2. 野生堇菜（*V. arvensis* Murray） 原产欧洲、北非及西亚，北美洲以及澳大利亚、新西兰亦有归化。一年生草本，茎高25～40 cm，全株无毛，地上茎有棱，具分枝。根系多，但主根不明显。叶片长匙形，顶端钝或尖，边缘有锯齿。花朵直径2～2.2 cm，下方花瓣浅黄色至黄色，其余花瓣浅黄色至蓝紫色，侧方花瓣基部具绒毛。下方花瓣之距与萼片附属物等长，花梗上小苞片不为萼片覆盖，显露。果实椭圆形，长约0.7 cm。花期4～10月。中国台湾中央山脉中部武陵农场和思源垭口地区分布有归化种（周劲松和邢福武，2007）。

3. 黄堇（*V. lutea* HUDS） 亦称山蝴蝶花（mountain pansy），广泛分布于欧洲的阿尔卑斯山区，株高约20 cm，花朵直径为2.0～3.5 cm，多为黄色，偶见蓝色、紫色或斑点的花。

4. 角堇（*V. cornuta* L.） 原产欧洲南部地区，又名香堇菜，堇菜科堇菜属多年生草本植物。株高10～30 cm，具根状茎，茎较短且直立，分枝能力强。花两性，两侧对称，花梗腋生，花瓣5枚，花径2.5～4.0 cm。花色丰富，有红、白、黄、紫、蓝等颜色，有时上瓣和下瓣呈不同颜色。果实蒴果，呈较规则的椭圆形（王庆瑞，1991）。园艺价值高，适合做三色堇杂交亲本。

5. 塔城堇菜（*V. tarbagataica* Klok） 多年生草本，地上茎高10～25 cm，无毛。下部叶片卵形或圆卵形，中部叶片圆状卵形，上部叶片圆状披针形，边缘具密圆齿。每茎上着生花1～5朵，花梗长2～11 cm。花冠蓝紫色，宽2～

2.5 cm，下方花瓣基部有黄色斑点，距长 3～4 mm。蒴果卵圆状，长 7～8 mm。分布于中国新疆塔城地区及喀纳斯湖周边，生于海拔 2 000～3 000 m 的高山草甸、冻原石缝以及亚高山草甸。哈萨克斯坦也有分布（周劲松和邢福武，2007）。

6. 阿尔泰堇菜（*V. altaica* KerGawl）　多年生草本，株高 4～17 cm。花直径 2～4.5 cm，有黄色和蓝紫色两种颜色，花梗长 5～16 cm。上方花瓣近卵圆形，侧方及下方花瓣基部具明显的紫黑色条纹，下方花瓣距长 3～4 mm，稍超出萼片的附属物，通常微向上弯曲。蒴果长圆状卵形，花期 5～8 月。根状茎具多头细分枝，地上茎极短，节间短缩，密被多数叶片，叶片圆卵形或长圆状卵形，先端钝圆，边缘具圆齿，两面近无毛或疏被细毛。叶柄通常较叶片长。分布于中国新疆天山及阿尔泰山脉，生于高山及亚高山草甸、山坡林下、草地等处。俄罗斯西伯利亚和中亚地区也有分布（周劲松和邢福武，2007）。

7. 隐距堇菜（*V. occulta* Lehm）　一年生草本，高 3.5～27 cm。茎直立或斜伸，具斜伸的枝条，有短毛，稀无毛。叶片长 7～60 mm，宽 2～12 mm，被短毛，尤以背面叶脉及叶缘明显；下部叶片卵形或椭圆形，具长叶柄，全缘；中部叶片椭圆形至卵状披针形，具短叶柄，边缘具有不明显锯齿；上部叶片较狭窄，椭圆形或线状披针形，近无柄。花生于茎干上，花梗长 25～70 mm，花冠长 6～8 mm，顶端凹，明显短于花萼，浅黄色，上部花瓣有时蓝色，下方花瓣连距长 6.5～8 mm。蒴果椭圆形，长 7～9 mm（周劲松和邢福武，2007）。花期 4～6 月。分布于中国新疆塔城地区的向阳处，中亚、西亚及欧洲亦有分布（周劲松和邢福武，2007）。

8. 深紫堇菜（*V. atroviolacea* W. Beck）　多年生草本，高 15～30 cm。根状茎分枝，茎斜生，基部常匍匐生长，具短毛。叶片长 10～30 cm，宽 4～12 cm，边缘具牙齿状锯齿，下部叶片卵圆形至卵状椭圆形，基部微凹；上部叶片卵状长圆形或长圆状披针形，略宽，具柄；茎上着生花朵 1～3 枚，花梗长 55～130 mm，花冠长 17～25 mm，上方花瓣暗深紫色，其余花瓣深黄色，具蓝色边缘；距长 3～6 mm，顶部向上弯曲。蒴果 8～10 mm，花果期 6～7 月。分布于中国新疆阿尔泰山亚高山草甸及山地林缘，哈萨克斯坦及俄罗斯也有分布（周劲松和邢福武，2007）。

二、品种资源

三色堇育种成果丰硕，栽培品种已超 300 个，其中多个品种获得了全美选种组织（All Amecica Selections，AAS）设立的花坛植物奖。

（一）三色堇品种资源的分类

1. 按照遗传背景，这些品种可分为 4 个品种群：

（1）Violet（Sweet Violet），由 *V. odorata*、*V. suavis*、*V. pontica* 和 *V. alba* 起源的园艺品种群，其品种众多，有单瓣与重瓣，花色有紫色、粉色和白色。

（2）Pansy（*Viola*×*wittrockiana*），以三色堇原种（*V. tricolor*）为中心，与黄堇（*V. lutea*）及开蓝色花的阿尔泰堇菜（*V. altaica*）混合杂交而成，一二年生草本，茎松散伸长，托叶边缘分裂，唇瓣上的距短而弯曲。

（3）Viola（*V.* ×*wittrockiana*），以 Pansy 与角堇（*V. cornuta*）野生种杂交而成的园艺品种群，为多年生草本，植株紧凑，托叶多不分裂，唇瓣上的距较长。

（4）Violetta，由 Viola（*V.* ×*wittrockiana*）选出的特别紧凑的品种群，植株小，花小，白色。

2. 美洲堇菜协会（American Violet Society）**将三色堇分为 4 类：**

（1）早期大花三色堇（Early Pansies）。

（2）梦幻大花三色堇（Fancy Pansies）。

（3）展览大花三色堇（Show Pansies）。

（4）花坛大花三色堇（Bedding Pansies）。

3. 在园艺栽培应用中常按花径大小分类，但划分标准略有差异　美国的 Douglas A. Bailey 划分标准为：

（1）大花系　花径 8.89～11.43 cm（3.5～4.5 英寸）。

（2）中花系　花径 6.35～8.89 cm（2.5～3.5 英寸）。

（3）小花系　花径 3.81～6.35 cm（1.5～2.5 英寸）。

一些育种公司的划分标准为：①巨大花系（花径＞10 cm），如壮丽大花（Majestic Giant）、奥勒冈大花（Oregon Giant）、罗加和集锦（Rogglis Elite Mixture）；②大花系（花径 6～8 cm），如瑞士大花（Swissis Giant）；③中花系（花径 4～6 cm），如三马杜（Tfi-mardeau）、海玛（Hiemalis）；④切花系（花柄长 15～25 cm）。

中国农业百科全书（观赏园艺卷）的划分标准为：花径≥10cm 为巨大花，7.0～9.9 cm 为大花，5.0～6.9 cm 中花，3.0～4.9 cm 小花，＜3.0 cm 微型花。

（二）三色堇品种系列

三色堇品种通常以系列品种形式推出，属于同一系列的品种通常具有相似的特征，如花径大小相同、株型一致、具有相似的抗性及花斑，在同一系列中不同成员的花色不同（Bailey et al.，1995）。目前生产上应用的三色堇品种大多数为F_1代，也有一些F_2代品种推广，如“多彩节日”“混色”“开花使者”“帕特”等（张西西等，2009）。当前市场上主流三色堇品种列举如下：

1. 想象力（Inspire）　德国班特利种业公司培育。欧洲、美洲三色堇主流品种之一。株型紧凑，分枝佳，中大花型（8～10 cm），开花早，花朵直立不易下垂。花量多，各花色的花期一致，花期长。长势旺，货架期长。耐热、耐寒，适宜春秋种植，盆栽及露地栽培，符合生产需求。花色丰富，有纯色也有花斑。不同花色品种有：蓝天使、蓝紫双色、蓝色斑目、深蓝斑目、洋红斑目、深橙红、改良渐变橘红、淡粉紫、柠檬黄带红斑、渐变淡紫、浅紫斑目、金黄色、淡黄色、紫色、紫橙双色、紫色笑脸、红色斑目、玫红、红宝石、猩红、银蓝斑目、赤红、纯蓝、紫黄双色、白色、白色斑目、白色带红斑、黄色斑目、黄色带红翅、混色、斑目混色、纯色混合。

2. 帕德杰（Padparadja）　德国班特利种业公司培育。深橙花色，与众不同。耐寒，适合早春种植。

3. 猫咪（Cats）　德国班特利种业公司培育的品种系列，是第一个揉和三种颜色的三色堇，有明显花纹和线条，像猫脸，分枝多，花量大，开花不断，耐旱性强。不同的花色品种有：浅蓝、橙色、紫白双色、红金双色、白色、双色和混色系列品种。

4. 逗乐者 F_2（Joker）　德国班特利种业公司培育的F_2代品种。该系列带有鲜明的笑脸，适合春秋季节种植，物优价廉。不同的花色品种有：紫橙双色、浅蓝、褐黄斑目、紫橙斑目、红黄斑目、紫黄斑目、混色。

5. 震撼力（Thriller）　德国班特利种业公司培育。开花早，花朵巨大，株型紧凑，在温暖条件下也不会徒长。对光周期不敏感，在短日照条件下也能持续开花，花期直至秋季。有白色黄蕊、红色斑目、紫色、酒红、黄色斑目、混色、白色等花色品种。

6. 春季超级宾哥（Spring Matrix）　美国泛美种业公司（PanAmerican Seed Co.）培育。株高 20cm，冠幅 20～25cm，在短日照和冷凉气候条件下种植，植株表现更佳，花期更长，花期一致，分枝性佳，枝条不易徒长。花色丰富，有纯色也有花斑。各花色品种有：白色、淡黄色、柠檬黄色、黄色、深橙黄色、玫瑰黄色、猩红色、紫色、蓝色、白色带花斑、红色带花斑、蓝色带花斑、黄色带花斑、金黄色带花斑、玫瑰红斑、浅蓝色、渐变粉色、酒红色、午夜荧光、蓝翅、混色、花斑混色、三原色混色、粉彩混色、纯色混色、水仙混色。

7. 超级宾哥（Matrix） 美国泛美种业公司培育。株高 20 cm，花径约 9 cm，早生，大花，多花，花期长，花色稳定，花柄短而强健，植株紧凑，越冬性较好，花朵不会因夏季高温而变小，适应性广，是晚秋和早春花坛的理想选择。各花色品种有：白色、淡黄色、柠檬黄色、黄色、橙黄色、玫瑰红色、紫色、改良深蓝色、纯蓝色、白色带花斑、改良黄色带花斑、红翅、玫瑰红色带花斑、改良红色带花斑、蓝色带花斑、深蓝色带花斑、海蓝色、渐变浅紫色、酒红色、玫瑰红翅、魔蓝色、蓝色、混色。

8. 潘诺拉（Panola） 美国泛美种业公司培育。株高 15～20 cm，冠幅 20～25 cm，株型紧凑，花柄短，即使在温暖条件下生长亦不会徒长。越冬能力强，开花早，花期一致，花量大，持续开花能力强。各花色品种有：白色 XP、黄色 XP、深橙黄色 XP、猩红色 XP、纯蓝色 XP、紫色 XP、白色带花斑 XP、改良海蓝色 XP、灯塔 XP、紫脸 XP、深蓝色带花斑 XP、日出 XP、热火 XP、玫瑰红花边 XP、改良黄色带花斑 XP、淡黄色、黄紫双色、淡紫色带花斑、红色带花斑、渐变粉红色、渐变丁香紫色、剪影混色、秋火混色 XP、男孩混色 XP、黑莓圣代混色 XP、花斑混色、柑橘混色 XP、纯色混色 XP 等。

9. 宝贝宾哥（Baby Bingo） 美国泛美种业公司培育。中花型，分枝性好，花量大。株高 15～20 cm，冠幅 20～25 cm。穴盘育苗期为 35 d，移栽至成品苗期 20～30 d。花色类型有：午夜、斜纹布、天蓝色、淡蓝色。

10. 诺言系列（Promise） 美国泛美种业公司培育。大花型，开花早，花量大，花期长。植株强健，株高 20～30 cm，冠幅 20～30 cm。穴盘育苗期为 35 d，移栽至成品期 40～50 d（夏季）或 20～30 d（秋季）。适合春季种植。该系列品种花色主要有：纯白色、白斑、黄斑、黄花红翅、海蓝色、渐变丁香紫色、灯塔、蓝斑、红斑、晚霞、红蓝色、渐变古董色、渐变玫瑰红色、混色。

11. 万圣节（Halloweenll） 美国泛美种业公司培育。大花型，纯黑色，花柄短而强健，开花早，分枝性好，花量大。株高 15～20 cm，冠幅 20～25 cm。越冬性好，非常适合秋季盆栽或花坛地栽。穴盘育苗期 35 d，移栽至成品苗期 15～20 d（秋季）。

12. 集会丁香帽（Rally Lilac Cap） 美国泛美种业公司培育。株高 20～

40 cm，冠幅 25～40 cm。花色可爱，开花不断，株型紧凑，越冬性好。穴盘育苗期 35 d，移栽至成品苗期 30 d 左右（秋季）。

13. 雨系列（Rain）　美国泛美种业公司培育。适合秋季地栽应用，花朵直径 4 cm，开花快，耐寒性极强，在适当养护管理下可以越冬，春天又能很快重新萌发并开花。植株长势强健，株高 25～40 cm，冠幅 25～40 cm。穴盘育苗期为 35 d，移栽至成品生产周期秋季 30 d 左右。各花色品种有：蓝紫雨、雾雨、紫雨。

14. 活力系列（Fizzy）　美国泛美种业公司培育。褶边型三色堇，冷凉环境下种植，花瓣的褶边效果更强。株高 25～40 cm，冠幅 25～40 cm。穴盘育苗期 35 d，移栽至成品苗期 40～60 d（夏）或 30～40 d（秋）。适于彩盆（边长 9 cm）或花篮栽植。花色品种有：葡萄色和柠檬莓红。

15. 闪现系列（Frizzle Sizzle）　美国泛美种业公司培育。褶边型三色堇，适于春季种生产。冷凉环境下种植，花瓣的褶边效果更强。株高 15～20 cm，冠幅 20～25 cm。穴盘育苗期 35 d，移栽至成品苗期 40～60 d（夏）或 30～40 d（秋）。

16. XXL 系列　美国泛美种业公司培育。特大花型三色堇。花柄短而壮，花坛栽植表现极佳。株高 20～25 cm，冠幅 20～25 cm，植株长势健壮，抗热能力强，非常适合 6～7 月播种和早秋种植。系列花色品种有：蓝色带花斑、紫色、红黄双色、红色带花斑、玫瑰红色带花斑、白色带花斑、黄色带花斑、花斑混色。

17. F_1爱奥纳系列（F_1 Lona Series）　大花型，开花早且整齐，植株紧凑，四季都能开花。非常适合春秋两季以营养钵、盆花以及混合容器的种植出售。花色品种有：金黄带花斑、蓝紫色、紫白双色、白色、白色带花斑、黄色。

18. 帝国巨人（Majestic Giants）　日本坂田种业（Sakata Seed Company）培育。特大花型，有花香，丰花性强，花期长，在整个秋季和冬季都可以持续上花，并保持巨大花型。发芽适温 18～24℃，发芽天数 7～12 d。株型紧凑，长势旺盛。花色有渐变，晚秋货架期长，适于盆栽和花坛展示应用。花色品种有 15 个：白色带斑改良、贵族、雪利酒色、黄色带斑改良、火焰色、红色带斑改良、亮玫瑰色、蓝白双色、玫红色带斑改良、淡海洋蓝色渐变、海洋色、深蓝色带斑改良、牛仔蓝色、紫色带斑改良、混合色。

19. 超级帝国巨人（Super Majestic Giants）　日本坂田种业培育。三色堇杂交 F_1代品种，特大花型，花径达 11 cm，花色带斑，每个花色品种都有深浅渐变。发芽适温 18～24℃，发芽天数 7～12 d。适合秋春季，生长旺盛，耐寒性强。非常适合早春盆钵和花坛种植。有 9 个花色品种。

20. 革命者（Dynamite） 日本坂田种业培育。大花型三色堇。发芽适温 18～24℃，发芽天数 7～12 d 株型紧凑，在少于 14 h 的日照条件下播种，在高温高湿的条件下不徒长。纯净色的花色丰富，丰花性强，花期长，整个秋季到冬季都可持续上花。从秋季，冬季到春季的整个生长过程中，一直都会持续开花，并且都保持着硕大的花型，花色分类非常丰富。花色品种有：纯白色、奶油色、金黄色、黄色改良、橙色、粉色渐变、玫红色、猩红色、淡紫色、淡蓝色、中心蓝色、紫色、白色带斑改良、玫瑰紫白色改良、黄色带斑改良、红黄双色改良、玫瑰信号灯、酒红闪烁、草莓色、深玫红带斑、红色带斑、蓝白色渐变、震撼蓝莓色、牛仔蓝色、真蓝色带斑、蓝色信号灯、深蓝色带斑、纯净脸混合色、花脸混合色、混合色、适于盆栽或花坛展示应用。

21. 皇冠（Crown） 日本坂田种业培育的大花型三色堇，花径 8 cm。纯净色，花期早，耐寒性强，秋春季都可以开花，发芽适温 18～24℃，发芽天数 7～12 d。盆栽和花坛表现均佳。花色品种有 12 个：白色、瀑布黄色、奶油色、黄色、金黄色、天蓝色、蓝色、紫色、玫红色、猩红色、橙色、混合色。

22. 超级皇冠（Premier） 日本坂田种业培育。花期比革命者稍晚，花朵大小与皇冠一样。株型非常紧凑，基部分枝好，丰花，满盆速度快。花色品种有：清新黄色、深橙色、清新紫色、白色带斑、黄色带斑、深蓝色带斑、红色带斑。

23. 至高（Supreme） 日本坂田种业培育。中花型，花径 6 cm 左右。对日照长度不敏感，花芽分化不需要经过低温，适合全年生产。花期早，所有花色的花期一致。从秋季到冬季，再到次年春季，持续开花。株型紧凑，分枝性好。发芽适温 18～24℃，发芽天数 7～12 d。抗逆性强，具有丰富的纯净色和新奇色，是理想的风景园林和容器用花材料。花色品种有：白色、浅黄色、黄色、橙色、玫红色、猩红色、红木色、粉色渐变、天蓝色、真蓝色、深蓝色、紫色、雪纺稠色、黄色带斑、玫红色带斑、红色带斑、红黄双色带斑、海洋淡蓝色、蓝色带斑、深蓝色带斑、带斑混合色、纯净芭混色、混合色。

24. 魔力宝贝（Ultima Radiance） 日本坂田种业培育，2004 年荣获 FS 奖，2010 年荣获 ACS 奖。中花型，发芽适温 18～24℃，发芽天数 7～12 d。株型紧凑，分枝性好，耐热、耐寒。每个花色都具有渐变色，从单一的颜色过渡到闪烁的颜色。温度越低，花色越深。花色品种有：深蓝色、粉色、紫罗兰色、丁香色、红色、蓝色。

25. 魔力（Ultima） 日本坂田种业培育。中花型，花朵直径 5 cm。发芽适温 18～24℃，7～12 d 出苗。株型紧凑，极早生，开花力强，丰花，适合秋季和春季盆栽销售。花色品种有：白色带斑、雪纺绸、日落、鲑黄色、橙色带斑、蓝黄双色带斑、杏黄色渐变。

26. 魔力大亨（Ultima Baron）　日本坂田种业培育。中花型，株型紧凑，花量大，适合秋季和春季销售。发芽适温 18～24℃，7～12 d 出苗。花色品种有：红色、红木色、紫色、葡萄酒梅洛红色、混合色。

27. 魔力蝴蝶（Ultima Morpho）　日本坂田种业培育。中花型，魔力蝴蝶于 2002 年同时荣获 AAS 和 FS 奖。极其鲜艳柔和的蓝色配上中心的黄色形成了与众不同的花色。名字源于在哥斯达黎加发现一种稀有的蝴蝶样带有这种奇异的颜色。发芽适温 18～24℃，7～12 d 出苗。

28. 魔力深蝴蝶（Ultima Morpho）　日本坂田种业培育。中花型，比魔力蝴蝶颜色更深的新系列。发芽适温 18～24℃，7～12 d 出苗。在冬季低温短日照情况下，开花能力、花朵大小等特性和魔力蝴蝶系列一样，株型紧凑，花朵向上。

29. 魔力信号灯（Ultima Beacon）　日本坂田种业培育。中花型，花色独特，株型紧凑，矮生。发芽适温 18～24℃，7～12 d 出苗。魔力信号灯混合色和红色于 1998 年荣获 FS 奖。花色品种有：玫红色、蓝色、黄色、古铜色、混合色。

30. 魔力紫色蕾丝（Ultima Purplelace）　日本坂田种业培育。中花型，深紫花色瓣带有白边，丰花性好。发芽适温 18～24℃，7～12 d 出苗。

31. 魔力猩红黄色（Ultima Scarlet & Yellow）　日本坂田种业培育。中花型，上部花瓣猩红色，下部花瓣金黄色带有猩红色辐射线。适合春秋季花坛应用。发芽适温 18～24℃，7～12 d 出苗。

32. 魔力影像至高混合（Ultima Silhouette Supreme Mix）　日本坂田种业培育。中花型，花色柔和、亮丽，极早生，花期从秋季一直持续到次年春季。发芽适温 18～24℃，7～12 d 出苗。

33. 闪烁系列（Wink series）　双色花无花斑，适合春秋两季盆栽及园林绿化应用。发芽适温 18～20℃，7～13 d 出苗。花色品种有：紫白双色、红黄双色。

34. 和谐系列　美国高美斯种业公司（Goldsmith Seeds Company）选育。株高 15～20cm，生长周期 2.5～3 个月。

35. 卡修斯（Cassius）　英国弗洛拉诺瓦种业（Floranova）选育 F_1 代品种。抗逆性强，特别是在较高昼夜温度下能正常生长，株型紧凑，茎干不徒长，生长旺盛，能长满花盆，花大。适合早秋生产销售。

36. 杰玛（Jema） 高品质大花形三色堇 F_2 代品种。基部分枝能力强，适合高温和强光下生产，以及高密度盆花或营养钵生产。

37. 瑞士巨人（Swiss Giant） 三色堇常规品种。花径 8～9 cm，矮生，花色丰富，有花斑或纯色。常见花色品种有：朝霞（Avondrood），红色大花带花斑；粒雪金（Coronation Gold），金黄色大花无花斑；阿尔卑斯湖（Alpensee），蓝色黑斑。

38. 空降兵（Magnum） 英国弗洛拉诺瓦种业公司选育的垂吊（Freefall）F_1 代三色堇品种。花色有紫色带芯和金黄色。

39. 冷凉波浪（Cool Wave） 美国泛美种子公司培育的 F_1 代垂吊三色堇品种。株高 15～20 cm，冠幅 20～25 cm，生育期 75～90 d。生长适温 15℃。具有极强的耐寒越冬能力，可耐－29℃，短时间的－5～－10℃条件下，也可保持生长。做吊篮应用，茎蔓最长可达 75 cm。花色品种有：白色、黄色、蓝色淡紫翅、红翅膀等。

40. 诺言（Promise） 美国泛美种子公司培育的 F_1 代大花型三色堇品种。株高 20～30 cm，株幅 20～30 cm，花径 7 cm。株型紧凑，开花早，花期长。花色品种有：纯净白色、白斑、纯柠檬、纯净黄色、黄斑、黄红翅、纯紫色、丁尼布、蓝白须、蓝斑、红斑等。

（三）角堇品种系列

角堇（*V. cornuta*），英文名 Horned Pansy。与三色堇在花型、花色、株型等方面很相似，在园林应用中效果相近，且易与三色堇发生杂交，获得种间杂交新品种，用于品种改良。角堇原产于南欧、西班牙北部的比利牛斯山海拔 1 000～2 300 m，株高 10～30 cm，茎较短而直立，花近圆形，比三色堇偏长点。花径小于三色堇，仅 2.5～4 cm，花朵繁密。园艺品种较多，花浅色多，中间无深色圆点，只有猫胡须一样的黑色直线，花色有堇紫色、大红、橘红、明黄及复色。花期因栽培时间而异。角堇的白色品种阿尔巴（Alba Group）获得了英国皇家园艺协会（Royal Horticultural Society）设立的园林优异奖（Award of Garden Merit）。

1. 珍品（Gem） 株高 15～25cm，花色丰富。既耐寒又耐热，可露地越冬。应用范围广，适于彩色花钵、容器栽培、盆栽、吊蓝和园林绿化应用。发芽适宜温度 18～20℃，发芽天数 7～15 d。花色品种有 21 个：古风杏黄、阿斯特卡、深蓝色、火焰、浅蓝色、天蓝色、古风浅紫、浅蓝渐变、橘黄色、古风粉红、古风深紫色、红色带花斑、玫瑰红花带斑、宝石蓝、绯红色、白色、黄色、蓝白双色、靛蓝色、浅紫杏黄、古风丁香色。

2. 花力（Floral Power） 株高 10 cm，花圆形，花瓣厚，株型紧凑，适合早春销售。发芽适宜温度 18～20℃，发芽天数 7～15 d。花色类型极为丰富，花色品种有 26 个：杏黄唇、蓝色花边棕唇、乳白色、乳紫翅、深蓝花边、深紫色灯塔、黄紫翅、浅紫蓝、浅蓝色、淡紫玫红白心、橘黄色、橘黄红翅、纯白色、紫色脸、紫玫瑰白心、紫虎眼、红色、玫瑰翅、天蓝色带花斑、柔粉色、正蓝色、白紫翅、黄斑红翅、黄紫翅、黄色带花斑、乳黄唇。

3. 四季（Seasons） 发芽适宜温度 18～20℃，发芽天数 7～15 d。株高 10 cm。蔓生，但不攀爬，植株顶端花量也很大。比其他角堇系列开花偏晚。适合悬挂，大盆栽培及园林绿化。花色品种有：蓝色、蓝黄双色、深紫黄脸、玫瑰脸、天鹅绒、白色、黄色。

4. 维纳斯（Venus） 花型比市场上的标准角堇更圆更大，花色鲜艳，比其他角堇品种花色更深，花量大，持续开花能力强，花期从秋季一直持续到次年早夏。晚秋季节的货架期和花期都很长。温带地区的冬季，依然保持丰富的花量，花坛表现非常好。株型紧凑，尤其是黄色带斑品种的株型非常紧凑，适合作为秋季混合搭配设计的花材。发芽温度 20～25℃，发芽天数 8～15 d。不同花色的品种有 12 个：白色改良、黄色、黄色带斑、橙色、浅紫粉色、深橙色、红色带斑、黑色、浅蓝色、雾色、紫色翅膀改良、混合色。

5. 小铃铛（Rebelinna） 小花型，花直径为 3 cm，花量大，花芳香，花期早，分枝性和蔓生性极好，适于春季、秋和季冬季盆栽和作为吊篮应用，可以作为窗盒、吊篮、风景园林和花坛用花等。发芽适温 20～25℃，发芽天数 8～15 d。花色品种 4 个有：金黄色、红黄双色、紫黄双色、蓝黄双色。

6. 双子座（Geminl） 花期极早，花瓣比其他角堇稍大，在秋季至早春的生长过程，能够持续不断的开花，生长强壮，丰花性非常好，适合作为容器、花钵和吊篮应用，也适宜于作为花坛的边界植物。花色品种有 2 个：紫白双色、紫黄双色。

7. 小叮当（Rebel） 小花型，花朵直径约 4 cm，花量大，花芳香。分枝能力强，节间短，蔓生，观赏期极长，从秋季到冬季，再到次年春季，一直持续开花，即使在晚春，也依然保持蔓生的株型，适于秋季和春季作盆栽和吊篮应用，也是温带地区理想的冬季花坛选材。发芽适温 20～25℃，发芽天数 8～15 d。有 3 个花色品种：白色、黄色、蓝黄双色。

8. 赞美（Admire） 株高 15～18 cm。开花早，多花，分枝能力强，不同花色的花期一致。花色品种有 11 种：粉色、黄色、紫色、海蓝、牛仔蓝、深蓝、红色斑目、粉色惊喜、黄色斑目、红宝石金芯、橙色带紫翅。

9. 果汁冰糕（Sorbet） 生长整齐，株型紧凑，株高 15～20 cm，冠幅 15～20 cm，很少徒长。分枝能力强，开花时可以满盆，单株花量大，花期一致。越冬性能好。花色类型异常丰富，花色品种有 52 个：黄色 XP、橙黄色 XP、淡紫脉纹 XP、改良冰紫色 XP、淡紫玫瑰红灯塔 XP、黑莓 XP、改良椰色二重奏 XP、柠檬蛋糕 XP、黄色二重奏 XP、双黄色 XP、紫脸 XP、蓝海色 XP、白色 XP、粉色光环 XP、牛仔二重奏带 XP、尔夫陶瓷蓝色 XP、树莓红色 XP、蓝色带花斑 XP、黄色带花斑 XP、灯塔混色 XP、黑莓圣代混色 XP、蓝霜莓混色 XP、柑橘混色 XP、丰收混色 XP、精选混色 XP、改良混色 XP、柠檬冰糕混色 XP、淡紫霜莓混色 XP、红斑、丁香冰淇淋、冰蓝色、香蕉乳白色、柠檬薄纱、胭脂玫瑰红色、改良黑色喜悦、柠檬蓝莓漩涡、蜜桃红色、阳光饰块、粉翅、渐变古董色、蓝莓冰淇淋、淡黄色娃娃脸、紫红金黄色娃娃脸、夜光、橙色二重奏、紫色二重奏、黑色二重奏、椰色漩涡、变脸、变色娃娃脸、二重奏混色、海风混色。

10. 顶好（Skippy） 花径 3 cm，花量多，开花早。株型紧凑，株高 15～20 cm，冠幅 25～30 cm，分枝性好。抗逆性强、耐热、抗寒，越冬性能强，适应范围广，适合秋春季种植。穴盘育苗期 28 d，移栽至成品期 21～42 d。

11. 香格里拉海蓝色（Shangri-La Marina） 开花早，花多。株高 15～20 cm，冠幅 25～30 cm。长势茂盛，植株可以快速覆盖吊篮容器，适合景观应用或彩钵种植。越冬能力极强，适合晚秋和早春期间生产。穴盘育苗期 28 d，移栽至成品期 28～42 d。

12. 微花（Microia） 开花早，花瓣小巧花期长。株型紧凑，株高 15 cm，冠幅 15 cm，适合高密度周年生产。穴盘育苗期 28 d，移栽至成品期 21～42 d。

13. 情人节（Valentine） 花大，花上瓣玫瑰红色，唇瓣白色间粉红色。株型非常紧凑、整齐，株高 15～20 cm，冠幅 15～20 cm。叶片小巧，耐霜，适应周年生产。穴盘育苗期 28 d，移栽至成品期 28～42 d。

14. 小丑（Pierrot） 花直径约 3 cm，丰花，花色靓丽。株高 15～20 cm。株型非常紧凑，冠幅 15～20 cm，叶片小巧。耐霜。穴盘育苗期 28 d，移栽至成品期 28～42 d。

（四）大花三色堇与角堇的杂交种（Violetta）

有时也称为簇状三色堇（Tufted Pansies），花瓣上有射线，散发淡淡的芳香味。近年比较流行的品种系列有：

1. 自然系列（Nature series）　日本泷井种业（Takii Seed）培育。由多花三色堇和角堇杂交而成。丰花，花朵可完全覆盖整个植株，生长旺盛，株型紧凑，株高 15～25 cm。适合春季和秋季栽植。耐寒性强，冻后恢复快。园林绿化效果好，适于大面积种植、混合容器栽培、营养钵栽培及盆栽应用。发芽温度 18～20℃，发芽天数 7～13 d。花色范围广，包括蓝色斑目、洋红斑目、深橙红、金黄、淡粉紫、淡黄、紫色、紫橙双色、紫色笑脸、红色斑目、玫红、红宝石、猩红、银蓝斑目、改良渐变橘红、纯蓝、紫黄双色、白色、白色斑目、白色带红斑、黄色斑目、黄色带红斑、混色、斑目混色、纯色混色。

2. 超凡（Power Mini）　日本泷井种业（Takii Seed）培育。株型紧凑，丰花性好，即使在低温短日照情况下，接续上花能力依然强劲，花瓣厚实，生长强壮，耐雨性好，适合盆栽和园林景观应用。发芽温度 18～20℃，发芽天数 7～12 d。花色品种有：蓝色带斑、玫红色带斑、猩红色、黄白带斑、黄色、橙色、蓝色闪烁、紫色白心、紫黄双色、紫黄双色闪烁。

第二章　三色堇种质资源的表型评价

表现型简称表型，是生物个体在特定环境条件下，所表现出来的形态特征和生理特性。表型具有直观性或简单易测性，是生产者最关心的生物特征，也是育种的最终目标。但由于表型是基因型和环境交互作用的结果，为了排除环境的干扰，了解资源内在可稳定遗传的基因型，通常需要试验设计结合特定的生物统计分析方法。特别是对于那些受多基因控制的经济性状而言，尤其重要。在花卉种质资源评价中，为了全面把握种质资源的特征，通常需要在多个表型性状调查的基础上，进行综合判断。陈俊愉等（1995）率先提出了百分制计分评选法，认为是行之有效、客观的综合评价方法。近年来，随着科学研究的迅速发展，研究者开发了更多的统计方法并应用于生物资源的评价中，如层次分析法、主成分分析法、聚类分析法、灰色关联度分析法和模糊数学法等。本章探讨了百分制评分法、层次分析法、主成分分析法、系统聚类分析法和灰色关联度分析法等在三色堇种质资源评价中的应用，以期为三色堇种质资源研究与评价及种质资源利用提供参考。

一、三色堇品种资源的观赏性状比较与评价

摘要　对三色堇品种观赏性状的比较和评价是其合理利用的基础。试验在12份三色堇品种8个观赏性状调查的基础上，分别对不同品种在各观赏性状上的差异进行了比较和评价，最后采用百分制评比法对各品种进行了综合评价。结果表明，7、6、12、3号品种为双色和三色花，花色观赏性高；3、2、1、11、9号花径最大，大花优势明显；12、7、10号的花数最多，多花优势明显；10、7号冠幅大，分枝性强，丰满度好；开花指数9号最高，其次为3、2、1号；8、10、7、4号株高适中；11、7、10号冠幅/株高大，株型较为理想。总体评价将12个品种依次分为：优（7号和10号）、良（12、9、3、2、1号）、中（8、6、5、4、11号）三级。

关键词　三色堇；观赏性状；百分制；评价

三色堇是堇菜科堇菜属多年生植物，具有花色丰富，花期长，能耐低温的特点。经过育种家的多年选育，目前已育成多种花色、花径观赏性状非常丰富的品种类型，成为了重要的春秋季花坛花卉。对品种资源观赏性状的科学评价是其利用的基础（戴思兰，2007）。为此，本书以近年来从美国、荷兰及我国郑州等地引入的 12 个三色堇品种为研究对象，对其 8 个观赏性状进行了调查、分析和比较评价，以期为这些三色堇品种资源的合理应用与育种利用提供参考。

（一）试验材料与试验设计

供试材料为 12 份三色堇品种，其中 1、2、4、5、9 号来自郑州，10、11 号来自北京，3、7、8 号来自荷兰，6、12 号来自美国。2008 年 10 月 20 日温室中播种，72 穴穴盘育苗，2009 年 3 月 20 日定植于河南科技学院花卉试验基地，随机区组设计，每小区 20 株，株行距 0.2 m×0.5 m。常规栽培管理。

（二）方法

1. 性状调查　在盛花期，每小区选取 5 株生长健壮、具有典型性状的单株，分别调查和统计其花色、花径、花数、株高、冠幅、分枝数。其中花色评价参照美国泛美种子（PanAmerican Seed）（PanAmerican Seed，2009）对三色堇的描述，其他性状测量参照王健和包满珠等（2007）方法略有修改，具体如下：

花径：以花心为中心，测花朵的横径与纵径，取平均值。

花数：每植株所具有已开放的花朵总数。

冠幅：植株最宽幅度与最窄幅度的平均值。

分枝数：每植株所具有的长度大于 5 cm 的分枝总数。

株高：自植株基部至顶端的自然高度。

计算冠幅/株高和开花指数 2 个衍生性状，开花指数＝花数×（花径/冠幅）^{2}（陈俊愉等，1995）。

2. 数据处理　12 个品种各性状的平均数、标准差在 EXCEL 表格中分析，方差分析采用 SAS 软件的 ANOVA 过程进行。考虑到不同性状量纲上的差别，将原始数据进行均值化处理后，按公式 $Y_j=\sum(W_iX_{ij})$ 计算各品种综合得分，并对各品种做出综合评价（景士西，2007）。其中，Y_j 指第 j 品种综合得分；W_i 为各性状的权重系数（采用专家意见法确定，其中 $W_{花色}=0.15$，

$W_{花径}=0.15$，$W_{花数}=0.15$，$W_{分枝数}=0.15$，$W_{冠幅/株高}=0.15$，$W_{开花指数}=0.15$，$W_{冠幅}=0.1$)，X_{ij} 指第 j 个品种的第 i 个性状标准化数据。

(三) 结果与分析

1. 花色的比较与评价 三色堇以其花色丰富而出名，本次调查的 12 个三色堇品种的花色见表 2-1。从一朵花的颜色多样性来看，12 个品种中有三色、双色和单一色；就色彩类型来看，可分为红、黄、蓝、紫、白等色彩；就花斑有无，可分为带花斑品种（如 6、8、12 号）和纯色品种。就目前稀有程度和观赏性来讲，三色花及双色花更显珍贵，它们在花色方面观赏价值更高；在花卉中，黑色和蓝色通常比常见的黄、红、紫色等罕见而显得较珍贵，所以 5 和 1 号利用价值相对高于其他单色品种。因三色堇主要用于花坛或镶边，要求颜色艳丽，所以淡黄色 10 号处于劣势。

表 2-1 12 个三色堇品种的花色及其评价

品种编号	类型	花色	评分	品种编号	类型	花色	评分
7	三色	紫白黄三色	4	1	单色	纯蓝色	3
6	双色	蓝黄双色带花斑	4	11	单色	白色紫纹	2
12	双色	红黄双色带花斑	4	2	单色	深黄色	2
3	双色	紫白双色	4	4	单色	红紫色	2
8	单色	黄色带花斑	2	9	单色	纯红色	2
5	单色	紫黑色	3	10	单色	浅黄色	1

2. 花径的比较与评价 据中国农业百科全书（观赏园艺卷），三色堇的花径大小通常可分为：≥10 cm 为巨大花，7～9 cm 为大花，6～7 cm 中花，4～6 cm 小花，<3 cm 微型花。由表 2-2 可知，所调查的 12 个品种全部为中、小和微型花，没有出现大花及超大花类型。在中花、小花、微型花品种间存在极显著差异，界限明显。因此 12 个品种可分为 3 种花径类型。在中花类型中，花径最大的 3 号与 2 号无显著差异，1、9、11 号间无显著差异。属于小花类型的 4、5、10、8、6 号中，除 6 号外，其余品种间无显著差异。属于微型花的 7 和 12 号间无显著差异。三色堇的花径一般是越大越好，所以 3 号和 2 号具大花优势。但是，近年迷你型（花径<3cm）三色堇开始流行，所以 7 和 12 号的价值也不容忽视。

表 2-2　12 个三色堇品种花径大小的比较

品种编号	类型	均值与标准差(cm)	差异显著性(≥0.01)	品种编号	类型	均值与标准差(≥0.01)	差异显著性(0.01)
3	中花	6.72±0.52	A	5	小花	4.84±0.48	D
2	中花	6.62±0.43	AB	10	小花	4.70±0.39	D
1	中花	6.06±0.27	BC	8	小花	4.66±0.42	D
11	中花	5.84±0.36	C	6	小花	4.10±0.44	E
9	中花	5.82±0.29	C	7	微型花	2.00±0.16	F
4	小花	4.96±0.49	D	12	微型花	2.04±0.38	F

3. 花数的比较与评价　花数是三色堇重要的观赏性状，通常花越多越好，但目前还未见到关于花数的划分标准。由表 2-3 可知，12 号花数最多（53 朵），其次为 7 号（49 朵）和 10 号（33 朵），3 个品种间虽存在极显著差异，但花数均在 30 朵以上，明显超过其他品种，具多花优势。9、4、8、6 号品种花数中等（15～17 朵），品种间无显著差异。而 5、1、2、3、11 号花数均较少（8～10 朵），品种间也无显著差异。12 个品种按花数可分为多、一般、较少 3 种类型。

表 2-3　12 个三色品种花数的比较与评价

品种编号	均值与标准差	差异显著性(≥0.01)	评价	品种编号	均值与标准差	差异显著性(≥0.01)	评价
12	52.6±2.41	A	多	6	15.6±1.14	D	一般
7	48.8±1.64	B	多	5	10.0±1.00	E	较少
10	33.0±2.24	C	多	1	10.0±1.00	E	较少
9	16.4±1.34	D	一般	2	9.80±1.30	E	较少
4	16.0±1.58	D	一般	3	9.60±1.14	E	较少
8	15.8±1.92	D	一般	11	8.40±0.55	E	较少

4. 冠幅的比较与评价　三色堇的冠幅越大，对花盆及地面遮盖效果越好，所以大冠幅三色堇在园林景观中的效果较佳。从表 2-4 可知，12 个三色堇品种中，10 号和 7 号冠幅最大（＞20cm），两品种间无显著差异，但与其他品种差异极显著。6、11、4、12、8 号冠幅（15～20cm）中等，除 8 号略有差异外，各品种间无显著差异。5、1、2、3、9 号冠幅（＜15cm）较小，除 9 号略有差异外，各品种间无显著差异。据此，可将 12 个品种按冠幅分为大、中、小 3

种类型。

表 2-4 12 个三色堇品种冠幅的比较与评价

品种编号	均值与标准差（cm）	差异显著性（≥0.01）	评价	品种编号	均值与标准差（cm）	差异显著性（≥0.01）	评价
10	23.00±1.58	A	大	8	15.20±1.92	C	一般
7	22.20±1.30	A	大	5	12.88±0.99	D	小
6	19.40±1.14	B	一般	1	11.38±1.08	DE	小
11	18.60±0.55	B	一般	2	11.42±1.36	DE	小
4	18.40±1.14	B	一般	3	11.42±0.83	DE	小
12	17.80±1.30	B	一般	9	10.04±0.79	E	小

5. 分枝数的比较与评价 分枝性强的三色堇能尽早满盆及遮盖地面，应用效果好。表 2-5 表明，10 号和 7 号品种的分枝数最多（两品种间无显著差异），其次为 12 号，以上品种分枝数均超过 20 个，明显多于其他品种，达极显著水平，其丰满度好。其余 7 个品种的分枝数较少，均在 10 个以下，虽然各品种间存在不同程度的差异显著性，但从数值上来看，差异并不大，均在 5～10 个之间。本试验材料中未见到分枝数为 10～20 个的中等类型。

表 2-5 12 个三色堇品种分枝数的比较与评价

品种编号	均值与标准差	差异显著性（≥0.01）	评价	品种编号	均值与标准差	差异显著性（≥0.01）	评价
10	28.6±1.14	A	多	6	8.2±0.84	CD	少
7	28.6±1.14	A	多	9	8.2±0.84	CD	少
12	20.8±1.64	B	多	4	7.2±0.84	DE	少
2	9.4±1.14	C	少	5	7.0±0.71	DEF	少
3	9.4±1.14	C	少	1	6.6±1.52	EF	少
8	8.4±0.89	CD	少	11	5.6±0.55	F	少

6. 开花指数的比较与评价 开花指数是衍生出来的较为综合的观赏性状，其值越高则观赏性越好。从表 2-6 可知，开花指数最高的为 9 号（开花指数 5～6），与其他品种形成极显著差异；其次为 3、2、1 号（开花指数 2～4），各品种间无显著差异，但与 8、5、10、4、11、12、6、7 号（开花指数＜2，除 7 号外，各品种间无显著差异）形成极显著差异。据此，可将以上品种按开花指

数分为高、中、低 3 种类型。

表 2-6　12 个三色堇品种开花指数的比较与评价

品种编号	均值与标准差	差异显著性（≥0.01）	评价	品种编号	均值与标准差	差异显著性（≥0.01）	评价
9	5.62±1.15	A	高	10	1.40±0.31	C	低
3	3.39±0.83	B	中	4	1.18±0.24	CD	低
2	3.34±0.61	B	中	11	0.83±0.12	CD	低
1	2.93±0.83	B	中	12	0.71±0.25	CD	低
8	1.53±0.42	C	低	6	0.71±0.15	CD	低
5	1.47±0.50	C	低	7	0.40±0.07	D	低

7. 株高的比较与评价　花坛用花的株高常以适中为佳。表 2-7 显示，12 号株高最高（25cm），其次为 6 号（23cm），其与其他品种存在极显著差异。8、10、7、4 号株高在 15～17cm，品种间无显著差异，为适中株高。11、1、3、2、5 号株高在 11～13cm，品种间也无显著差异，株高较矮。9 号虽最矮，统计上与矮品种存在极显著差异，但实际应用中差别并不明显，可归为矮株类型。据此，可将 12 个品种划分为高、适中和矮株三种类型，其中 8、10、7、4 号最好。

表 2-7　12 个三色堇品种株高的比较与评价

品种编号	均值与标准差	差异显著性	评价	品种编号	均值与标准差	差异显著性	评价
12	24.60±1.82	A	高	11	12.80±0.84	D	矮
6	22.80±1.64	B	高	1	12.78±0.56	D	矮
8	16.40±0.89	C	适中	3	12.22±0.86	D	矮
10	16.40±0.55	C	适中	2	12.22±0.86	D	矮
7	15.80±1.30	C	适中	5	11.40±0.89	D	矮
4	15.60±1.14	C	适中	9	9.68±0.73	E	矮

8. 冠幅/株高的比较与评价　冠幅/株高是衡量花卉株型的重要指标，一般以冠幅/株高较大为优。从表 2-8 可知，冠幅/株高＞1.4 的品种有 3 个，分别是 11、7、10 号，与其他品种形成极显著差异；其次为 4、5、9 号，冠幅/株高在 1.0～1.2 之间，品种间差异不明显；接下来是 2、3、8、1、6 号，冠幅/株高在 0.8～1.0 之间，各品种间无显著差异。12 号的冠幅/株高＜0.8，

与除 6 号外的其余品种形成极显著差异。据此，12 个品种按冠幅/株高依次可划分为优、良、中、差 4 种类型。

表 2-8　12 个三色堇品种冠幅/株高的比较与评价

品种编号	均值与标准差	差异显著性（$P \geqslant 0.01$）	评价	品种编号	均值与标准差	差异显著性（$P \geqslant 0.01$）	评价
11	1.46±0.06	A	优	2	0.94±0.10	DE	中
7	1.41±0.12	A	优	3	0.94±0.07	DE	中
10	1.40±0.12	A	优	8	0.93±0.10	DE	中
4	1.19±0.16	B	良	1	0.89±0.12	DE	中
5	1.14±0.14	BC	良	6	0.85±0.07	EF	中
9	1.04±0.06	CD	良	12	0.72±0.02	F	差

9. 品种的综合评价　采用百分制计分评选法，对 12 个品种进行综合评分，结果见表 2-9。依据各品种综合评分结果及其差异大小，可将 12 个品种归类，初步评定：优（7 号和 10 号）、良（12、9、3、2、1 号）、中（8、6、5、411 号）3 级。本次试验结果，未发现品种观赏性表现与国外或国内来源的相关性，这可能与近年来品种资源的广泛交流有关。

表 2-9　12 个三色堇品种的综合得分与评价

品种编号	得分	综合评价	品种来源	品种编号	得分	综合评价	品种来源
7	1.35	优	荷兰	1	0.92	良	郑州
10	1.24	优	北京	8	0.86	中	荷兰
12	1.18	良	美国	6	0.85	中	美国
9	1.14	良	郑州	4	0.84	中	郑州
3	1.07	良	荷兰	5	0.82	中	郑州
2	0.95	良	郑州	11	0.80	中	北京

（四）讨论

对品种资源的科学评价是合理利用的基础（戴思兰，2007）。三色堇是重要的春秋季花卉，近年在中国应用广泛。王慧俐（2005）、傅巧娟等（2006）分别对引入杭州的国内外三色堇品种进行了生育期和抗逆性等方面的比较与评价，罗玉兰等（2001）对三色堇的抗寒性进行了比较研究，但目前有关三色堇品种观赏性状的系统评价还鲜见报道。关于花卉观赏性状的评价，目前以从描述的定性方法（彭彬等，2008）向基于统计学的定量化方法（杨文月等，2009）发展，其中被普遍采用是方差分析法。三色堇的主要观赏部位是花，所以其狭义的观赏性状应该是花色、花径、花数以及由此衍生的开花指数。但随着人们欣赏要求的提高，对三色堇的株幅、分枝数和株高等也提出了一定要求，因此本书将三色堇的观赏性状进行了扩充，并分别从花色、花径、花数等8个性状指标上，对12个品种进行了比较和评价，研究结果为选择和利用不同观赏性状上具优势的品种提供了重要借鉴。

由于在资源（品种）的利用上，有时人们更关注品种的整体表现，为此需要将各观赏性状的信息汇集进行综合评价。其中在花卉评价中，百分制计分评选法被认为是行之有效、客观的综合评价方法（陈俊愉等，1995）。本章在三色堇品种的综合评价中，基于专家意见对不同观赏性状赋予不同的权重系数的基础上，采用了百分制计分评选法。对12个三色堇品种进行了较为客观的评价。结果不仅对该12个品种的利用具有参考价值，而且有望为今后三色堇观赏性状的评价、研究与利用提供借鉴。诚然，该方法具有一定的主观性。TOPSIS、主成分分析等多指标评价法在权重系数的引入上更为客观，但这些统计方法需要大样本，并服从一定的概率分布才能保证结果的可靠与准确（虞晓芬和傅玳，2004）。在花卉新品种的引进初期当品种数量较少时，百分制计分评选法则不失为一种较好的选择。

二、层次分析法在三色堇观赏性评价中的应用

摘要　以33份三色堇种质资源为试材，采用层次分析法对其观赏性进行了综合评价。三色堇观赏性评价的层次分析模型分为：目标层（综合观赏性）、准则层（株形，花，叶）、方案层（分枝数、株幅、株高、花期、花斑、花色、花数、花径、叶面积、叶长和叶宽）。在准则层中，花的权重最大，其次为株形；在花的方案层中，花径的权重最大，其次为花数。构建的模型完整、合理、符合实际，适用于三色堇资源观赏性评价。在33份三色堇材料观赏性评价中表明，这些材料可分为3个等级，其中CYS-H3、229.11、229.19、EWO、HSY4-1观赏价值高，可优先选择利用。

关键词　三色堇；层次分析法；评价

层次分析法（Analytic Hierarchy Process，AHP）是一种定性、定量相结合系统化、层次化的分析方法，具有简便、灵活而又实用的特点（虞晓芬等，2004）。已在景观评价（李昆仑，2005）、园林树种选择（刘毅，2007）、牧草品种筛选（张鸭关等，2010）、园艺植物品质鉴定（刘遵春等，2006）等多个领域被广泛采用。三色堇原产欧洲，因其色彩鲜艳，花色丰富、花期长，是优良的春秋季花坛花卉，我国20世纪80年代引种三色堇以来广泛应用。随着引种三色堇品种资源的不断增加，对其进行科学评价是其合理利用的基础（戴思兰，2007）。而三色堇的观赏性评价涉及多个目标性状，这些指标性状既有主观成分，又有客观成分，要求决策过程把定性分析与定量分析有机结合起来，而AHP方法则可以满足这种需要。本书将以33份三色堇种质资源为试材，在观赏性状调查的基础上，建立三色堇观赏性层次分析结构模型，通过对其综合评价，探讨层次分析法在三色堇观赏性评价上的适用性，并为这些资源的合理利用提供借鉴。

（一）材料与方法

1. 试验地自然概况　试验在河南省新乡市河南科技学院校园内试验地进行。试验点地处北纬35°18′，东经113°54′，海拔70 m。气候属暖温带大陆性季风型气候，年均气温14.4℃；7月最热，平均27.3℃；1月最冷，平均0.2℃；极端最高气温42.7℃，极端最低气温−21.3℃。年均降雨656.3 mm，最大降雨量1 168.4 mm，最小降雨量241.8 mm，年蒸发量1 748.4 mm。6～9月份降水量最多，为409.7 mm，占全年降水的72%。

2. 试验材料　供试材料为33份三色堇种质材料，包括引自美国、荷兰以及中国（上海、甘肃酒泉）等地的品种材料及近年选育的种质材料。试验材料于2009年10月5日播种营养钵，塑料大棚内育苗，2010年3月27日定植于大田，株行距0.2 m×0.5 m。随机区组设计，3次重复，每小区20株，常规栽培管理。

3. 研究方法

（1）AHP模型构建　参照观赏植物资源评价指标，指标之间的相互关联影响以及AHP的层次隶属关系，建立三色堇观赏性综合评价结构图（AHP模型）。

（2）判断矩阵建立与一致性检验　根据层次分析法理论（赵焕臣等，1986）及园林专家对三色堇各观赏性状之间重要性的定性评价，运用1～9比例标度法（表2-10）建立判断矩阵，计算矩阵最大特征根λ_{max}，按公式$CI=$

$(\lambda_{max}-N)/(N-1)$，求一致性指标 CI，其中 N 为矩阵内因子总数；按公式 $CR=[(\lambda_{max}-N)/(N-1)]/RI$，计算 CR，RI 查随机一致性表获得。采用方根法（孟林，1998）求出各指标性状的权重系数（W_i）。

表 2-10　1～9 级标度的标准含义

标准值	定义说明
1	表示两个元素相比，具有同等重要性
3	表示两个元素相比，前者比后者稍微重要
5	表示两个元素相比，前者比后者明显重要
7	表示两个元素相比，前者比后者强烈重要
9	表示两个元素相比，前者比后者极端重要

注：上述相邻判断的中间值将分别采用 2、4、6、8 来表示。

（3）测定项目　在盛花期，每小区选 10 株生长健壮、具有典型性状的单株，调查统计株高、株幅、分枝数、花期、花斑、花色、花数、花径、叶长、叶宽，并计算叶面积，叶面积＝(1/4)π/(叶长×叶宽)（王健等，2007）。

（4）数据处理　依据相关文献（刘毅，2007；张其生等，2010；陈俊愉等，1995）和园艺专家意见，建立花色、花斑和花期的评分标准（表 2-11），对三色堇各材料进行评分。按照公式 $X_{ij(标准)}=100X_{ij原}/\sum X_{ij原}$ 对各性状指标进行标准化处理，式中，$X_{ij原}$ 为评分分值；对定量指标而言，$X_{ij原}$ 为实测数据均值。将标准化处理后的指标值代入公式：$y_i=\sum w_j d_{ij}$ 计算各指标的综合得分。式中，y_i 为第 i 个系统的综合得分；w_j 是与评价指标 d_{ij} 相应的权重系数（刘遵春等，2006）。

表 2-11　定性因子各项指标评分标准

分值	花色	花斑	花期（d）
9	金黄、橙黄、紫红	褐斑	＞80
7	玫红、紫色	黑（紫）斑	80～71
5	蓝色、蓝紫色、浅黄	黄斑	70～60
3	纯黑、紫黑	白斑	59～40
1	乳白	无花斑	＜40

（二）结果与分析

1. 综合评价体系 AHP 模型　对主要应用于花坛、花镜或做盆花的草本花卉而言，其观赏性要求，一是花（包括花色、彩斑、花大小、花数、花期），二是株形（与株高、株幅、分枝数相关），三是对地面的遮盖效果（与叶片大小相关）。图 2-1 为建立的三色堇观赏性综合评价体系层次结构图（AHP 模型）。该模型分为三层：第一层目标层（A）：对三色堇观赏性进行综合评价；第二层准则层（B），为影响三色堇观赏性的 3 个方面，记为 $B=(B_1, B_2, B_3)=$(株形、花，叶)；第三层方案层（C），记为 $C=(C_1, C_2, C_3, C_4, C_5, C_6, C_7, C_8, C_9, C_{10}, C_{11})=$(分枝数，株幅，株高，花期，花斑，花色，花数，花径，叶面积，叶长，叶宽)。模型满足了三色堇观赏性综合评价的基本要求。

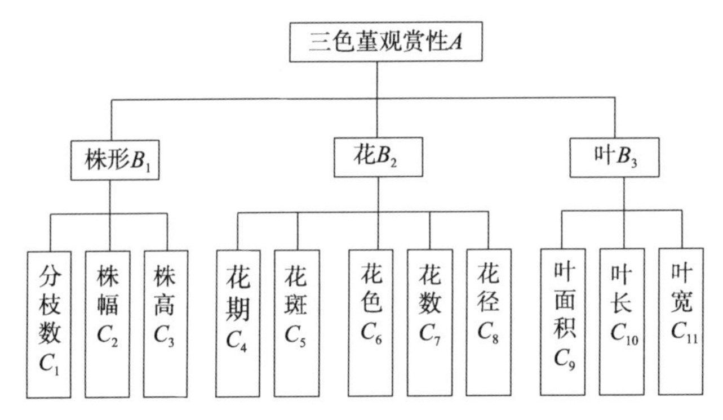

图 2-1　三色堇观赏性评价体系层次结构（AHP 模型）

2. 判断矩阵及权重系数　表 2-12 为三色堇观赏性目标层下的各准则层的判断矩阵；表 2-13～15 为各准则层下，各性状指标的判断矩阵。由表 2-13～15 可知，各判断矩阵的 CR 均小于 0.1，则一致性检验是满意的，说明建立的判断矩阵是合理的。

从权重系数（W_i）来看，在株形、花和叶 3 个因子中，花（B_2）的 W_2 最大，其次为株形（B_1）的 W_1，这说明花在三色堇观赏性中占有较大分量，是资源评价最重要的指标，而株形也是影响三色堇整体观赏性的较重要指标之一。在株形中，分枝数（C_1）的权重系数较大（0.649 1），说明分枝数对株形的影响较大；在花因子中，花径（C_8）的权重系数最大（0.467 9），说明花大小对三色堇花的观赏性综合评价影响较大；而在叶因子中，叶面积（C_9）的权重系数达到 0.595 4，说明叶片大小在三色堇观赏性评价中叶指标方面占重要地位。从各指标性状综合评价中的权重（表 2-16）来看，花径最大，其次为分枝数，再次为花数。

表 2-12　三色堇观赏性 A 支配下各因素的判断矩阵

A	B_1	B_2	B_3	W_i
B_1	1	1/2	4	0.333 1
B_2	2	1	5	0.569 5
B_3	1/4	1/5	1	0.097 4
λ_{max}=3.0246，CI=0.012 3，RI=0.576 9，CR=0.021 3				

表 2-13　三色堇株形支配下各指标的判断矩阵

B_1	C_1	C_2	C_3	W_i
C_1	1	3	7	0.649 1
C_2	1/3	1	5	0.271 0
C_3	1/7	1/5	1	0.071 9
λ_{max}=3.064 9，CI=0.032 4，RI=0.576 9，CR=0.056 2				

表 2-14　三色堇花支配下各指标的判断矩阵

B_2	C_4	C_5	C_6	C_7	C_8	W_i
C_4	1	1/4	1/6	1/7	1/8	0.031 4
C_5	4	1	1/3	1/5	1/7	0.069 0
C_6	6	3	1	1/3	1/5	0.137 4
C_7	7	5	3	1	1/2	0.292 6
C_8	8	7	5	2	1	0.469 7
λ_{max}=5.293 8，CI=0.073 5，RI=1.109，CR=0.065 6						

表 2-15　三色堇叶支配下各指标的判断矩阵

B_3	C_9	C_{10}	C_{11}	W_i
C_9	1	2	5	0.595 4
C_{10}	1/2	1	2	0.276 4
C_{11}	1/5	1/2	1	0.128 3
λ_{max}=3.005 5，CI=0.002 8，RI=0.576 9，CR=0.004 8				

表 2-16　三色堇观赏性评价中各指标权重

B层 / C层	株形 (W_{B_1}=0.333 1)	花 (W_{B_2}=0.569 5)	叶 (W_{B_3}=0.097 4)	权重系数
分枝数	0.649 1			0.216 2
株幅	0.279 0			0.092 9
株高	0.071 9			0.024 0
花期		0.031 4		0.017 9
花斑		0.069 0		0.039 3
花色		0.137 4		0.078 3
花数		0.292 6		0.166 6
花径		0.467 9		0.266 5
叶面积			0.595 4	0.058 0
叶长			0.276 2	0.026 9
叶宽			0.128 3	0.012 5

3. 三色堇各品种观赏性的综合评价　供试三色堇各品种的观赏性状观测数据见表 2-17。依据各品种的观测数据与评分，结合 AHP 分析中各指标的权重，得出三色堇各材料观赏性的综合评分（表 2-18）。综合得分越高，材料的观赏性越好。由表 2-18 可知，参试三色堇材料的综合得分为 23.78～47.81。根据得分情况，可将 33 份三色堇材料划分为 3 个等级，第一等级总分在 40 分以上，包括 CYS-H3、229.11、229.19、EWO、HSY4-1，视为观赏价值高；第二等级总分在 30～40，包括 HWP51，229.03、229.07、229.18、229.08、229.04、08-C_{22}-Ys1、08-C_{22}-Ys3、10PW-1、ERX、08-C22-Ys2、229.01、229.10、XSYO-2、229.09、229.02、10PW-3、229.14、ZMY2-1、10PW-2、EYO、10WP-1、10PD、EXX、EP1，视为观赏价值中等；第三等级总分低于 30 分，包括 PY-1、PY-2、10YP-1，视为观赏价值较低。

表 2-17　三色堇 33 份材料的观赏性状数据

品种	株高 (cm)	株幅 (cm)	分枝数	花径 (cm)	花数	花色	花斑/纹	花期 (d)	叶长 (cm)	叶宽 (cm)	叶面积 (cm^2)
229.01	16.75	22.50	12.5	4.73	33.5	金黄	无	49	3.75	2.20	6.47
229.02	14.34	20.88	12.8	5.02	29.0	红	黑斑	39	3.81	3.11	7.56
229.03	15.75	21.50	12.5	4.38	40.8	橙	无	56	4.55	3.25	11.62

（续）

品种	株高（cm）	株幅（cm）	分枝数	花径（cm）	花数	花色	花斑/纹	花期（d）	叶长（cm）	叶宽（cm）	叶面积（cm^2）
229.04	16.75	21.50	18.5	4.45	36.5	乳白	无	55	3.95	2.00	6.20
229.07	17.50	27.00	11.5	6.25	44.0	紫	黑斑	46	5.00	2.05	8.03
229.08	16.75	19.20	9.8	5.93	40.8	白	无	55	5.20	3.13	12.80
229.09	13.00	20.50	10.5	3.75	37.5	蓝	褐斑	57	4.20	2.25	7.42
229.10	17.50	18.50	10.0	4.75	39.5	金黄	黑斑	54	4.60	2.45	8.88
229.11	21.38	25.56	20.8	5.61	44.0	黑	无斑	49	5.21	2.76	11.38
229.14	14.00	19.06	11.3	5.69	26.6	深紫	无	53	5.05	2.80	11.24
229.18	15.67	21.50	10.0	5.32	46.7	白	紫斑	58	5.20	2.80	11.34
229.19	16.20	22.20	16.0	4.97	52.6	红黄	黑斑	38	4.76	2.60	9.83
EWO	16.95	24.58	15.0	5.39	47.8	白紫渐变	无斑	61	4.65	2.48	9.03
EP1	13.00	18.50	9.8	5.78	40.2	紫	无	49	4.90	2.55	9.90
EYO	11.60	17.90	7.8	6.04	28.8	白	无	62	5.22	2.82	11.53
EXX	14.00	20.00	8.0	5.45	50.0	蓝	黑斑	49	4.50	2.50	8.83
ERX	12.00	17.50	9.0	6.05	36.0	纯黄	无	28	5.20	3.40	13.88
XSYO-2	14.00	18.17	10.3	6.03	26.3	纯白	无	62	5.33	2.87	12.10
ZMY2-1	11.50	18.00	8.0	6.21	30.8	紫	褐斑	48	5.13	2.75	11.20
HSY4-1	16.67	29.17	29.3	2.85	16.3	金黄	无	41	3.43	1.97	5.30
CYS-H3	57.00	21.50	14.0	5.88	57.0	黄	褐斑	49	5.65	2.10	9.31
HWP51	16.00	18.00	8.0	6.25	25.0	白紫	褐斑	52	6.40	4.60	23.11
10PD	21.60	22.80	24.8	5.44	45.8	紫黑	无	81	5.88	2.88	13.29
10PW-1	17.00	23.00	19.0	5.38	55.0	浅黄	紫斑	55	6.35	3.00	14.95
10PW-2	16.00	23.00	18.0	6.48	40.0	紫黄双色	无	60	6.55	3.10	15.94
10PW-3	14.75	21.25	13.0	6.33	29.75	紫	白斑	54	5.71	2.64	11.83
10WP-1	23.80	6.34	16.2	5.86	38.40	白紫渐变	无	68	6.92	2.52	13.70
10YP-1	14.00	24.25	17.3	5.94	27.00	黄	褐斑	57	5.28	2.83	11.70
08-C22-Ys1	22.90	20.40	16.8	5.36	33.60	紫红	无	64	6.48	3.04	15.49
08-C22-Ys2	12.00	21.80	10.00	6.33	31.00	玫红	黄斑	64	8.50	3.25	21.69
08-C22-Ys3	19.90	20.65	15.00	6.50	12.50	玫红	黑斑	60	8.40	3.85	25.39
PY-1	17.50	17.20	22.00	5.07	49.80	纯黄	紫纹	60	4.74	1.79	6.66
PY-2	12.00	17.60	8.80	6.47	23.80	金黄	无	68	5.67	2.16	9.63

表 2-18　三色堇各材料观赏性的综合评价

品种	综合得分	分组	品种	综合得分	分组
CYS-H3	47.81	Ⅰ	08-C22-Ys2	35.19	Ⅱ
229.11	47.75	Ⅰ	229.01	34.33	Ⅱ
229.19	44.44	Ⅰ	229.1	34.28	Ⅱ
EWO	41.89	Ⅰ	XSYO-2	33.93	Ⅱ
HSY4-1	40.18	Ⅰ	229.09	33.88	Ⅱ
HWP51	39.41	Ⅱ	229.02	33.68	Ⅱ
229.03	39.35	Ⅱ	10PW-3	33.67	Ⅱ
229.07	39.00	Ⅱ	229.14	33.39	Ⅱ
229.18	38.75	Ⅱ	ZMY2-1	33.21	Ⅱ
229.08	38.46	Ⅱ	10PW-2	32.29	Ⅱ
229.04	37.46	Ⅱ	EYO	32.25	Ⅱ
08-C22-Ys1	37.03	Ⅱ	10WP-1	32.15	Ⅱ
08-C22-Ys3	37.02	Ⅱ	10PD	31.25	Ⅱ
10PW-1	36.85	Ⅱ	PY-1	27.78	Ⅲ
ERX	36.44	Ⅱ	PY-2	27.06	Ⅲ
EXX	36.36	Ⅱ	10YP-1	23.78	Ⅲ
EP1	35.78	Ⅱ			

注：等级标准Ⅰ.≥40.0；Ⅱ.30.0～40.0；Ⅲ.<30.0。

（三）讨论

三色堇的观赏性评价涉及多个目标性状，其中有定性指标，也有定量指标。因此，要求决策过程把定性分析与定量分析有机结合起来，避免二者脱节。层次分析法正是一种把定性分析与定量分析有机结合起来的较好的科学决策方法。它通过两两比较标度值的方法，把人们依靠主观经验来判断的定性问题定量化，既有效地吸收了定性分析的结果，又发挥了定量分析的优势；既包含了主观的逻辑判断和分析，又依靠客观的精确计算和推演，从而使决策过程具有很强的条理性和科学性（虞晓芬等，2004），比较适合应用于三色堇的观赏性评价。

本书建立的三色堇观赏性综合评价 AHP 模型，分为目标层、准则层和方案层，方案层包含了与三色堇观赏性紧密相关的 11 个指标性状，较全面、系统。在层次分析法中，判断矩阵易出现严重的不一致现象（李昆仑，2005），本书建立的三色堇4个判断矩阵，从其一致性检验结果来看很好地解决了该问题。从各因子权重系数的合理性来看，准则层的3个因子中花占据的分量最大，其次为株形，再次为叶，这与三色堇主要为观花植物，且多用于地被或盆花的实际需要非常符合，即要求在视觉效果上花多、花大、花期长等，同时要求株形紧凑整齐，对地面的覆盖效果好（张其生等，2010）；在方案层各性状的权重系数中，花径最大，这与习惯上依据花大小将三色堇品种首先分为大花、中花、小花类型相一致。因此，本书建立的三色堇观赏性综合评价AHP模型及判断矩阵较完整、合理、实用，可用于今后三色堇品种资源评价和育种材料的选择。

从对供试的三色堇的观赏性综合评价结果来看，33份三色堇材料中CYS-H3、229.11、229.19、EWO、HSY4-1观赏价值高，应优先选择利用；而PY-1、PY-2、10YP-1观赏价值较低，可予淘汰；其他材料观赏性介于中间，可根据育种目标，结合材料本身特点予以选择利用。

三、三色堇观赏性状的主成分分析

摘要　以33个三色堇品种为试材，采用相关分析及主成分分析方法对其8个主要观赏性状进行了分析，同时对品种的观赏性进行了评价。结果表明，三色堇的花数与分枝数之间，适中株高与冠幅/株高之间呈较高的正相关性，而花径与花数、分枝数之间呈较高的负相关性。主成分分析可将原8个性状综合为4个主成分，可称为覆花因子、株型因子、花比例因子和花色因子，其累计贡献率可达89.1%。以4个主成分的贡献率为权重建立的观赏性评价模型，可将33个品种分成4个等级，其中9、10、33号品种最优。

关键词　三色堇；观赏性状；主成分分析

品种的综合评价需要将这些指标信息加以汇集，得到一个综合指标反映其整体情况。但由于各指标（性状）重要性的不同，需要给它们赋予不同的权重。主成分分析采用客观赋权法，克服了主观赋权的随意性，使权重系数更客观合理（虞晓芬等，2004）。主成分分析在汇集多指标信息的同时，还可有效解决性状间由于不同程度相关性带来的信息重叠问题，使品种评价更加科学合理。三色堇的观赏性涉及多个指标（性状），而目前有关三色堇品种的评价

（王慧俐等，2005；傅巧娟等，2006；杜晓华等，2010）未见采用主成分分析的方法进行。本试验以 33 个三色堇品种为试材，对其 8 个观赏性状进行了调查和主成分分析，试图对这些品种做出较为客观的评价，为三色堇品种的推广应用及育种利用提供参考。

（一）试验材料与方法

1. 材料 供试材料为 33 个三色堇品种，分别引自美国、荷兰及我国郑州。材料由河南科技学院新乡市草花育种重点实验室提供。

2. 试验方法 2008 年 10 月 20 日播种育苗，2009 年 3 月 20 日定植于河南科技学院花卉试验基地，随机区组设计，每小区 20 株，株行距 0.2 m×0.5 m，常规栽培管理。盛花期，每小区选取 5 株生长健壮、具有典型性状的单株，分别调查和统计了 6 个观赏性状（花色、花径、花数、株高、冠幅、分枝数）。其中花色调查参照美国泛美种业（PanAmerican Seed）对三色堇的描述（T. ENDO，1995），并采用专家评分法打分。其他性状的观测参考王健等（王健等，2007）的方法进行。按照郭瑞林的方法（郭瑞林，1995），将株高数据按公式 $x_j'=x/(x+|x-x_j|)$ 转化为适中株高，其中 x_j'为适中株高；x_j 为原株高；x 为株高平均值。此外，计算了冠幅/株高、开花指数 2 个衍生性状，开花指数按公式：花数×(花径/冠幅)^{2}计算（陈俊愉等，1995）。

3. 数据的处理

（1）先对原始数据进行无量纲化处理，即按照公式 $xi'=(xi-x)/Si$ 将原始数据标准化，其中 xi'为标准化数据；xi 为性状原始数据；Si 为标准差；x 为原始数据平均数。

（2）对 33 个三色堇品种的 8 个观赏性状进行相关性分析，得到各性状间的相关系数及其显著性。

（3）对 33 个三色堇品种的 8 个观赏性状进行主成分分析，利用雅可比法求出各主成分的特征值，$\lambda_1\geqslant\lambda_2\geqslant\cdots\geqslant\lambda_p\geqslant0$，再求各相应的特征向量 ej，可得到主成分 $Y_j=ei\sum Xi$。

（4）第 j 个主成分的方差贡献率为$\alpha j=\lambda j/\sum\lambda j$，当累计方差贡献率 $\alpha=\sum\alpha j>85\%$时，取前 m 个主成分 Y_1，Y_2，…，Y_m，即可认为这 m 个主成分能以较少的指标综合体现原来 p 个评价指标的信息。

（5）用各个主成分的方差贡献率作为权重，线性加权求和得到综合评价函数 $Zn=\sum\alpha iYi$，Zn 表示第 n 个三色堇品种观赏价值的综合得分，并排列等级。主成分分析采用 DPS7.55 软件完成。

（二）结果与分析

1. 品种间观赏性状的差异　从33个三色堇品种的8个观赏性状数据（表2-19）可以看出，33个品种在不同观赏性状上存在明显差异，其中花数的变异系数最高（66.1%），其次为开花指数（46.6%）和分枝数（45.3%）；适中株高的变异系数最小（14.0%），但其最大值为最小值的2倍，反映出实际差异也不小。

表2-19　33个三色堇品种的观赏性状

品种编号	花径（cm）	花色（分值）	花数	开花指数	株高适中性（cm）	冠幅（cm）	冠幅/株高	分枝数
1	3.55	1	26.00	1.41	0.82	15.25	1.29	11.00
2	4.65	2	18.00	2.84	0.87	11.70	0.92	6.00
3	4.03	2	33.00	1.76	0.95	17.45	1.23	7.00
4	5.80	3	24.00	1.56	0.64	22.75	0.97	7.00
5	6.00	2	28.00	2.58	0.89	19.75	1.18	7.00
6	4.85	2	19.00	1.15	0.78	19.70	1.02	6.00
7	5.25	4	25.00	2.14	0.79	17.95	0.94	9.00
8	5.20	4	28.70	2.49	0.82	17.65	0.96	9.30
9	2.00	4	135.00	1.41	0.84	19.55	1.10	23.70
10	2.25	2	56.00	1.22	0.85	15.25	1.24	18.30
11	5.75	3	31.00	2.88	0.83	18.85	1.04	10.00
12	4.15	2	19.70	1.78	0.87	13.80	1.08	8.00
13	5.65	2	32.00	4.86	0.94	14.50	1.03	6.00
14	4.95	3	20.00	3.21	0.82	12.35	1.06	6.50
15	5.15	3	36.00	2.76	0.60	18.60	0.74	9.00
16	6.75	3	37.00	5.01	0.89	18.35	1.09	7.00
17	5.10	2	23.30	2.31	0.95	16.20	1.14	9.00
18	4.45	3	35.00	2.29	0.93	17.40	1.07	7.00
19	4.85	2	30.00	1.39	0.60	22.50	0.90	8.00
20	3.17	4	34.00	1.59	0.48	14.65	0.47	7.00
21	4.85	2	19.00	1.15	0.78	19.70	1.02	6.00
22	4.85	2	19.00	1.15	0.78	19.70	1.02	6.00

（续）

品种编号	花径（cm）	花色（分值）	花数	开花指数	株高适中性（cm）	冠幅（cm）	冠幅/株高	分枝数
23	4.30	3	32.00	2.81	1.00	14.50	0.97	6.00
24	4.40	1	23.00	2.12	0.83	14.50	0.81	6.50
25	5.95	3	24.00	2.23	0.94	19.50	1.22	7.00
26	4.90	2	29.00	3.55	0.88	14.00	0.82	9.00
27	5.15	3	23.00	2.38	1.00	16.00	1.07	9.00
28	5.40	3	22.00	5.07	0.83	11.25	0.94	6.00
29	5.50	3	25.00	4.15	0.82	13.50	1.14	9.00
30	5.55	3	19.00	1.91	1.00	17.50	1.17	7.00
31	5.20	3	26.00	1.67	0.87	20.50	1.18	8.00
32	5.30	2	25.00	2.43	0.81	17.00	0.92	9.00
33	2.25	4	56.00	1.22	0.85	15.25	1.24	18.30
均值	4.76	2.64	31.29	2.38	0.83	16.88	1.03	8.75
最大值	6.75	4.00	135.00	5.07	1.00	22.75	1.29	23.70
最小值	2.00	1.00	18.00	1.15	0.48	11.25	0.47	6.00
标准差	1.09	0.82	20.69	1.11	0.12	2.94	0.17	3.96
变异系数	0.229 9	0.311 9	0.661 0	0.466 0	0.139 9	0.174 1	0.162 0	0.453 1

2. 观赏性状间的相关性 从表 2-20 可知，花径（X_1）与花数（X_2）、分枝数之间的相关性很高，相关系数分别为－0.618 7、－0.713，达极显著水平；花径（X_1）与开花指数（X_5）呈极显著正相关，相关系数为 0.543 3；花数与分枝数之间呈极显著正相关，相关系数为 0.856 4，花数与花色分值呈显著正相关，相关系数为 0.377 1；开花指数与冠幅呈极显著正相关，相关系数为－0.470 2；适中株高与冠幅/株高呈极显著正相关，相关系数为 0.646 6。

表 2-20 观赏性状的相关矩阵

性状	花径（cm）	花数	花色	分枝数	开花指数	株高（cm）	冠幅（cm）	冠幅/株高
$X_{(2)}$	－0.618 7**							
$X_{(3)}$	－0.080 4	0.377 1*						
$X_{(4)}$	－0.713**	0.856 4**	0.306 4					

（续）

性状	花径（cm）	花数	花色	分枝数	开花指数	株高（cm）	冠幅（cm）	冠幅/株高
$X_{(5)}$	0.543 3**	−0.161 7	0.074	−0.307 7				
$X_{(6)}$	0.131 1	−0.019 5	−0.146 7	0.002 8	0.2514			
$X_{(7)}$	0.220 5	0.135 6	0.089	0.042 2	−0.470 2**	−0.262 9		
$X_{(8)}$	−0.050 3	0.126 1	−0.147 6	0.301 6	−0.12	0.646 6**	0.119 1	1.000

注：* 0.05 显著水平；** 0.01 显著水平。

3. 主成分分析　相关程度较高的观赏性状可能归于同一个主成分内，使指标简化。由表 2-21 可知，前 4 个主成分累计贡献率达 89.09%（>85%），所以选前 4 个主成分就可表示原来 8 个性状所包含的绝大部分信息。Bartlett 球形检验给出的相伴概率为 0.000 1，小于显著性水平 0.05，因此认为适合因子分析。

表 2-21　主成分分析表

	主成分 1	主成分 2	主成分 3	主成分 4
特征值	2.817 9	1.775 2	1.418	1.116 2
贡献率（%）	35.223 3	22.189 5	17.724 9	13.952 7
累计贡献率（%）	35.223 3	57.412 8	75.137 7	89.090 4
花径（X_1）	−0.495 2	−0.005 3	−0.101 8	0.476 1
花数（X_2）	0.518 3	0.057 9	0.188 4	0.191 5
花色（X_3）	0.209 9	−0.172 6	0.376 8	0.615
分枝数（X_4）	0.552	0.135 9	0.105 1	0.046 7
开花指数（X_5）	−0.324 3	0.211 3	0.548 4	0.259 9
株高（X_6）	−0.072 2	0.688 7	−0.032 9	0.105
冠幅（X_7）	0.104 3	−0.274 1	−0.603	0.499 1
冠幅/株高（X_8）	0.126 8	0.595 2	−0.368 4	0.169 3

根据表 2-21 中主成分的特征向量可以构建主成分与各观赏性状之间的线性关系式：

$Y_1 = -0.4952X_1 + 0.5183X_2 + 0.2099X_3 + 0.552X_4 - 0.3243X_5 - 0.0722X_6 - 0.1043X_7 + 0.1268X_8$

$Y_2 = -0.0053X_1 + 0.0579X_2 - 0.1726X_3 + 0.1359X_4 + 0.2113X_5 +$

$0.6887X_6-0.603X_7+0.5952X_8$

$Y_3=-0.1018X_1+0.1884X_2+0.3768X_3+0.1051X_4+0.5484X_5-0.0329X_6+0.5612X_7-0.3684X_8$

$Y_4=0.4761X_1+0.1915X_2+0.615X_3+0.0467X_4+0.2599X_5+0.105X_6+0.4991X_7+0.1693X_8$

从关系表达式可知，对第 1 主成分影响较大的是花径（X_1）、花数（X_2）和分枝数（X_4），且花数与分枝数呈较强的正向相关，二者又与花径呈显著负相关。说明分枝数越多，花数越多，花径相对越小。该成分与花朵覆盖面积相关，因此可称为覆花因子。对第 2 主成分影响较大的性状是适中株高（X_6）和冠幅/株高（X_8），该主成分与株型相关，可称为株型因子。对第 3 主成分影响最大的是开花指数（X_5）和冠幅（X_7），其中开花指数为正，冠幅为负。说明随着冠幅的增加，开花指数变小，因此，为提高三色堇的观花效果，应适当控制冠幅的增加。该主成分与花朵占整个植株比例有关，可称为花比例因子。对第 4 主成分影响最大的是花色，该主成分值越高，反映花色越丰富，可称为花色因子。

4. 品种评价 以 4 个主成分 Y_1、Y_2、Y_3、Y_4 与其方差贡献率构建出三色堇观赏品质的综合评价模型 Z，Z 是主成份 Y_1，Y_2，Y_3，Y_4 的线性组合，即 $Z=0.3522Y_1+0.2219Y_2+0.1772Y_3+0.1395Y_4$。利用该数学模型对 33 个三色堇品种的观赏品质进行综合评价，评价结果见表 2-22。

表 2-22 33 个三色堇品种观赏品质综合评价结果

排序	品种编号	综合得分	排序	品种编号	综合得分	排序	品种编号	综合得分
1	9	2.849	12	7	0.033	23	5	−0.308
2	33	1.689	13	1	0.012	24	2	−0.388
3	10	1.224	14	30	−0.006	25	32	−0.393
4	27	0.198	15	17	−0.035	26	15	−0.414
5	23	0.195	16	31	−0.036	27	20	−0.452
6	29	0.186	17	25	−0.043	28	4	−0.694
7	18	0.185	18	14	−0.070	29	6	−0.695
8	8	0.184	19	28	−0.080	30	21	−0.695
9	3	0.099	20	13	−0.095	31	22	−0.695
10	16	0.052	21	12	−0.157	32	24	−0.737
11	11	0.036	22	26	−0.164	33	19	−0.785

依据三色堇各品种的综合得分高低可将33个品种分为4个类别：第1类（Z＞1.0）共有3个品种，包括9、33、10号；第2类（0＜Z＜1.0）共10个品种，包括27、23、29、18、8、3、16、11、7、1号；第3类（－0.1＜Z＜0）共7个品种，包括30、17、31、25、14、28、13号；第4类（Z＜－0.1）有13个三色堇品种，包括12、26、5、2、32、15、20、4、6、21、22、24、19号品种。结合外观整体观赏特征可看出，第一组花径虽小（2 cm），但花数极多（56～135朵），花色丰富艳丽，冠幅/株高较大（1.2），整体观赏效果佳；第二组花径从较大到最大（3.5～6.5 cm），花数较多（25～37朵），花色丰富，冠幅/株高1.0，整体观赏效果良；第三组为大花径（4.9～6.0 cm），花数中等（19～32朵），花色较丰富，冠幅/株高为0.9～1.2，整体观赏效果一般；第四组花径较大，花数中等或偏少，主要为单色花，株高太矮或太高，冠幅/株高大多＜1.0，整体观赏效果较次。

（三）讨论

在花卉观赏性的多指标综合评价中，由于各指标在评价中的重要性不等，因此，必须赋予其不同的权重（陈俊愉等，1995）。以往采用的百分制方法、模糊综合评判法和层次分析法中（刘毅，2007），权重的确定依据经验，主观随意性较大；现在采用的TOPSIS、灰色关联度定量方法中，权重确定虽较客观，却不能解决多个性状间因基因连锁或一因多效造成的性状相关，使评价信息重复的问题（虞晓芬等，2004）。主成分分析采用降维的方法，可将原来具有一定相关性的众多指标转换成少数新的相互无关的主成分，在信息浓缩的同时，避免了信息重叠带来虚假性，各综合因子的权重根据其贡献率的大小确定，客观合理（虞晓芬等，2004；杜晓华等，2010；孙长法等，2010；王晓静等，2010）。

本研究结果显示，三色堇各观赏性状间存在不同程度的相关性，如花数、花径、分枝数之间的相关性均很高，达极显著水平。而经主成分分析，前4个主成分代表了原8个观赏性状89.1%的信息。综合评价中，被赋予最大权重的第1主成分，包含了花数和花径两个指标；权重次之的第2主成分，为株型因子。这与三色堇以观花为主，同时兼顾株型的判断标准及品种选育目标相吻合。从综合评价的结果来看，被归为第一组的9、10、33号，在田间的整体观赏效果较佳。其他分组评价情况也基本与定性评价结果相吻合，显示出主成分分析评价模型在三色堇观赏性上的适用性。

本研究结果同时显示，三色堇8个观赏性状的信息可概括为4个因子：覆花因子、株型因子、花比例因子和花色因子。由于这4个因子互不相关，因此提示我们在三色堇育种目标制定，此4个因子可组合搭配；或在后代选择中，4个因子并行选择，而不必担心相互影响。本研究对该33个三色堇品种的评价结果，可为其今后的应用及育种研究提供重要参考。

四、基于遗传距离的33个三色堇品种的聚类分析

摘要 试验调查了33个三色堇品种的9个重要农艺性状，采用欧氏距离和UPGMA法研究了各品种间的遗传差异，并对33个品种进行了聚类分析。结果表明，33个三色堇品种间的平均遗传距离为3.611，08H与09-C_{13}之间遗传距离最大，为9.404；08-H_2与09-C_{13}之间遗传距离最小，为0.244；33个品种可被聚为4类，其中08-H_2单独为一类，08-H_5和09-H_5聚为一类，09-C_1单独聚为一类，其余品种聚为一类。聚类结果与品种地理来源基本吻合。

关键词 三色堇；遗传差异；聚类分析

三色堇原产欧洲，其品种改良工作始于19世纪欧美国家，并取得了显著成效，育成了多种类型的品种，实现了良种的F_1代化。我国于20世纪20年代初引进，近年来大量应用，已成为春季布置花坛的主要花卉之一（王健，2005）。但我国三色堇育种工作目前尚处于起步阶段，生产用种子主要依赖国外进口，品种少、价格高。因此，加强三色堇种质资源的研究，培育自有知识产权的三色堇优良新品种是我们的当务之急。本书以近年来从国内外引进的33个三色堇品种为研究对象，调查了其9个农艺性状，通过遗传差异和聚类分析，揭示材料间遗传差异，以期为三色堇的育种利用提供参考依据。

（一）试验材料与方法

1. 试验材料 供试的33个三色堇品种分别来源于美国、荷兰及国内各地，由河南科技学院新乡市草花育种重点实验室提供。2008年10月20日在温室中播种于穴盘中（穴盘规格为72穴）育苗。2009年3月20日定植于河南科技学院花卉试验基地，株行距0.2 m×0.5 m。管理同一般大田生产。

2. 试验方法 从各品种材料中随机选取5株生长健壮、具有典型性状的单株，对花色、花径、花数、株高、株幅、分枝数、叶长、叶宽、茎粗进行调查统计。花色调查参照PanAmerieanSeed对三色堇的描述进行，其余性状的

调查参照王健等（王健等，2007）方法进行。所测原始数据按照公式 $x_{ij}^{*}=(x_{ij}-x_{j})/s_{j}$ 进行无量纲化处理，式中，x_{ij}^{*} 代表标准化后的数据；x_{ij} 为实测数据；x_{j} 为是第 j 个变量（性状）的样本均值；s_{j} 为第 j 个变量的标准差。然后按照以下公式计算欧氏距离：

$$d_{ij}=\sqrt{\sum_{k=1}^{n}(x_{ik}-x_{jk})^{2}}$$

其中，d_{ij} 为第 i 个样品与第 j 个样品之间的距离；x_{ik} 为第 i 个样品第 k 个性状的标准数据；x_{jk} 为第 j 个样品第 k 个性状的标准数据（郭平仲等，1989）。利用算术平均数非加权成组法（Unweighted Pair Group Method Arithmetie Average，UPGMA）进行聚类分析，数据分析用 DPS7.55 软件完成。

（二）结果与分析

1. 三色堇主要农艺性状初步分析　试验共调查了 33 个三色堇品种的 9 个重要农艺性状，其中花色为质量性状，其余 8 个为数量性状，结果见表 2-23。

表 2-23　供试三色堇品种的主要农艺性状

品种	株高/cm	株幅/cm	叶长/cm	叶宽/cm	花径/cm	茎粗/cm	分枝数/个	花数/朵	花色
07-2	11.8	15.3	3.2	2.1	3.6	0.5	11.0	26.0	淡黄色紫纹
08-1	12.7	11.7	4.6	1.7	4.7	0.4	6.0	18.0	金色
08-2	14.2	17.5	3.7	1.9	4.0	0.5	7.0	33.0	白色紫纹
08-A_2	23.5	22.8	5.4	1.5	5.8	0.6	7.0	24.0	蓝色黑斑
08-C_{13}	16.8	19.8	5.8	2.6	6.0	0.7	7.0	28.0	白色蓝纹
08-C_2	19.3	19.7	3.7	2.5	4.9	0.4	6.0	19.0	黄色
08-C_3	19.0	18.0	6.5	2.3	5.3	0.3	9.0	25.0	黄紫双色
08-H_1	18.3	17.7	4.9	1.7	5.2	0.5	9.3	28.7	白紫双色
08-H_2	17.8	19.6	2.5	0.9	2.0	0.4	23.7	85.0	黄蓝双色
08-H_5	12.3	15.3	1.9	1.1	2.3	0.3	18.3	56.0	紫色黄纹
08-H_3	18.1	18.9	3.5	2.4	5.8	0.6	10.0	31.0	黄色黑斑
08-Z_1	12.8	13.8	3.5	2.2	4.2	0.4	8.0	19.7	红色
08-Z_2	14.1	14.5	4.3	1.9	5.7	0.4	6.0	32.0	黄色
08-Z_3	11.7	12.4	4.6	2.3	5.0	0.5	6.5	20.0	蓝色

（续）

品种	株高/cm	株幅/cm	叶长/cm	叶宽/cm	花径/cm	茎粗/cm	分枝数/个	花数/朵	花色
08-Z_4	25.1	18.6	4.8	2.1	5.2	0.5	9.0	36.0	蓝色红斑
08-Z_5	16.8	18.4	4.5	2.3	6.8	0.5	7.0	37.0	黄色紫斑
08-Z_6	14.2	16.2	3.4	2.1	5.1	0.4	9.0	23.3	玫红色
08-Z_7	16.2	17.4	4.7	2.3	4.5	0.4	7.0	35.0	蓝色黑斑
09 花纹	24.9	22.5	4.4	2.0	4.9	0.6	8.0	30.0	混色
09-C_1	31.0	14.7	3.4	1.6	3.2	0.4	7.0	34.0	红黄双色褐斑
09-C_2	19.7	20.7	3.7	2.4	4.8	0.4	6.0	19.0	黄色紫纹
09-C_3	19.5	20.3	3.6	2.5	4.8	0.4	6.0	20.0	黄色蓝斑紫纹
09-C_4	15.0	14.5	4.5	2.0	4.3	0.5	6.0	32.0	黄色白纹褐斑
09-C_5	18.0	14.5	3.5	2.5	4.4	0.5	6.5	23.0	黄色白纹褐斑
09-C_{13}	16.0	19.5	5.8	2.7	6.0	0.6	7.0	24.0	渐变黄色紫纹
09-D_2	17.0	14.0	4.9	1.5	4.9	0.4	9.0	29.0	红白双色
09-D_3	15.0	16.0	4.7	1.7	5.2	0.5	9.0	23.0	蓝色带花斑
09-D_4	12.0	11.3	4.6	2.2	5.4	0.4	6.0	22.0	天蓝色
09-E_1	11.8	13.5	3.9	2.2	5.5	0.5	9.0	25.0	白色红斑
09-E_2	15.0	17.5	4.3	2.3	5.6	0.5	7.0	19.0	桃红色白边
09-E_3	17.3	20.5	5.6	2.2	5.2	0.5	8.0	26.0	渐变黄色蓝斑
09-H_1	18.5	17.0	5.0	1.9	5.3	0.5	9.0	25.0	紫色
09-H_5	12.8	15.7	2.1	1.3	2.5	0.4	18.0	54.0	白紫双色带花斑
均值	16.9	16.9	4.2	2.0	4.8	0.5	8.7	29.8	—
最大值	31.0	22.8	6.5	2.7	6.8	0.7	23.7	85.0	—
最小值	11.7	11.3	1.9	0.9	2.0	0.3	6.0	18.0	—
标准差	4.4	3.0	1.0	0.4	1.1	0.1	3.9	13.3	—
变异系数（%）	26.0	17.4	24.8	22.1	23.0	19.5	45.3	45.0	—

对三色堇 33 个品种 8 个数量性状的初步分析表明（表 2-23），33 个三色堇品种平均株高为 16.9 cm，最高 31 cm 为最低 11.7 cm 的 2.6 倍；株幅平均为 16.9 cm，最大值 22.8 cm 为最小值 11.33 cm 的 2 倍；叶长平均为 4.2 cm，最大值 6.5 cm 为最小值 1.9 cm 的 3.4 倍；叶宽平均为 2.0 cm，最大值 2.7 cm 为最小值 0.9 cm 的 3 倍；花径平均为 4.8 cm，最大值 6.8 cm 为最小值 2.0 cm

的3.4倍；茎粗平均为0.5 cm，最大值0.7 cm约为最小值0.3 cm的2.3倍；分枝数平均为8.8个，最大值23.7个为最小值6个的近4倍；花数平均为29.8朵，最大值85朵为最小值18朵的近5倍。总体来看，供试的33个三色堇品种各性状差别明显，平均变异系数为27.9%，分枝数和花朵数的变异系数最大，分别达到45.3%和45%，展示出广泛的变异性和丰富的遗传多样性。

由表2-23可知，33个三色堇品种展现出了多样的花色和花斑。按主花色可将其分为：蓝色系列、黄色系列、紫色系列、红色系列、白色系列和混合色系列6种（表2-24）；按照花斑和花纹的有无，又可细分为：纯色类、带斑类和带花纹类；而花斑又有黑斑、蓝斑、红斑、紫斑、褐斑；花纹有紫纹和蓝纹2种。

表2-24　33个三色堇品种的花色

花色系列	类别	颜色	品种
蓝色系列	纯色	天蓝色、蓝色	09-D_4、08-Z_3
	带花斑	黑斑、红斑	08-A_2、09-D_3、08-Z_7、08-Z_4
黄色系列	纯色	金色、黄色	08-1、08-C_2、08-Z_2
	带花斑	黑斑、蓝斑、褐斑、紫斑	08-H_3、09-E3、09-C_5、09-C_4、08-Z_5
	带花纹	紫纹	07-2、09-C_{13}、09-C_2、09-C_3
紫色系列	纯色		09-H_1
	带花纹	黄纹	08-H_5
红色系列	纯色	桃红、玫红、红色	09-E_2、08-Z_6、08-Z_1
白色系列	带花斑	红斑	09-E_{11}
	带花斑	蓝纹、紫纹	08-C_{13}、08-2
混合色系列	纯色	白紫、黄紫、黄蓝、红白、混色	08-H_1、08-C_3、08-H_2、09-D_2、09花纹
	带花斑	白紫、红黄双色带花斑	09-H_5、09-C_1

2. 三色堇品种遗传差异与聚类分析　将表2-23数据标准化后，计算三色堇33个品种间的欧氏遗传距离（表2-25）。结果表明，33个品种间的平均遗传距离为3.611，其中08-H_2品种与09-C_{13}之间遗传距离最大，为9.404；08-C_2与09-C_3之间遗传距离最小，为0.244。

表 2-25　三色堇品种间遗传距离矩阵

品种	07-2	08-1	08-2	08-A_2	08-C_{13}	08-C_2	08-C_3	08-H_1	08-H_2	08-H_5	08-H_3
08-1	3.112										
08-2	1.804	3.300									
08-A_2	5.217	5.512	3.850								
08-C_{13}	4.568	5.30	3.598	3.236							
08-C_2	3.306	3.772	3.002	4.196	3.983						
08-C_3	4.395	3.642	4.058	4.235	3.919	3.006					
08-H_1	3.002	2.992	2.154	2.866	3.313	2.742	2.532				
08-H_2	6.832	8.193	6.973	8.523	9.324	8.197	8.324	7.144			
08-H_5	4.623	5.753	5.284	7.889	8.369	6.519	7.044	5.767	3.354		
08-H_3	3.201	4.749	2.491	3.366	2.481	3.075	4.273	2.693	7.842	6.687	
08-Z_1	1.553	2.019	2.383	5.373	4.700	2.711	3.761	2.900	7.710	5.284	3.614
08-Z_2	2.987	1.851	2.673	4.676	4.318	2.868	3.014	2.149	7.719	5.713	3.590
08-Z_3	2.496	2.032	2.732	5.175	3.912	3.306	3.499	2.901	8.635	6.448	3.564
08-Z_4	4.024	4.64	3.029	2.537	2.976	3.400	3.242	2.085	7.485	6.726	2.377
08-Z_5	3.835	4.131	2.949	3.433	2.455	2.881	3.241	2.293	8.241	7.017	2.017
08-Z_6	1.974	2.439	2.247	4.654	4.278	2.102	3.334	2.218	7.378	5.241	2.949
08-Z_7	2.523	3.028	1.942	4.007	3.307	2.059	2.439	1.837	7.341	5.792	2.800
09 花纹	4.357	5.297	3.181	1.941	3.188	3.032	3.884	2.635	7.678	7.022	2.570
09-C_1	4.769	4.860	4.307	5.050	6.19.	4.277	5.042	3.990	7.038	5.914	4.991
09-C_2	3.414	3.955	2.961	3.912	3.939	0.434	3.089	2.674	8.108	6.524	3.028
09-C_3	3.385	3.958	3.041	4.818	4.043	0.244	3.135	2.831	8.132	6.505	3.09
09-C_4	2.127	2.311	1.484	4.218	3.593	2.918	3.270	1.955	7.516	5.669	3.002
09-C_5	2.230	3.140	2.253	4.648	3.768	2.191	3.706	2.770	8.105	6.180	2.630
09-C_{13}	4.347	4.977	3.570	3.459	0.771	3.543	3.466	3.212	9.404	8.268	2.561
09-D_2	2.992	1.849	2.656	4.190	4.485	3.440	2.910	1.539	7.078	5.262	3.816
09-D_3	2.472	2.524	1.832	3.394	3.277	3.094	3.121	1.148	7.558	5.841	2.669
09-D_4	2.921	1.830	3.074	5.350	4.216	3.579	3.608	3.020	8.742	6.526	3.840
09-E_1	2.091	2.503	2.359	4.8714	3.741	3.203	3.742	2.572	8.004	5.923	2.797
09-E_2	2.689	3.198	2.164	3.600	2.596	2.121	3.067	2.009	8.427	6.696	2.028
09-E_3	3.614	3.856	2.787	2.880	2.512	2.377	1.930	1.707	8.016	6.824	2.813
09-H_1	2.967	2.984	2.220	2.907	2.908	2.585	2.398	0.648	7.615	6.179	2.447
09-H_5	3.905	5.390	4.566	7.236	7.579	5.948	6.544	5.154	3.429	0.915	5.887

（续）

品种	08-Z1	08-Z2	08-Z3	08-Z4	08-Z5	08-Z6	08-Z7	09 花纹	09-C1	09-C2	09-C3
08-Z_2	2.095										
08-Z_3	1.633	2.029									
08-Z_4	4.099	3.604	4.063								
08-Z_5	3.613	2.546	3.170	2.541							
08-Z_6	1.317	1.619	2.168	3.498	2.742						
08-Z_7	2.247	2.005	2.356	2.558	2.319	1.944					
09 花纹	4.598	4.305	4.789	1.520	3.099	3.904	3.117				
09-C_1	4.614	4.654	5.301	3.514	5.284	4.520	4.231	3.986			
09-C_2	2.953	3.036	3.557	2.934	2.907	2.271	2.168	2.742	4.242		
09-C_3	2.869	3.021	3.507	3.060	2.950	2.229	2.155	2.960	4.291	0.320	
09-C_4	1.862	1.828	1.681	2.991	2.777	2.050	1.419	3.671	4.140	3.035	3.052
09-C_5	1.753	2.604	2.071	3.021	2.966	1.967	1.962	3.607	3.976	2.431	2.337
09-C_{13}	4.318	4.013	3.524	3.075	2.318	3.921	2.990	3.331	6.172	3.549	3.623
09-D_2	2.534	1.701	2.576	3.218	3.259	2.284	2.358	4.006	3.920	3.503	3.581
09-D_3	2.414	2.053	2.169	2.829	2.514	2.032	2.095	3.339	4.533	3.098	3.223
09-D_4	1.933	1.808	0.679	4.231	3.210	2.325	2.651	5.060	5.347	3.839	3.787
09-E_1	1.694	1.883	1.232	3.747	2.606	1.631	2.339	4.435	5.244	3.404	3.366
09-E_2	2.355	2.291	2.042	2.835	1.834	1.838	1.840	3.145	4.984	2.203	2.262
09-E_3	3.445	2.893	3.235	2.349	2.178	2.817	1.755	2.511	4.934	2.285	2.440
09-H_1	2.766	2.185	2.556	1.962	2.092	2.190	1.738	2.637	4.110	2.572	2.708
09-H_5	4.732	5.244	5.857	6.026	6.351	4.676	5.154	6.325	5.497	5.949	5.934

品种	09-C4	09-C5	09-C13	09-D2	09-D3	09-D4	09-E1	09-E2	09-E3	09-H1
09-C_5	1.797									
09-C_{13}	3.415	3.464								
09-D_2	1.881	2.995	4.317							
09-D_3	1.577	2.537	3.161	1.590						
09-D_4	1.923	2.401	3.856	2.480	2.340					
09-E_1	1.813	2.050	3.448	2.503	1.831	1.373				
09-E_2	1.987	1.893	2.229	2.811	1.679	2.368	1.746			
09-E_3	2.620	3.077	2.191	2.917	2.231	3.524	3.157	1.893		
09-H_1	1.827	2.422	2.752	1.759	1.069	2.718	2.313	1.597	1.549	
09-H_5	5.033	5.506	7.511	4.785	5.200	5.985	5.279	6.015	6.183	5.532

依据 33 个优良品种间的欧氏遗传距离，采用 UPGMV 法进行聚类分析，结果见图 2-2。从聚类图可以看出，在阈值 3.4 下，可将 33 个三色堇品种分为四大类，其中 08-H_2为一类，08-H_5和 09-H_5聚为一类，09-C_1为一类，其余品种聚为一类。从品种农艺性状的表现来看，08-H_2分枝数最多，08-H_5和 09-H_5品种的共同特点是，花朵小，属小花类型，叶片也较小，但分枝数和花朵很多。而 09-C_1品种的特点是株高最高，属中花类型，花数也较多。

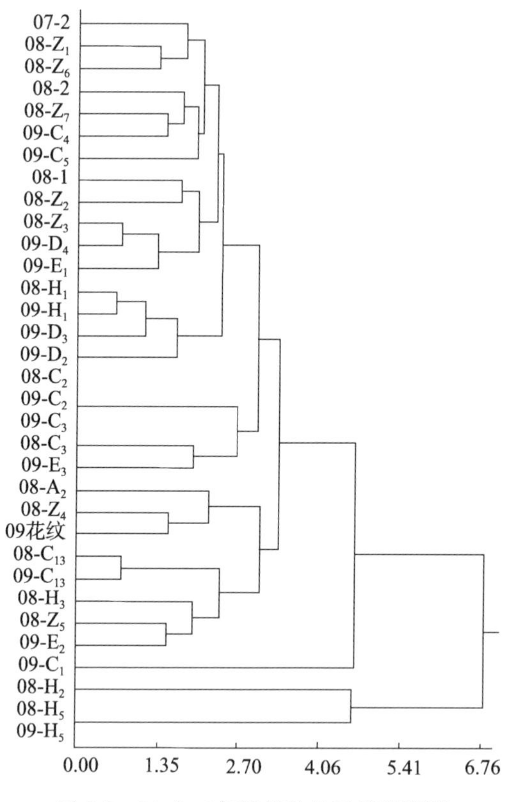

图 2-2　33 个三色堇品种的系统聚类图

（三）结论与讨论

亲本的合理选配是优良品种选育成功的基础，而亲本选配的重要原则之一是亲本间遗传差异的大小（戴思兰，2006）。表型作为植物基因型的外在表现，是材料间遗传差异度量的重要参考。基于表型的各种聚类方法为这种差异的度量提供了有力的工具。采用欧氏距离的系统聚类法目前被认为是较好的遗传差异分析法（郭平仲等，1989；戴思兰，2006；陈蕊红等，2003）。本书以三色堇9个重要农艺性状为基础，采用欧氏遗传距离和系统聚类法对33个三色堇品种进行了遗传差异和聚类分析。结果33个品种被聚为4大类，第一类08-HZ；第二类包括08-H_5和09-H_5，均为引自荷兰的品种；第三类的09-C_1，为引自美国的品种；第四类大部分为国内繁育品种。聚类结果与品种的地理来源基本吻合，说明在三色堇育种上，根据一定的地理来源差异进行亲本间遗传差异大小的估计具有可行性；也反映出欧洲来源的品种与美洲来源的品种存在明显的差异，这与王健的研究结果基本一致（王健，2005）。从聚类结果中也发现，第四类绝大多数虽然是我国繁育的品种，但同时包含了部分引自荷兰的品种，这可能与我国三色堇最初引自欧洲，以及三色堇异交习性和长期的人工杂交加速品种间遗传物质转移有关。因此，对三色堇而言，仅根据地理差异进行亲缘关系判断，并不十分准确。为此，在三色堇亲本材料遗传差异分析上，在地理差距初步判断的基础上，进一步进行基于基因型（或表型）的聚类分析是必要的。

三色堇杂种优势明显（范志忠，1995），由于作物杂种优势的表现与亲本间的遗传距离（差异）密切相关（杜晓华等，2007），因此亲本材料间遗传差异的检测被用于杂种优势预测的手段之一。本研究对33个三色堇品种遗传距离的估计，可望为今后三色堇杂优利用提供参考。例如，08-H_2与09-C_{13}之间遗传距离较大（9.404），远高于平均遗传距离（3.611），其纯化后杂交一代有可能获得优势表现；而08-C_2黄09-C_3之间遗传距离较小（0.244），纯化后杂交一代出现杂优表现的可能性较小。

表型作为基因型的外在表现，往往受到标记数量有限的制约，以及环境条件的影响，分析结果的精确性受限。近年发展的DNA分子标记，是DNA差异的直接反映，具有不受季节、环境影响及数量无限等优点，是亲本遗传差异分析的有力工具，目前已在多种作物上广泛应用（REIF et al.，2003）。为此，在表型研究的基础上，结合DNA分子进行分析，可较全面、准确地揭示此33个三色堇品种间的遗传差异，提高育种预见性。

五、基于主成分的三色堇聚类分析

摘要　采用多元统计分析法，对28份三色堇材料的13个农艺性状进行了相关分析和主成分分析，在主成分分析的基础上，对28份三色堇材料进行了系统聚类。结果表明，三色堇的性状间存在着较高的相关性，6个主成分可代

表三色堇13个性状的88.58%信息。基于前6个主成分聚类分析结果表明，国内材料间的平均遗传距离为3.43，远小于荷兰材料间的平均遗传距离8.777，这与三色堇原产北欧相吻合，聚类结果也显示出与材料的地理来源存在一定的相关性。聚类分析将28份三色堇材料分成了5类，其中来自荷兰的HWP-51、08-H2、HSY4-1分别单独为一类，荷兰与国内材料的杂交种CYS×H3单独为一类，其余材料（国内材料与美国材料）聚为一类。

关键词 三色堇；主成分；聚类分析；遗传多样性

新品种的选育离不开种质资源研究，其中种质资源遗传多样性分析是资源研究的重要内容，与品种选育的成败密切相关（戴思兰，2007）。系统聚类法是种质资源遗传多样性分析中用的最多的一种方法，其以根据多个指标（性状）信息计算的遗传距离或相似系数为基础，通过将距离近的（或相似系数大的）类逐步合并而实现对种质资源的分类（黄燕等，2006）。三色堇的种质资源多样性分析需要涉及多个性状，以较全面地反映资源间的亲疏关系。然而随着考察性状的增加，一些次重要信息以同等重要性的参与，则可能导致种质资源间的关系揭示不再清晰，种质多样性的评价变得困难。研究表明，三色堇性状间存在着不同程度的相关性（王健等，2007），若将多个性状上的信息转化为较少几个彼此互不相关、又能综合反映原来多个指标绝大部分信息的新指标，舍掉一些不重要的信息，将可能更清晰地揭示种质资源间关系，主成分分析正是实现这一目的的有效途径之一（黄燕等，2006；郭平仲等，1989；虞晓芬，2004）。为此，本书以近年来引入的28个三色堇品种为研究对象，通过对其主要农艺性状的调查，试图通过主成分分析找出可综合反映农艺性状的主成分，然后通过聚类分析揭示材料间遗传差异，为三色堇资源的研究利用提供参考。

（一）试验材料与方法

1. 试验材料 供试的28个三色堇材料，分别来源于美国（Martix、USA-735）、荷兰（HSY4-1、HWP-51、08-H2）以及我国上海（EW0、EP1、EY0、EXX、ERX）、甘肃省酒泉（229.01、229.02、229.03、229.04、229.05、229.07、229.08、229.09、229.10、229.11、229.14、229.17、229.18、229.19）、河南省郑州（XSYO-2、ZMY2-1、CZY），CYS-H3为郑州与荷兰品种的杂交种。种子由河南科技学院新乡市草花育种重点实验室

提供。

2. 试验方法　试验材料于2009年10月5日播种育苗，2010年3月27日定植于河南科技学院花卉试验基地，株行距0.2 m×0.5 m，常规栽培管理。在盛花期，每品种选取10株生长健壮、具有典型性状的单株，分别调查和统计了10个主要农艺性状（花色、花斑、花径、花期、花数、株高、株幅、分枝数、叶长、叶宽、茎粗）。其中花色调查参照美国泛美种子公司对三色堇描述（http://www.panamseed.com.）进行，其余性状的调查参照王健等（2007）的方法进行。同时，计算产生了2个衍生性状：叶形和叶面积，其中叶形＝叶长/叶宽；叶面积＝(1/4) π（叶长×叶宽）（王健等，2007）。

3. 数据的处理

（1）首先，将花色和花斑性状数值化。将花色分为8种类型，令白色为1、黄色为2、蓝色为3、红色为4、橙色为5、紫色为6、黑色为7、双色为8；花斑按有和无分别设为1和2。

（2）其次，将原始数据标准化处理，消去不同量纲的影响。

（3）接下来，对调查的11个数量性状进行相关分析，求各性状间的相关系数，并进行显著性检验。

（4）然后，进行主成分分析，求出各主成分的特征值（$\lambda_1 \geqslant \lambda_2 \geqslant \cdots \geqslant \lambda_p \geqslant 0$）及相应的特征向量 e_j，得到主成分 $Y_j = e_j \sum X_j$。第 j 个主成分的方差贡献率为 $\alpha_j = \lambda_j / \sum \lambda_j$，当累计方差贡献率 $\alpha = \sum \alpha_j > 85\%$ 时，取前 m 个主成分 Y_1，Y_2，…，Y_m，即可认为这 m 个主成分能以较少的指标综合体现原来 p 个评价指标的信息。

（5）最后，取各品种的前 m 个主成分 Y_j，按照以下公式计算各品种间的欧氏遗传距离：

$$d_{ij} = \sqrt{\sum_{k=1}^{n} (x_{ik} - x_{jk})^2}$$

其中，d_{ij} 为第 i 个样品与第 j 个样品之间的距离；x_{ik} 为第 i 个样品第 k 个性状的标准数据；x_{jk} 为第 j 个样品第 k 个性状的标准数据（Reif et al.，2005）。利用算术平均数非加权成组法（Unweighted Pair Group Method Arithmetic Average，UPGMA）进行聚类分析。

相关分析、主成分分析和聚类分析均采用DPS7.55软件完成。

（二）结果与分析

1. 各品种的性状基本统计量　从表2-26可以看出，28个材料在不同观赏性状上存在明显差异，其中花数的变异系数最高（54%），其次为株高（49%）和分枝数（44%）；而茎粗的变异系数最小（10%），但其最大值为最小值的1.6倍，反映出实际差异也不小。同时，28个三色堇材料也展现出较丰富的花色，花色有白、红、黄、紫、蓝、橙、黑色等7种不同色彩，而且还有由两种以上不同花色组合成的双色，展示出广泛的变异性和丰富的遗传多样性。

表2-26　28个三色堇品种的农艺性状

品种	花径（cm）	花数	株高（cm）	茎粗（mm）	叶长（cm）	叶宽（cm）	叶形	叶面积（cm）	株幅（cm）	分枝数	花期（天）	花色
229.01	4.73	33.50	16.75	5.96	3.75	2.20	1.70	6.47	22.50	12.50	49	金黄
229.02	5.02	29.00	14.34	5.10	3.81	3.11	1.23	7.56	20.88	12.75	39	红色黑斑
229.03	4.38	40.75	15.75	5.80	4.55	3.25	1.40	11.62	21.50	12.50	56	橙色
229.04	4.45	36.50	16.75	5.00	3.95	2.00	1.98	6.20	21.50	18.50	55	乳白色
229.05	5.52	35.10	14.70	5.46	4.64	2.78	1.67	10.13	20.25	10.70	55	紫色黑斑
229.07	6.25	44.00	17.50	5.72	5.00	2.05	2.44	8.03	27.00	11.50	46	紫色黑斑
229.08	5.93	40.75	16.75	6.10	5.20	3.13	1.66	12.80	19.20	9.75	55	纯白
229.09	3.75	37.50	13.00	5.52	4.20	2.25	1.87	7.42	20.50	10.50	57	蓝色褐斑
229.10	4.75	39.50	17.50	6.45	4.60	2.45	1.88	8.88	18.50	10.00	54	金黄黑斑
229.11	5.61	44.00	21.38	5.62	5.21	2.76	1.89	11.38	25.56	20.75	49	纯黑
229.14	5.69	26.63	14.00	5.12	5.05	2.80	1.80	11.24	19.06	11.25	53	深紫红
229.17	4.85	36.50	14.40	5.60	4.52	2.38	1.90	8.44	20.00	10.70	46	紫色褐斑
229.18	5.32	46.67	15.67	5.55	5.20	2.80	1.86	11.34	21.50	10.00	58	白色紫斑
229.19	4.97	52.60	16.20	5.18	4.76	2.60	1.83	9.83	22.20	16.00	38	红黄黑斑
EWO	5.39	47.83	16.95	5.52	4.65	2.48	1.88	9.03	24.58	15.00	61	白紫渐变
EP1	5.78	40.17	13.00	5.55	4.90	2.55	1.92	9.90	18.50	9.83	49	紫色
EYO	6.04	28.80	11.60	5.76	5.22	2.82	1.85	11.53	17.90	7.80	62	纯白
EXX	5.45	50.00	14.00	5.00	4.50	2.50	1.80	8.83	20.00	8.00	49	蓝色黑斑
ERX	6.05	36.00	12.00	4.70	5.20	3.40	1.53	13.88	17.50	9.00	28	纯黄
XSYO-2	6.03	26.33	14.00	4.84	5.33	2.87	1.86	12.10	18.17	10.33	62	纯白

（续）

品种	花径 (cm)	花数	株高 (cm)	茎粗 (mm)	叶长 (cm)	叶宽 (cm)	叶形	叶面积 (cm)	株幅 (cm)	分枝数	花期 (天)	花色
ZMY2-1	6.21	30.75	11.50	5.41	5.13	2.75	1.87	11.20	18.00	8.00	48	紫色褐斑
HSY4-1	2.85	16.30	16.67	4.48	3.43	1.97	1.74	5.30	29.17	29.33	41	金黄色
CYS-H3	5.88	57.00	57.00	5.79	5.65	2.10	2.69	9.31	21.50	14.00	49	黄色褐斑
CZY	5.15	35.67	15.67	5.33	5.50	2.80	1.96	12.18	20.83	8.67	57	紫色黄斑
HWP-51	6.25	25.00	16.00	7.14	6.40	4.60	1.39	23.11	18.00	8.00	52	白紫褐斑
08-H2	2.65	146.6	22.80	5.67	4.27	2.07	2.06	6.94	23.55	26.40	48	紫色黄斑
USA-735	4.46	42.40	13.40	4.70	4.50	2.80	1.61	9.89	18.95	8.10	49	橙色
Martix	5.02	41.70	11.70	5.08	4.21	2.76	1.53	9.12	18.60	8.00	41	橙色
平均数	5.16	41.70	16.82	5.47	4.76	2.68	1.81	10.13	20.91	12	50	—
最大数	6.25	146.6	57.00	7.14	6.40	4.60	2.69	23.11	29.17	29.33	62	—
最小数	2.65	16.30	11.50	4.48	3.43	1.97	1.23	5.30	17.50	7.80	28	—
标准差	0.94	22.44	8.31	0.56	0.64	0.54	0.29	3.32	2.90	5.43	8	—
变异系数	0.18	0.54	0.49	0.10	0.13	0.20	0.16	0.33	0.14	0.44	0.16	—

2. 各性状间的相关性　从表 2-27 可知，在所调查的 11 个性状中，除花期外，其余 10 个性状（花径、花数、株高、茎粗、叶长、叶宽、叶形、叶面积、株幅、分枝数）间均存在着显著或极显著相关性。其中花径与叶长（0.728 5）、叶面积（0.585）呈极显著正相关，与叶宽（0.468 6）呈显著正相关；花径与分枝数（−0.667 3）、花数（−0.424）、株幅（−0.440 9）分别呈极显著、显著负相关；花数与分枝数（0.413 1）呈显著正相关；株高与叶形（0.645 3）呈极显著正相关；茎粗与叶长（0.454 4）、叶面积（0.474 4）呈显著正相关；叶长与叶宽（0.587 5）、叶面积（0.836 5）呈极显著正相关，与株幅（−0.388 8）、分枝数（−0.453 2）呈显著负相关；叶宽与叶面积（0.910 5）呈极显著正相关，与叶形（−0.651 6）、株幅（−0.524 8）、分枝数（−0.475 2）呈极显著负相关；叶面积与株幅（−0.486 6）呈极显著负相关，与分枝数（−0.464）呈显著相关；株幅与分枝数（0.774 2）呈极显著正相关。

表 2-27　性状的相关矩阵

性状	X_1	X_2	X_3	X_4	X_5	X_6	X_7	X_8	X_9	X_{10}
花径（X_1）	1.000									
花数（X_2）	−0.424*									
株高（X_3）	0.019	0.310								
茎粗（X_4）	0.243	0.099	0.205							
叶长（X_5）	0.729**	−0.082	0.230	0.454*						
叶宽（X_6）	0.469*	−0.304	−0.279	0.352	0.588**					
叶形（X_7）	0.082	0.327	0.645**	0.059	0.207	−0.652**				
叶面积（X_8）	0.585**	−0.232	−0.097	0.474*	0.837**	0.911**	−0.319			
株幅（X_9）	−0.441*	0.197	0.244	−0.141	−0.389*	−0.525**	0.327	−0.487**		
分枝数（X_{10}）	−0.667**	0.413*	0.276	−0.214	−0.453*	−0.475**	0.200	−0.464*	0.774**	
花期（X_{11}）	0.098	−0.061	−0.003	0.345	0.247	−0.012	0.183	0.123	−0.112	−0.187

注：* 表示 0.05 水平的显著；** 表示 0.01 水平的显著。

3. 主成分分析　由表 2-28 可知，前 6 个主成分累计贡献率 88.58%（>85%），即前 6 个主成分代表了原 13 个性状所包含 88.58%的信息。对第 1 主成分有较大影响的是叶面积、叶长和叶宽，由于叶宽和叶长是叶面积的构成因素，该成分与光合作用器官的面积相关，因此可称为光合因子；对第 2 主成分影响较大的是株高和叶形，且株高与叶形成显著正相关，叶子越长，植株越高，该成分可称为株高因子；对第 3 主成分影响较大的是花期和花斑，可称为花期与花斑因子；对第 4 个主成分影响较大的是花径；其次是茎粗，该因子与花朵大小相关，可称为花径因子；对第 5 个主成分影响较大的是花色，可称为花色因子；对第 6 个主成分影响较大的是花数，可称为花数因子。

表 2-28　主成分分析

性状	主成分 1	主成分 2	主成分 3	主成分 4	主成分 5	主成分 6
特征值	4.466	2.495	1.575	1.219	0.950	0.811
贡献率（%）	34.356	19.188	12.113	9.375	7.308	6.238
累计贡献率（%）	34.356	53.544	65.657	75.032	82.340 4	88.578
花径（X_1）	0.358	0.112	−0.097	−0.487	0.083	−0.023
花数（X_2）	−0.195 7	0.263 8	0.051 3	0.370 6	0.003 5	−0.685 9
株高（X_3）	−0.096 1	0.498 8	−0.051 7	−0.125	−0.018 4	−0.160 1
茎粗（X_4）	0.213 2	0.272 4	−0.157 4	0.451 5	0.271 2	−0.004 7
叶长（X_5）	0.370 8	0.341 6	0.008 9	−0.107	0.094 5	−0.049 9
叶宽（X_6）	0.407 4	−0.1018	0.289 4	0.184 5	0.165 9	−0.048 2
叶形（X_7）	−0.158 7	0.483 1	−0.297 6	−0.290 1	−0.112 8	−0.003 2
叶面积（X_8）	0.427 5	0.097	0.194 2	0.129 3	0.170 8	−0.006 7
株幅（X_9）	−0.337 3	0.149 5	0.168 2	−0.054 3	0.451 7	0.351
分枝数（X_{10}）	−0.360 8	0.150 8	0.314 7	0.185 3	0.222 3	0.194 1
花期（X_{11}）	0.094	0.104 5	−0.556	0.270 5	0.263 4	0.385
花色（X_{12}）	0.102 5	0.247 2	0.083 8	0.348	−0.719 7	0.396 4
花斑（X_{13}）	0.064 7	0.328 6	0.554	−0.168 4	−0.009 3	0.179 5

4. 聚类分析　基于前 6 个主成分计算的 28 个三色堇材料间的遗传距离范围为 0.669～12.303，平均遗传距离为 4.439，其中来自荷兰的 HWP-51 与 HSY4-1 之间遗传距离最大，为 12.303；来自美国的 USA-735 与 Martix 之间遗传距离最小，为 0.669（表 2-29）。进一步分析发现，来自国内材料间的平均遗传距离为 3.43，荷兰材料间的平均遗传距离为 8.777，来自美国的材料间的遗传距离仅为 0.669。荷兰材料与国内材料间的平均遗传距离为 7.255，美国材料与国内材料间的平均遗传距离为 3.252。反映出：①国内三色堇和美国三色堇的遗传基础较为狭窄，而荷兰三色堇的遗传多样性较丰富；②来自美国的三色堇材料与国内材料间的平均遗传差异不大，与国内材料间的遗传差异接近；而来自荷兰的材料与国内材料间的平均遗传差异明显大于国内材料间的平均遗传差异。这提示我们三色堇的发展还需加强引种工作，特别是从荷兰等地的引种，扩大我国三色堇种质资源的遗传多样性。

由6个主成分产生的聚类结果（图2-3）可以看出，首先是美国的2个品种聚在一起，国内的一些品种也聚在一起；接着美国品种与国内品种聚在一起；然后与荷兰和国内品种的杂交种聚在一起，最后陆续与荷兰品种聚在一起。在遗传距离4.87处，28个三色堇材料可被分为5大类：来自荷兰的HSY4-1、HWP-51、08-H2分别自成一类，荷兰品种与国内品种的杂交种为一类，国内材料和美国材料合并为一类。

表2-29　遗传距离矩阵

品种	229.01	229.02	229.03	229.04	229.05	229.07	229.08	229.09	229.10	229.11	229.14
229.02	3.640										
229.03	2.649	3.589									
229.04	1.282	4.330	3.888								
229.05	2.145	3.693	1.936	3.111							
229.07	3.992	5.212	5.105	3.777	4.097						
229.08	4.173	4.274	2.738	5.115	2.568	4.219					
229.09	2.484	4.307	3.579	3.054	3.487	4.885	4.768				
229.10	2.970	4.646	2.960	3.836	2.817	4.530	3.372	1.973			
229.11	3.907	4.380	3.907	4.224	3.719	2.540	3.264	5.252	4.719		
229.14	3.621	3.767	3.526	4.397	2.998	4.494	3.184	2.706	2.140	4.797	
229.17	2.263	3.357	3.147	2.961	2.547	3.969	3.626	1.704	1.767	4.361	1.767
229.18	2.602	4.438	2.202	3.456	1.109	3.726	2.167	3.770	2.652	3.367	3.258
229.19	3.315	2.498	3.789	3.714	3.473	3.244	3.600	4.303	4.167	2.658	3.836
EWO	1.771	4.578	2.691	2.269	2.095	3.171	3.452	3.232	2.905	3.030	3.762
EP1	2.630	3.970	2.841	3.360	1.156	3.851	2.678	3.728	2.860	3.952	2.941
EYO	3.973	4.523	3.144	4.803	2.373	4.051	1.564	4.148	2.836	3.924	2.247
EXX	2.069	3.421	2.992	2.724	1.560	3.980	3.438	3.247	2.941	4.188	2.963
ERX	5.913	3.487	5.267	6.584	4.804	6.005	4.237	6.664	6.082	5.321	4.897
XSYO-2	4.244	4.141	3.901	4.927	3.193	3.966	2.572	3.889	3.032	4.231	1.480
ZMY2-1	4.728	3.942	4.425	5.414	3.884	4.502	3.156	4.079	3.326	4.792	1.597
HSY4-1	5.521	5.478	7.012	5.048	7.139	6.200	8.148	6.238	7.522	5.932	7.413
CYS-H3	7.174	8.286	7.978	7.017	7.186	4.102	6.513	7.085	6.282	5.745	6.615

（续）

品种	229.01	229.02	229.03	229.04	229.05	229.07	229.08	229.09	229.10	229.11	229.14
CZY	3.605	3.960	3.208	4.315	2.579	3.095	1.701	3.796	2.712	3.019	2.129
HWP-51	9.216	8.187	7.062	10.29	7.706	9.008	5.445	8.876	7.417	7.848	6.922
08-H2	6.328	7.278	7.091	6.354	7.624	6.771	7.842	6.389	6.584	6.480	7.786
USA-735	2.252	2.715	2.648	3.145	1.824	4.792	3.612	3.239	3.171	4.582	2.974
Martix	2.802	2.562	3.043	3.615	2.342	5.157	3.883	3.776	3.714	4.865	3.367

品种	229.17	229.18	229.19	EWO	EP1	EYO	EXX	ERX	XSYO-2	ZMY2-1	HSY4-1
229.18	2.887										
229.19	3.044	3.669									
EWO	2.925	1.799	3.645								
EP1	2.438	1.430	3.365	2.627							
EYO	3.103	2.120	4.068	3.269	2.399						
EXX	1.962	2.192	3.033	2.763	1.090	3.159					
ERX	5.114	5.249	3.794	6.281	4.476	4.775	4.491				
XSYO-2	2.801	3.221	3.837	3.881	3.099	1.523	3.464	4.602			
ZMY2-1	2.845	4.006	3.726	4.707	3.587	2.542	3.735	4.134	1.338		
HSY4-1	6.399	7.534	5.386	6.220	7.564	8.204	6.871	8.399	7.720	7.869	
CYS-H3	6.332	6.498	6.074	6.342	6.574	6.388	6.827	8.297	6.166	6.191	9.168
CZY	2.620	2.304	3.035	2.946	2.526	1.313	3.015	4.526	1.386	2.151	7.253
HWP-51	8.140	7.387	8.203	8.536	7.857	5.990	8.544	7.269	6.291	6.311	12.303
08-H2	6.478	7.371	5.856	6.605	7.599	8.386	7.190	9.072	8.335	8.101	6.702
USA-735	2.116	2.730	3.138	3.305	1.854	3.473	1.131	4.188	3.676	3.800	6.761
Martix	2.598	3.230	3.190	3.890	2.254	3.876	1.568	3.787	4.022	3.993	6.930

品种	CYS-H3	CZY	HWP-51	08-H2	USA-735
CZY	5.547				
HWP-51	9.829	6.362			
08-H2	7.115	7.396	11.341		
USA-735	7.700	3.394	8.365	7.352	
Martix	8.009	3.782	8.473	7.532	0.669

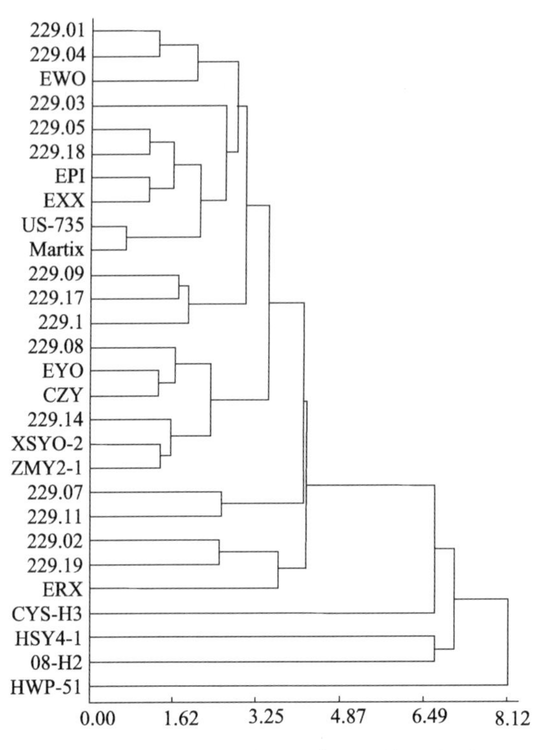

图 2-3　基于主成分的三色堇系统聚类图

（三）结论

主成分分析采用降维的方法，将具有一定相关性的众多指标转换成少数新的相互无关的主成分，起到了信息浓缩的作用（虞晓芬等，2004）。本研究结果显示，6 个主成分即浓缩了原三色堇 12 个性状 88.58%的信息，贡献率不同的各主成分分别代表了三色堇不同方面的信息，可作为种质资源评价、新品种选育的重要参考。

基于主成分分析的系统聚类，由于舍掉一些不重要的信息，使材料间遗传关系揭示更加清晰（郭平仲等，1989；虞晓芬等，2004）。本书基于 6 个主成分的 28 个三色堇材料的聚类结果清晰地显示出三色堇的地理来源差异及遗传多样性分布中心，即来自荷兰的三色堇遗传多样性较高，这与三色堇原产北欧（王晓磊等，2008），即欧洲为三色堇遗传多样性分布中心的事实相吻合；国内材料间遗传多样性还不高，这与中国引种时间较短（王慧俐，2005），引种规模有限相符。而且聚类结果将来自美国、中国（郑州酒泉）的一些品种均分别最先聚在一起，反映出材料间的遗传差异与地理来源的较高相关性。总体来看，国内材料的地区差异已经不很明显，这可能与近年种质资源交流有关。研究结果提示我们应加强三色堇引种工作，特别是从原产地欧洲的引种。

六、三色堇数量性状的相关及灰关联度分析

摘要 三色堇的许多性状间存在不同程度的联系，明确各性状之间的联系，对提高杂交育种的选择效率，加快新优品种的培育具有重要的指导意义。试验以 33 个三色堇品种的 8 个重要数量性状为研究对象，分别采用相关分析和灰关联度分析，研究了这些性状对 5 个育种目标性状影响的主次关系及相关程度。结果表明，对花径影响最大的为叶长，其次为叶宽，再次为茎粗，它们均与花径呈极显著正相关；对花数影响最大的为叶宽，其次为花径，再次为分枝数，其中分枝数与花数呈极显著正相关性，而叶宽、花径与花数呈极显著负相关；对分枝数影响最大的是叶宽，其次为花径，它们均与分枝数达极显著负相关；对冠幅影响最大的是株高，其次是茎粗，冠幅与株高、茎粗分别呈极显著、显著正相关；对株高影响最大的是冠幅。因此，可在植株发育的早期阶段，通过叶片大小、分枝数分别实现对花径、花数的相关性选择。

关键词 三色堇；相关分析；灰关联度

由于我国三色堇引进和研究较晚，目前生产用种主要依赖进口（詹瑞琪，2008；王慧俐，2005）。而国外的三色堇种子大多为 F_1 代，繁殖后分离严重，难以继续利用（罗玉兰等，2001）。因此，加快三色堇育种技术研究，尽快培育具有自主知识产权的三色堇新优品种，是当务之急。

三色堇的许多性状间存在着不同程度的联系（王健等，2007；Yoshioka et al.，2006），明确各性状间的联系，特别是对育种目标性状影响的主次关系及其相关性程度，对于杂交育种中各优良性状的聚合，以及通过相关性选择提高育种效率具有重要的指导意义（朱军，2002）。但目前有关三色堇性状间关系的研究甚少，对各性状间关系及其对育种目标性状影响的主次关系揭示的还很不充分。为此，本章以 33 个三色堇品种的 8 个重要数量性状为研究对象，分别采用相关分析和灰关联度分析，以明确三色堇主要数量性状之间，以及其对主要育种目标性状影响的主次关系（郭瑞林，1995），旨在为三色堇的杂交育

种工作中育种目标的制定和相关性选择提供依据，以加速三色堇新品种选育的进程。

（一）试验材料与方法

1. 试验材料 供试材料为33个三色堇品种，由河南科技学院新乡市草花育种重点实验室提供，这些品种分别引自美国、荷兰及中国的北京、郑州等地。材料于2008年10月20日播种穴盘，温室育苗，2009年3月20日定植于河南科技学院花卉试验基地。随机区组排列，3次重复。各小区种植20株，株行距0.2 m×0.5 m，常规生产管理。盛花期，每小区随机取样5株，分别调查了花径、花数、株高、冠幅、分枝数、叶长、叶宽、茎粗8个数量性状。性状统计参照王健等（王健等，2005）的方法进行。

2. 试验统计方法 性状间的相关分析（Pearson相关系数）及其显著性检验在DPS7.55软件上进行。

性状间的灰关联度分析参考相关文献（李新峥等，2009），先对原始数据进行均值化处理，得到无量纲化数据；再确定参考数列（x_0）和比较数列（x_i），如分析各性状与花径的关系时，将花径作为参考数列，其他性状作为比较数列；对与参考数列呈负相关的性状进行倒数化转化；然后按照以下公式计算关联系数：

$$\xi_i(k)=[\min\min|x_0(k)'-x_i(k)'|+\rho\max\max|x_0(k)'-x_i(k)'|]/[|x_0(k)'-x_i(k)'|+\rho\max\max|x_0(k)'-x_i(k)'|]$$

式中，$\xi_i(k)$ 指 x_0'与x_i'在品种k上的关联系数，$|x_0(k)'-x_i(k)'|$表示x_0数列与x_i数列在品种k上的绝对差，$\min\min|x_0(k)'-x_i(k)'|$表示在$x_i$数列与$x_0$数列在对应点差值中的最小值基础上再找出其中的最小差，即2级最小差，$\max\max|x_0(k)'-x_i(k)'|$称为2级最大差，含义与2级最小差相似，$\rho$为分辨系数，取0.5；最后求$\xi_i(k)$均值，即为$x_i$性状与参考性状的关联度。

（二）结果与分析

1. 各性状的基本统计量 33个三色堇品种8个数量性状的基本统计分析结果（表2-30）表明，各性状的不同基因型之间差异显著，平均变异系数为30.53%。其中变异系数最大的是花数，为66.1%；其次为分枝数，为45.31%。茎粗和冠幅的变异系数虽然较小，分别为17.41%和19.54%，但其最大值均为最小值的2倍多。不同基因型在各性状上显著的差异性，反映出试验选材具有较丰富的遗传多样性。

表 2-30 三色堇性状基本统计数据

性状	均值	最大值	最小值	变异系数（%）
花径（cm）	4.76	6.75	2	22.99
叶长（cm）	4.22	6.5	1.9	24.77
叶宽（cm）	2.02	2.7	0.9	22.12
茎粗（cm）	0.45	0.65	0.3	19.54
冠幅（cm）	16.88	22.75	11.25	17.41
花数	31.29	135	18	66.10
分枝数	8.75	23.7	6	45.31
株高（cm）	16.88	31	11.7	26.03

2. 花径相关性状的分析 花径的改良是三色堇育种的主要目标之一，增大花径以提高观赏效果是人们不断努力的方向。明确与花径相关的性状及其重要性，对花径育种具有重要指导意义。相关分析的结果显示（表 2-31），叶长、叶宽和茎粗与花径存在极显著正相关，相关系数分别为 0.743 8、0.659 3、0.586 9。以花径作为参考数列的灰色关联分析结果表明，对三色堇花径影响最大的性状是叶长，其次叶宽，再次是茎粗，两种分析方法的结论基本一致。

所不同的是，相关分析显示分枝数、花数与花径之间存在极显著的负相关，而灰关联分析表明分枝数和花数对花径的影响较小。因此，实际育种中，应在保证花数、分枝数较多的基础上，主攻叶长、叶宽和茎粗的定向选择，以增大花径并注意协调各观赏性状间的关系，切忌顾此失彼。

表 2-31 花径与其他 7 个性状的关联度及其排序

性状	关联度	关联序	相关系数
叶长	0.833 1	1	0.743 8**
叶宽	0.823 2	2	0.659 3**
茎粗	0.798 8	3	0.586 9**
冠幅	0.773 9	4	0.220 5
花数	0.765 8	5	−0.618 6**
分枝数	0.761 4	6	−0.712 6**
株高	0.756 8	7	0.066 9

注：* 0.05 显著水平；** 0.01 显著水平。以下各表示方法相同。

3. 花数的相关性状的分析 增加花朵的数目可提高三色堇的观赏效果，因此花数是三色堇育种的重要目标性状。相关分析显示（表 2-32），分枝数与花数的呈极显著正相关（0.856 4），而叶宽、花径和叶长与花数呈极显著负相关。以花数为参考数列的灰色关联法分析显示，对三色堇花数影响最大的叶宽，其次是花径，再次是分枝数与叶长。相关分析与灰关联分析结果一致，说明在适当叶宽和花径的基础，针对分枝数的定向改良，则可能增加三色堇的花数。

表 2-32 花数与其他 7 个性状的关联度及其排序

性状	关联度	关联序	相关系数
叶宽	0.895 6	1	−0.641 9**
花径	0.892 9	2	−0.618 6**
分枝数	0.888 9	3	0.856 4**
叶长	0.868 3	4	−0.454 9**
茎粗	0.857 0	5	−0.279
冠幅	0.854 3	6	0.135 6
株高	0.840 7	7	0.027 6

4. 分枝数的灰关联度分析 分枝数的增加也是目前三色堇的一项育种目标。相关分析显示（表 2-33），分枝数与花数之间存在极显著正相关，而分枝数与叶宽、花径和叶长间呈极显著负相关。实际上，作为花朵载体的枝条，其与花数之间是一种正向的因果关系。以分枝数作为参考数列的灰关联分析表明，对三色堇分枝数影响最大的是叶宽，其次花径，再次是叶长，接下来是花数。两种分析结果基本一致。说明在不影响花径大小的同时，可通过叶片大小一定程度的负向相关选择，来改良三色堇的分枝数。

表 2-33 分枝数与其他 7 个性状的关联度及其排序

性状	关联度	关联序	相关系数
叶宽	0.855 2	6	−0.717 9**
花径	0.845 6	5	−0.712 6**
叶长	0.838 4	7	−0.581 7**
花数	0.830 5	1	0.856 4**
茎粗	0.799 9	3	−0.383 6*
冠幅	0.799 7	2	0.042 2
株高	0.776 7	4	−0.150 6

5. 冠幅的灰关联度分析 增加冠幅也是三色堇的育种目标之一。相关分析结果（表 2-34）表明，株高、茎粗分别与冠幅呈极显著、显著正相关，相关系数为 0.552 7、0.402 3。以冠幅作为参考数列，得出其余性状与冠幅的关联度及其排序。从表 2-34 可以看出，对三色堇冠幅影响最大的是株高，其次是茎粗。其结果与灰关联分析一致。因此，株高和茎粗的增加，无疑会带来冠幅的增大。但由于目前三色堇主要用于花坛或花镜，要求植株高度适中，甚至较为低矮。所以，应在株高适度的情况下，可通过针对茎粗的相关选择实现对冠幅的增加。

表 2-34 冠幅与其他 7 个性状的关联度及其排序

性状	关联度	关联序	相关系数
株高	0.927 6	1	0.552 7**
茎粗	0.907 9	2	0.402 3*
叶宽	0.897 6	3	0.155 1
花径	0.894 8	4	0.220 5
叶长	0.885 6	5	0.233 4
分枝数	0.860 9	6	0.042 2
花数	0.851 1	7	0.135 6

6. 株高的灰关联度分析 株高是三色堇重要的目标性状之一。相关分析结果（表 2-35）表明，冠幅与株高呈极显著正相关。以株高作为参考数列的灰关联分析表明，对三色堇株高影响最大的是冠幅，其次是茎粗，与相关的结果一致。针对三色堇冠幅的改良，必然引起株高的变化。目前三色堇主要用于花坛等美化，要求适度或较矮的株高品种。因此在育种选择中，要注意二者之间的适当平衡，取得较满意的综合育种目标。

表 2-35 株高与其他 7 个性状的关联度及其排序

性状	关联度	关联序	相关系数
冠幅	0.931 5	1	0.552 7**
茎粗	0.893 1	2	0.225 3
花径	0.886 2	3	0.066 9
叶长	0.872 6	5	0.195 1
分枝数	0.863 0	6	−0.150 6
叶宽	0.856 1	4	−0.001 6
花数	0.842 7	7	0.027 6

（三）结论与讨论

本章研究结果显示，对花径影响最大的为叶长，其次为叶宽，再次为茎粗，它们均与花径呈极显著正相关；对花数影响最大的为叶宽，其次为花径，再次为分枝数，其中分枝数与花数呈极显著正相关性，而叶宽、花径与花数呈极显著负相关；对分枝数影响最大的是叶宽，其次为花径，它们均与分枝数达极显著负相关；对冠幅影响最大的是株高，其次是茎粗，冠幅与株高、茎粗分别呈极显著、显著正相关；对株高影响最大的是冠幅。

在作物性状之间相互关系的研究中，数理统计中的相关分析是人们通常采用方法之一，该方法基于概率论的随机过程，通过变量间阵列比较揭示不同性状间存在的正、负相关性及其紧密程度。在数据比较充足、概率分布比较典型的情况下，通常可取得较满意的结果（李喜春等，2005）。而基于灰色理论的灰色关联度分析，则通过对两个性状随不同对象变化趋势的一致性，即性状间的几何接近，衡量性状间的关联程度高低。在数据较少、信息不完整、分布不典型的情况下，仍能得到较为可靠的结果（郭瑞林，1995；谭学瑞等，1995；谢大森，2000；陈蕊红等，2003）。由于灰关联度分析通常呈现的只是比较性状对参考（目标）性状影响的主次关系，而不是正负方向。此外，基于性状间的几何接近的灰关联分析，当两个性状变化趋势相反（即呈负相关）时，直接分析的结果会偏离实际情况，这时需要对比较性状进行倒数化转化。在分析前，到底哪些性状的数据需要转换呢？上述问题的解决通过相关分析则可以轻而易举地完成。因此，将上述两种分析方法结合使用，可相互补充，取得较为满意的分析结果。

在三色堇 8 个重要数量性状相互关系的分析中，两种方法的分析结果基本一致，反映了遗传规律存在的客观性，也反映出本研究的样本数量及其分布可满足数量遗传学研究的需要（本次调查的三色堇 8 个性状在 33 个品种上的分布总体呈正态分布）。但由于作物系统本身的复杂性，以及多数数量性状受环境条件的影响，各性状间的相互关系是一个具有许多不确定因素的灰色系统。例如，由于年份、地点的不同，而造成气候等因素的诸多变化。本试验的数据为一年的观测数据，当采用白化系统分析时难以确切描述，而基于灰色理论的关联度分析可能不受影响，这可能是两种分析方法结果在基本一致的情况下，仍然存在一定差异的原因。

花径和花数是提高三色堇观赏价值的主要目标性状。本章研究结果显示，对三色堇花径影响较大且呈极显著正相关的有叶长、叶宽和茎粗。因此，在保证较多花数的基础上，可以在植株生长的早期阶段，通过植物学性状（叶片大小、茎粗）对花径进行有效的间接选择。花径与花数之间存在的极显著负相关与实际观察结果相符，即大花径品种的花数往往较少，而小花径品种的花数较多。叶宽、花径对花数存在显著的负向影响，而分枝数对花数有明显的正向影响和较高的相关性，这为在植株发育早期阶段，通过对叶宽、分枝数的适当选择，实现对花数的间接选择提供了依据。由于株高和冠幅存在极显著正相关，且相互影响较大。因此，降低株高与增大冠幅的目标难以同时实现，可考虑在适当株高的前提下，来增加冠幅。研究表明，三色堇花数和株高的遗传力均较高，所以可在早期世代对这两个性状进行选择（王健等，2007）。此外，研究结果显示，花径、花数、分枝数及其相关性状间存在较为复杂的高相关性，因此针对某一个目标性状的改良，并将对其他性状产生影响。所以在制定育种目标时，应将三者综合考虑。而冠幅和株高，与以上 3 个性状间没有紧密的相关性，其性状的改良不会对它们产生明显影响，因此可以与以上 3 个目标性状进行组装配套。本章研究结果可为三色堇的育种目标制定及目标性状的相关性选择提供理论参考。

与以往相关研究的比较发现，本章研究的结果与王健等的研究结论（王健等，2007）并不一致。例如，王健等研究认为，花径与叶面积、分枝数等相关性不强（本研究相关性强），而与花数呈显著正相关（本研究为负相关）；花数与株高、株幅的相关性很高（本研究为低），但与分枝数、单叶面积相关性很弱（本研究为强）。造成这一差异的原因，可能与试验材料遗传背景的多样性有关，但具体情况还有待进一步研究。

七、三色堇品种的灰色多维综合评估

摘要　三色堇品种的评价是其应用和利用的基础。本试验基于 33 个三色堇品种 6 个重要观赏性状（花色、花径、花数、株高、冠幅、分枝数）的田间调查结果，采用灰色多维综合评估法对 33 个品种进行了评价。结果表明，除 4、5、6 号品种为良好外，其余品种均为优良。

关键词　三色堇；灰色评估；观赏性状

对三色堇品种的评价，是其应用和利用的基础（戴思兰，2007）。三色堇的观赏性涉及多个性状指标，但目前的评价却多见单一性状的分别比较（王慧俐，2005；傅巧娟等，2006)，缺乏品种的综合评估。灰色多维综合评估是一种基于灰色系统理论的作物评估方法，目前已在小麦、玉米等作物上应用，并取得了较准确的结果（郭瑞林，1995)。本试验拟以三色堇6个观赏性状为基础，采用此方法对33个三色堇品种进行综合评估，旨在探讨该方法在三色堇品种观赏性综合评价中的适用性，并为品种的推广应用及育种利用提供借鉴。

（一）试验材料与方法

1. 试验材料 供试材料为33个三色堇品种，由河南科技学院新乡市草花重点实验室提供，这些品种分别引自美国、荷兰及中国北京、郑州等地。

2. 试验方法 各品种于2008年10月20日播种，温室育苗。2009年3月20日定植于河南科技学院花卉试验基地，随机区组设计，每小区20株，株行距0.2 m×0.5 m。常规栽培管理。在盛花期，每小区选取5株生长健壮、具有典型性状的单株，分别调查和统计了6个观赏性状（花色、花径、花数、株高、冠幅、分枝数)。其中花色调查参照美国泛美种业（PanAmerican Seed)(http://www.panamseed.com.）对三色堇的描述，其它性状的测量参照王健等（2007）的方法进行。

3. 试验数据处理 为分析方便起见，对部分性状的原始数据进行转化，其中花色进行分级打分［单色较淡为1，常见单色为2，稀有单色（如蓝色、黑色）为3，复色为4］；株高转化为适中株高［按公式（郭瑞林，1995)：$x_j'=x/(x+|x-x_j|)$，其中x_j'为适中株高；x_j为原株高；x为株高平均值］。

按照作物灰色育种学理论对三色堇品种进行灰色多维评估（郭瑞林，1995)。①设立品种评估系统，确定品种评估集合$I=$（1，2，3…33)，给出评语集合$K=$（优良，较好，一般，较差，低劣)，选择评估性状，构成评估性状集合$X=$（花色，花径，花数，分枝数，冠幅，株高，冠幅/株高，开花指数)。②按评语等级制定各性状类别界限值a_i。③分别按不同评语等级，根据公式$f_{ij}^k(x_{ij})=x_{ij}/a_i$计算33个品种各性状的白化隶属函数值，其中$f_{ij}^k(x_{ij})$指第$i$个品种第$j$个性状隶属第$k$个等级类别的函数值；第$x_{ij}$指第$i$个品种第$j$个性状值。最后获得33个品种各性状评语等级的隶属函数矩阵f_j。④将f_j乘以各性状的权重向量W_j，求得每个品种所有性状关于评估等级的综合隶属函数值σ_i^k，得到综合评估矩阵R。⑤由综合评估矩阵R判别每一行向量中最大隶属函数值所对应的类别，从而对各个品种作出综合评估。

（二）结果与分析

1. 三色堇的评估性状 作为观花为主的三色堇，目前主要用作盆花或地栽，其花色、花径、花数、分枝数、冠幅和株高是决定观赏性的重要指标。其中花色以蓝（黑）色和复色为佳，花朵和冠幅愈大愈好，花数和分枝数越多越好，而株高则是适中为好。因此，本试验选取了以上 6 个观赏性状进行了调查，并对株高做了适中性转换，对花色进行了打分，获得 33 个三色堇品种 8 个观赏性状的评价数据（表 2-36）。由表 2-36 可以看出，各品种在不同观赏性状上均有优势与劣势，表面上较难对各品种做出准确综合评估，需要借助多维评估方法。

表 2-36　33 个三色堇品种 6 个观赏性状数据

品种编号	花色评分	花径（cm）	花数	分枝数	冠幅（cm）	适中株高
1	1	3.6	26.0	11.0	15.3	0.82
2	2	4.7	18.0	6.0	11.7	0.87
3	2	4.0	33.0	7.0	17.5	0.95
4	3	5.8	24.0	7.0	22.8	0.64
5	2	6.0	28.0	7.0	19.8	0.89
6	2	4.9	19.0	6.0	19.7	0.78
7	4	5.3	25.0	9.0	18.0	0.79
8	4	5.2	28.7	9.3	17.7	0.82
9	4	2.0	85.0	23.7	19.6	0.84
10	2	2.3	56.0	18.3	15.3	0.85
11	3	5.8	31.0	10.0	18.9	0.83
12	2	4.2	19.7	8.0	13.8	0.87
13	2	5.7	32.0	6.0	14.5	0.94
14	3	5.0	20.0	6.5	12.4	0.82
15	2	5.2	36.0	9.0	18.6	0.60
16	2	6.8	37.0	7.0	18.4	0.89
17	2	5.1	23.3	9.0	16.2	0.95
18	3	4.5	35.0	7.0	17.4	0.93
19	2	4.9	30.0	8.0	22.5	0.60
20	4	3.2	34.0	7.0	14.7	0.48
21	2	4.8	19.0	6.0	20.7	0.78
22	2	4.8	20.0	6.0	20.3	0.78
23	2	4.3	32.0	6.0	14.5	1.00

（续）

品种编号	花色评分	花径（cm）	花数	分枝数	冠幅（cm）	适中株高
24	1	4.4	23.0	6.5	14.5	0.83
25	2	6.0	24.0	7.0	19.5	0.94
26	2	4.9	29.0	9.0	14.0	0.88
27	3	5.2	23.0	9.0	16.0	1.00
28	3	5.4	22.0	6.0	11.3	0.83
29	3	5.5	25.0	9.0	13.5	0.82
30	1	5.6	19.0	7.0	17.5	1.00
31	4	5.2	26.0	8.0	20.5	0.87
32	2	5.3	25.0	9.0	17.0	0.81
33	3	2.5	54.0	18.0	15.7	0.85

2. 各性状类别界限值 根据设定的 5 个评语等级，分别将各性状中的最大值设定为上限值，最小值设定为下限值，再在上限值与下限值之间划分三个等级［每等份＝（最大值－最小值）/4］，求得优良、较好、一般、较差、低劣各评语等级的类别界限值（表 2-37）。

表 2-37 三色堇 6 个性状的 5 个类别界限值

评语等级	花色评分	花径（cm）	花数	分枝数	冠幅（cm）	适中株高
优良（a_1）	4	6.8	85	23.7	22.8	1
较好（a_2）	3.25	5.6	68.25	19.275	19.925	0.87
一般（a_3）	2.5	4.4	51.5	14.85	17.05	0.74
较差（a_4）	1.75	3.2	34.75	10.425	14.175	0.61
低劣（a_5）	1	2	18	6	11.3	0.48

3. 33 个三色堇品种的综合评估 参考专家意见，获得各性状权重向量 W_j，$W_j=(W_{花色}, W_{花径}, W_{花数}, W_{分枝数}, W_{冠幅}, W)=(0.2, 0.2, 0.2, 0.15, 0.15, 0.15, 0.1)$。将 W_j乘以 33 个品种各性状评语等级的隶属函数矩阵 f_j，获得各品种所有性状关于评估等级的综合隶属函数值（表 2-38）。根据每品种最大综合隶属函数值所在的评估等级，对 33 个品种作出最终评估（表 2-38），结果显示，除 4、5、6 号品种属较好等级外，其余品种均属优良等级，反映出所引品种的观赏价值普遍较好，并适宜于作盆花或地栽。

表 2-38　33 个三色堇品种的综合隶属函数值及评估结果

品种编号	优良	较好	一般	较差	低劣	评估结果
1	0.469 3	0.372 6	0.202 2	0.205 6	0.293 1	优良
2	0.482 5	0.209 1	0.241 0	0.209 7	0.297 8	优良
3	0.549 7	0.000 0	0.216 2	0.139 5	0.288 8	优良
4	0.635 4	1.209 1	0.217 8	0.131 5	0.290 6	较好
5	0.605 9	1.000 0	0.203 2	0.173 1	0.296 4	较好
6	0.534 4	0.790 9	0.244 8	0.173 1	0.319 9	较好
7	0.669 1	0.581 8	0.196 4	0.213 6	0.286 8	优良
8	0.677 8	0.372 6	0.207 8	0.173 0	0.209 6	优良
9	0.821 8	0.000 0	0.000 0	0.000 0	0.000 0	优良
10	0.600 9	0.138 1	0.124 6	0.228 8	0.394 8	优良
11	0.664 2	0.161 9	0.052 9	0.267 5	0.395 2	优良
12	0.498 3	0.170 2	0.000 0	0.230 0	0.257 2	优良
13	0.570 3	0.160 8	0.336 3	0.228 2	0.226 3	优良
14	0.548 8	0.174 4	0.283 4	0.245 4	0.327 8	优良
15	0.577 0	0.155 3	0.230 4	0.250 2	0.327 8	优良
16	0.641 4	0.189 9	0.177 5	0.214 2	0.413 7	优良
17	0.563 4	0.193 0	0.124 6	0.229 0	0.338 3	优良
18	0.616 5	0.185 8	0.000 0	0.000 0	0.000 0	优良
19	0.573 4	0.153 5	0.138 4	0.142 0	0.434 2	优良
20	0.563 1	0.182 6	0.153 4	0.047 0	0.501 3	优良
21	0.538 0	0.160 7	0.165 2	0.000 0	0.423 1	优良
22	0.537 8	0.176 6	0.125 4	0.330 2	0.418 6	优良
23	0.535 1	0.173 6	0.158 3	0.283 2	0.478 9	优良
24	0.453 1	0.137 4	0.139 8	0.236 1	0.452 8	优良
25	0.599 5	0.178 4	0.154 2	0.189 1	0.402 3	优良
26	0.549 4	0.175 9	0.158 8	0.142 0	0.429 4	优良
27	0.619 3	0.185 9	0.158 4	0.000 0	0.000 0	优良
28	0.555 9	0.136 6	0.147 8	0.213 7	0.271 3	优良
29	0.598 4	0.141 8	0.154 9	0.230 3	0.081 1	优良
30	0.518 8	0.155 1	0.152 9	0.250 5	0.000 0	优良
31	0.686 6	0.155 0	0.165 6	0.175 7	0.595 6	优良
32	0.564 5	0.176 2	0.152 2	0.235 9	0.514 6	优良
33	0.652 8	0.141 6	0.112 3	0.207 5	0.433 5	优良

(三)讨论

花卉的观赏性往往涉及多个性状,因此品种的综合评价需要采用多指标综合评价方法。目前常用方法有百分制法(陈俊愉等,1995)、层次分析法(刘毅,2007)、TOPSIS、模糊评判法和灰色多维综合评估法等(虞晓芬等;2004)。在诸多分析法中,基于灰色系统理论的多维综合评估具有许多独到之处。因为在植物品种评估系统中,既包含已知信息,也包含未知信息,即为灰色的。比如,评估中所依据的性状数据是表型值,并不是品种固有的基因型值,会受到环境条件的影响,因此其是灰色的。还有各性状之间复杂的相互关系,在评估时并不能准确估算,通常也是灰色的。当试验数据不充分、分布不典型时,基于概率论的统计分析方法很难准确把握,而基于灰色系统理论的灰色育种方法通过曲线的几何接近,可获得较准确的结果(郭瑞林,1995)。

从综合评估显示,4、5、6号品种为较好级别,其余品种为优良,这与实际情况基本相符合。因4、5、6号品种,虽然冠幅较大,但分枝数较少,株高又偏离适中性,即株型分散不紧凑;加之花数较少,花色和花径一般(为单色中花系列),因此观赏性为未能列于优良类型。其他品种株型较好,分枝数也较多,有些花虽小但花数极多(如9号、33号),而整体观赏效果较佳。说明灰色多维综合评估法适用于三色堇品种的观赏性综合评估,评估结果可为品种的应用和育种利用提供借鉴。

第三章　三色堇种质资源的细胞遗传学研究

细胞是植物体的基本单位。高等植物是一个多细胞个体，源于一个受精卵细胞的增殖和体积增大。遗传物质位于细胞内的染色体上，高等植物的繁殖是通过细胞的减数分裂将遗传物质传递给了后代。不同的植物物种和不同的基因型资源在细胞的核型（包括染色体数目、形态等特征）上存在一定程度的差异，因此核型分析成为了种质资源细胞遗传学研究的主要内容。了解各种质资源的核型特征，不但有助于对生物进化的认识，而且对杂交育种工作中亲本的选配具有重要的指导意义。关于三色堇种质资源的细胞遗传学研究，瑞典植物学家Wittrock调查了美丽堇菜组野生资源的染色体数目，包括三色堇原种（$n=13$）、黄堇（$n=24$）和阿尔泰堇菜（$n=11$）（Miyaji，1930）。Clausen（1931）进一步调查了包括野生三色堇（$n=17$）和角堇（$n=11$）等其他堇菜属资源的细胞遗传学特征。研究者们也调查了栽培三色堇品种（*V. Wittrockiana*）的染色体数目，获得了不同的结果，$2n=48$（Clausen，1926；Gershoy，1928；Horn，1956；Endo，1959），$2n=52$，46（Kondo et al，1956），$2n=49$、50、51、52、54、55（Huziwara，1966），表明栽培三色堇品种染色基数的多样化特征，暗示不同品种染色体组的构成可能存在不同程度的差异。揭示不同品种染色体的来源，是厘清其遗传关系的基础。近年来，随着染色体核型分析技术的发展，为通过染色体比对了解栽培品种的细胞遗传学基础提供了技术支撑。近60多年来，三色堇杂交育种工作也不断取得进展，选育出很多新品种，了解这些三色堇品种资源的细胞遗传学特征对指导当前的育种工作具有重要意义。

一、体细胞有丝分裂与花粉母细胞减数分裂

摘要　本研究以大花三色堇XXL-YB的根尖和幼蕾为试材，采用常规压片技术，观察了大花三色堇的细胞有丝分裂和减数分裂过程。结果表明，大花三色堇细胞分裂过程各时期特征明显，与大多数植物基本相似，染色体行为正常。减数分裂的粗线期到终变期，同源染色体两两联合配对表明其为异源多倍

体。减数分裂后期出现染色体桥说明其个别同源染色体区段存在臂内倒位。

关键词 有丝分裂；减数分裂；三色堇

（一）试验材料与方法

1. 试验材料 试材为美国泛美种子公司培育的大花三色堇品种“XXL”系列中的黄色带斑品种，编号为XXL-YB。有丝分裂过程观察取其根尖，减数分裂过程观察取其幼蕾。

2. 试验方法

（1）有丝分裂制片方法 采用常规压片法。上午7:30开始，每隔1 h取根尖1次，用冰水混合物预处理24 h，用卡诺固定液（无水乙醇∶冰乙酸＝3∶1）在4℃下固定12～24 h。1 mol/L盐酸60℃解离6～8 min，卡宝品红染色3～5 min，然后用尖嘴镊子敲片，在酒精灯上烤片后压片，用Nikon 80i显微镜镜检，100倍油镜下拍照。

（2）减数分裂制片方法

取材：于盛花期晴天上午8:00—9:00取幼小花蕾，采集后带回实验室进行固定处理。经反复试验确定处于减数分裂的幼小花蕾长度为0.8～1.0 cm。

固定：将采集回的幼小花蕾用卡诺固定液（无水乙醇∶冰乙酸＝3∶1）固定24 h，经95%、85%乙醇依次浸泡5～30 min，直至去除冰乙酸味，固定后将其置于70%乙醇中，4℃保存备用。

解离：用镊子直接从固定液或保存液中取出花蕾，蒸馏水进行冲洗，用镊子、解剖针等工具取出一枚花药置于1mol/L的HCl中，60℃恒温解离7～8 min，蒸馏水冲洗浸泡5～10 min。

染色：将花药置于干净的载玻片上，卡宝品红染色3～5min。

压片：加盖玻片前先在载玻片上放一双面刀片，然后放盖玻片，使双面刀片处于载玻片与盖玻片之间，用镊子轻轻按压盖玻片，借助盖玻片与载玻片之间的缝隙，使染液振动将材料分散开。然后在酒精灯上烤片，以手背试之，微热即可。最后将玻片放在折叠的吸水纸之间，大拇指压片即可，在此过程中注意不要滑动盖玻片。

镜检：Nikon 80i显微镜镜检摄影，镜检时先在物镜低倍镜（10×）下观察，找到好的视野后转到高倍镜（40×）下观察拍照，看到合适的细胞后，可滴加香柏油，转到100倍的油镜下摄影。

（二）结果与分析

1. 体细胞有丝分裂过程　大花三色堇 XXL-YB 根尖细胞分裂具有不同步性，即在一个根尖压片中能观察到有丝分裂的不同时期（图 3-1）。

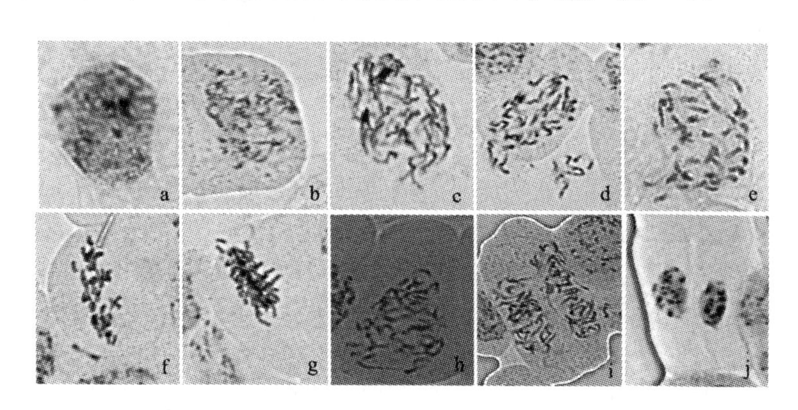

图 3-1　大花三色堇‘XXL-YB’根尖有丝分裂时期图
a. 间期　b. 极早前期　c. 早前期　d. 中前期　e. 晚前期　f. 早中期
g. 中期　h. 后期　i. 早末期　j. 晚末期

间期见图 3-1a，此期在光学显微镜下看不到染色体，仅可观察到细胞核，整个细胞处于高度水合的、膨胀的凝胶状态。

前期见图 3-1b、c、d、e，这个时期，呈细丝状的染色质线不断缩短变粗，越来越清晰，但染色体臂的末端染色仍然较浅。核仁和核膜逐渐解体、消失。

中期见图 3-1f、g，这个时期的染色体逐渐靠近并排列在赤道板上，两臂自由的分散在赤道面的两侧，染色体更短，整条染色体臂清晰可变。

后期见图 3-1h，此期姊妹染色单体相互排斥，在纺锤丝牵引下离开赤道板，分别向两极移动。

末期见图 3-1i、j，此期染色体到达两极，并越来越集中，同时染色体变得松散细长，在两极围绕着染色体出现新的核膜，核仁重新出现，于是在一个母细胞内形成两个子核，纺锤体的赤道板区形成细胞板，分裂为两个细胞。

2. 花粉母细胞减数分裂过程　大花三色堇绝大多数花粉母细胞减数分裂过程染色体的行为正常。细线期核内出现细长如线的染色体（图 3-2a），粗线期各同源染色体分别配对，但未观测到形成的联会复合体，非姊妹染色单体间出现交叉，核膜消失（图 3-2c）。双线期染色体继续缩短变粗，并且仍有几个交叉联结在一起（图 3-2d）。终变期染色体变得更为短粗，同源染色体两两配对，相距很近，染色体清晰、没有重叠与交叉，是染色体计数的最佳时期（图 3-2e）。中期Ⅰ，染色体聚集到赤道赤道板附近，同源染色体在赤道板两侧对称排列（图 3-2f）。后期Ⅰ，配对的同源染色体彼此分离，分别移向细胞的一极，此期观察到少数细胞中出现染色体桥现象（图 3-2g）。在末期Ⅰ，染色体没有出现明显的解聚现象，在两极分别形成两个新的子核（图 3-2h）。前期Ⅱ染色体分散到细胞质中（图 3-2i）。中期Ⅱ，两个子细胞的染色体都排列到细胞的赤道面上，形成两个相互平行的赤道板（图 3-2j）。后期Ⅱ，每条染色体上的两个姊妹染色单体分开，分别走向细胞一极（图 3-2k、l）。末期Ⅱ，在细胞内形成了 4 个子核，最后细胞质分裂，同时形成 4 个子细胞，即四分体（图 3-2m）。

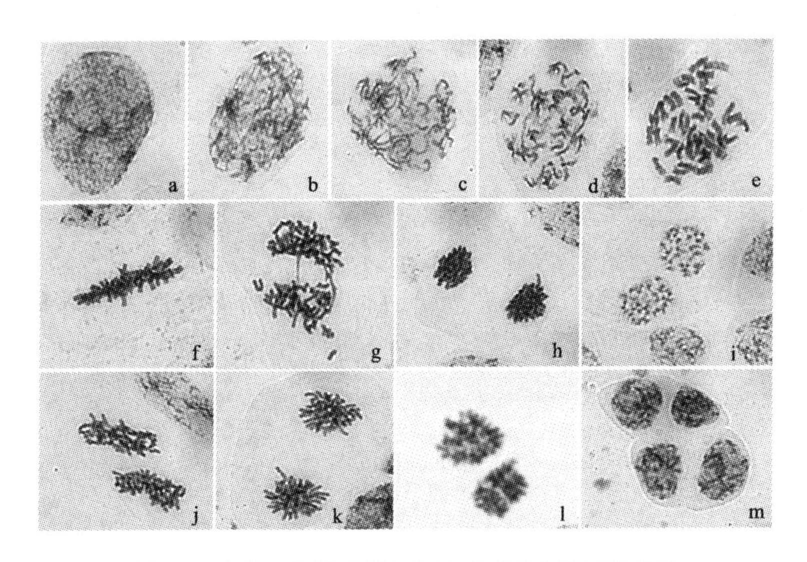

图 3-2　大花三色堇‘XXL-YB’花粉母细胞减数分裂

a. 细线期　b. 偶线期　c. 粗线期　d. 双线期　e. 终变期　f. 中期Ⅰ　g. 后期Ⅰ（染色体桥）　h. 末期Ⅰ　i. 前期Ⅱ　j. 中期Ⅱ　k. 中后期Ⅱ　l. 后期Ⅱ　m. 末期Ⅱ

（三）讨论

本书对大花三色堇品种 XXL-YB 的有丝分裂和减数分裂过程的观察发现，多倍体的减数分裂过程由于有时会出现联会配对异常，导致个别染色体丢失

(朱军，2011)，这可以解释本研究观测到的染色体数目比以往研究的少几条的原因。关于栽培大花三色堇品种是同源多倍体，还是异源多倍体的问题，从本研究的减数分裂过程中同源染色体的联会配对来看，观察到的是两个同源染色体联会配对（图 3-2d～e）。因此，可以推测栽培大花三色堇品种是异源多倍体。因为同源多倍体除了出现 2 个二价体外，还有很大比例出现一个四价体，或一个三价体和一个单体。本研究在大花三色堇花粉母细胞减数分裂的后期观察到了染色体桥的出现。这是因为一个倒位杂合体如果着丝粒在倒位环的外面，则在减数分裂后期会出现“断片和桥”的现象。由此可以推断，本试验选取的 F_1 品种，其个别同源染色体的某些区段上存在臂内倒位现象。染色体倒位通常会造成杂合体配子形成中遗传物质的部分缺失，降低配子活力，出现花粉败育。这一推论与我们田间观测结果基本一致，与其他品种相比，该品种花粉较少，且活力不高（刘会超等，2009)。本书研究结果也得到了其他植物上研究结论的印证。李雪等（2003）认为小孢子母细胞减数分裂异常是兰州百合花粉败育的主要因素。王恒昌（2003）等对秤锤树的研究发现，其减数分裂过程中断片、落后染色体和染色体桥出现的比例与花粉粒败育性比例比较一致，表明秤锤树的小孢子在发生和发育过程中较高频率的败育现象可能存在一定的细胞学原因。

二、大花三色堇的核型分析

摘要　利用常规压片法对大花三色堇‘EP1’、‘M-BF’和‘XXL-G’3 个品种的染色体数与核型进行分析。结果显示，3 个品种的染色体组成复杂多样，其核型公式依次为‘EP1’ $2n=2x=43=2M+7m$（1SAT）$+4sm+24st+6t$，‘XXL-G’ $2n=2x=36=2M+14m$（2SAT）$+16sm+4st$，‘M-BF’ $2n=2x=42=24m+18sm$。三者的核型不对称系数分别为 78.0%、65.0%、62.1%，‘EP1’、‘M-BF’的核型均为 2B 型，‘XXL-G’的核型为 2A 型。

关键词　大花三色堇；染色体；核型分析

染色体是基因的载体，其形态特征和数目因物种不同而各有差异，真核细胞染色体的数目和结构是重要的遗传指标之一（朱军，2011)。核型分析是对染色体数目及染色体表型特征的分析与描述，是研究物种演化、分类以及染色体结构、形态与功能之间的关系所不可缺少的重要手段，是探讨植物亲缘关系和系统演化的一种有效方法（李懋学和陈瑞阳，1985）。

前人对大花三色堇的染色体数目进行了研究，研究结果之间存在差异。Horn（1956）对大花三色堇的研究表明 $2n=48$，认为大花三色堇为八倍体，其染色体基数为 $x=6$。包满珠（2004）的研究表明，大花三色堇的染色体数目为 $2n=52$，是染色体基数为 $x=13$ 的四倍体或非整倍体。何丽君等（2007）对大花三色堇的根尖染色体的观察结果表明，$2n=26$，该材料为染色体基数为 $x=13$ 的二倍体。为进一步确定大花三色堇染色体的数目及核型特征，本研究以 3 个大花三色堇品种‘XXL-G’、‘M-BF’、‘EP1’，采用常规压片法对根尖细胞的染色体数及核型进行了观察和分析，旨在为大花三色堇杂交育种、亲缘关系分析及进化研究提供初步的细胞学资料。

（一）试验材料

试验用大花三色堇种子引自上海园林研究所，美国泛美种业公司，其中‘EP1’是上海园林研究所培育的品种，花色为蓝紫色带斑，花朵直径 6.33 cm。‘M-BF’和‘XXL-G’均为美国泛美种业公司培育品种，其中“M-BF”为中花品种，花色为黄色带斑，花朵直径 5.96 cm；‘XXL-G’为大花型品种，花色纯黄色，花朵直径为 6.92 cm。

染色体制片采用常规压片法。将大花三色堇种子置于恒温箱中 20℃避光催芽，待种子胚根长至 0.8～1.0 cm 时，或将播种育苗，培养至 4～5 片真叶期，上午 7:30 开始，根尖或幼叶每隔一小时取一次材。预处理：选用三种预处理方法进行比较：0.002 mol/L 8-羟基喹啉处理 4 h、0.05%秋水仙素处理 4 h、冰水混合物处理 24 h。4℃环境下卡诺固定液（无水乙醇∶冰乙酸=3∶1）固定 12～24 h。1 mol/L 盐酸 60℃解离 6～8 min，卡宝品红染色 3～5 min，尖嘴镊子敲片，酒精灯上烤片后压片。用 Nikon 80i 显微镜进行镜检，100 倍油镜下拍照。

按照李懋学和陈瑞阳（1985）植物核型分析标准，每份种质统计 30 个染色体分散良好的细胞。其中 85%以上的细胞具有恒定一致的染色体数，即可认为是该种质的染色体数目。从中选取 5 个以上染色体分散良好的中期细胞，用自动核型分析工作站（Applied Imaging CytoVision）进行染色体辅助分离并配对。用测微尺直接测量染色体的绝对长度，按照如下公式计算染色体相对长度：

染色体相对长度=染色体长度/染色体组总长×100%

确定着丝粒的位置计算臂比数值（=长臂长度/短臂长度）。采用 Levan et al.

(1964) 的命名系统，臂比值在 1～1.7 之间的为中部着丝粒 (Metacentric)，用 “m” 表示；臂比值在 1.7～3.0 之间的为近中部着丝粒 (Submetacentric)，用 “sm” 表示；臂比值在 3.0～7.0 之间的为近端部着丝粒 (Subtelocentric)，用 “st” 表示；臂比值在 7.0 以上的为端部着丝粒 (Telocentric)，用 “t” 表示。

计算核型不对称系数＝长臂总长/全组染色体总长；染色体相对长度系数按 Kuo et al. (1972) 方法划分，核型分类采用 Stebbins (1971) 的标准 (表 3-1)。

表 3-1　核型分类的标准

最长/最短	臂比大于 2 的染色体的比例			
	0.00	0.01～0.50	0.51～0.99	1.00
<2	1A*	2A	3A	4A
2～4	1B	2B	3B	4B
>4	1C	2C	3C	4C*

*：1A 为最对称核型，4C 为最不对称核型。

核型图：取一张有代表性的体细胞有丝分裂中期染色体的完整照片，进行同源染色体的排列、拍照。核型模式图：测量 5 个细胞染色体的相对长度，求出平均值。以染色体序号为横坐标，以相对长度的平均值为纵坐标，着丝粒位于 0 刻度，短臂在上，长臂在下绘成核型模式图。

(二) 结果与分析

1. 大花三色堇细胞学制片技术

(1) 取材对染色体制片的影响　选取根尖为试材，需前期催芽一周，才能长出根，每粒种子只能切取一个根尖，最多制作一张切片，试验周期长，成本较高。选用幼叶为压片材料，一粒种子长大成一个植株，可以取很多材料，且随用随取，无需等待。在上午 8:30、9:30、10:30 三个时间点取大花三色堇的幼叶，能制作出优良的片子，观察到清晰的中期分裂相。

(2) 预处理对染色体制片的影响　试验用 3 种方法 (0.5%秋水仙素处理 4 h、0.002 mol/L 的 8-羟基喹啉处理 4 h；冰水混合物处理 24 h) 进行预处理，其处理效果不同。冰水混合物预处理对细胞的破坏性小，能观察到有丝分裂的不同时期，但染色体的收缩程度小，不易于染色体长度的测量 (图 3-3A、图 3-3B)；秋水仙素处理没有观察到中期细胞，可能是处理浓度和处理时间不适宜；0.002 mol/L 8-羟基喹啉处理 4 h 能观察到中期细胞，染色体收缩程度好（图 3-3C，图 3-3D），能够满足染色体计数及形态的观察，因此 0.002 mol/L 的 8-羟基喹啉处理 4 h 是 3 种预处理方法中最适宜的方法。

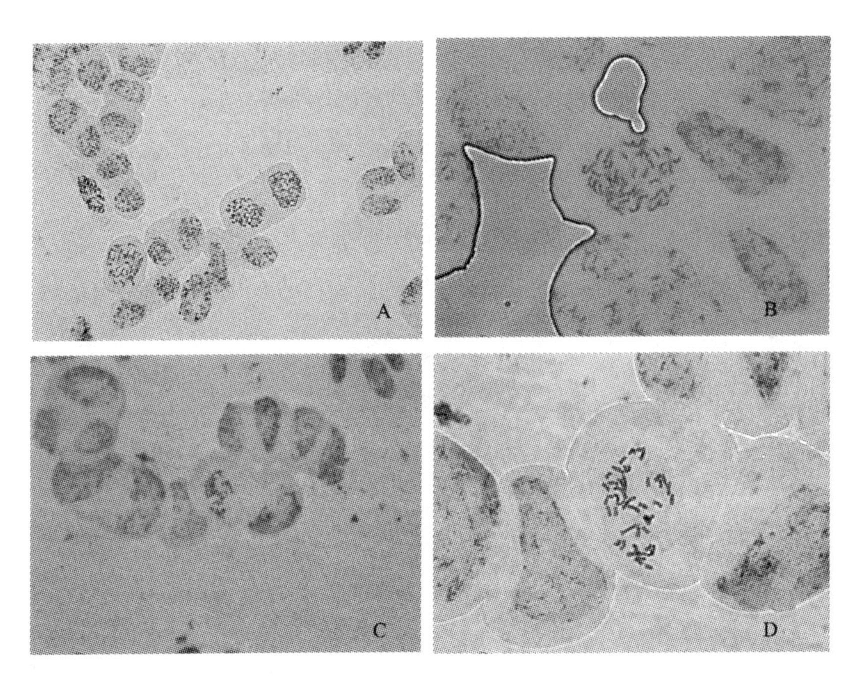

图 3-3 不同预处理下的根尖体细胞染色体形态（A. C10×40 B. D10×100）
A、B. 用冰水混合物进行预处理的大花三色堇根尖染色体形态
C、D. 用 0.002mol/L 的 8-羟基喹啉进行预处理的大花三色堇根尖染色体形态

2.3 个大花三色堇品种的核型

（1）‘EP1’核型分析 ‘EP1’大花三色堇体细胞染色体数 $2n=43$，为非整倍体。核型公式 $2n=2x=43=2M+7m$（$1SAT$）$+4sm+24st+6t$（式中，M、m、sm、st、t 分别代表正中部着丝点染色体、中部着丝点染色体、近中部着丝点染色体、近端部着丝点染色体、端部着丝点染色体，下同），平均臂比（长臂/短臂）2.09。第 21 对染色体为正中部着丝点染色体，第 4、第 11、第 15、第 22 对为中部着丝点染色体，其中 4 号染色体上具有 1 个次缢痕，次缢痕上连接随体；第 17、第 20 对染色体为近中部着丝点染色体；第 5、第 8、第 14 对为端部着丝点染色体，其余均为近端部着丝点染色体。染色体组相对长度范围为 1.60%～3.93%，相对长度组成为 7L＋6M2＋28M1＋2S（其

中，L、M1、M2、L 分别代表长染色体、中长染色体、中短染色体、短染色体，下同)，最长染色体与最短染色体的比值为 2.46，臂比值大于 2 的染色体占全部染色体的比例为 45%，核不对称系数为 78%，核型分类为 2B 型（表 3-2、图 3-4、图 3-5)。

表 3-2　大花三色堇（EP1）染色体参数

序号	相对长度（%）			相对长度系数	着丝粒指数（%）	臂比	类型
	短臂	短臂	总长度				
1	1.20	2.69	3.93	1.69	30.79	2.25	st
2	1.49	2.31	3.80	1.64	38.99	1.59	st
3	1.13	2.11	3.24	1.39	35.13	2.14	st
4*	1.43	1.50	2.93	1.29	22.80	1.19	m
5	0.64	2.10	2.77	1.19	24.18	3.94	t
6	0.68	1.73	2.41	1.04	28.42	2.52	st
7	0.70	1.68	2.38	1.02	29.21	2.68	st
8	0.31	1.99	2.30	0.99	13.61	6.84	t
9	0.75	1.55	2.29	0.99	32.40	2.10	st
10	0.88	1.40	2.28	0.98	38.94	1.69	st
11	1.26	1.00	2.26	0.97	55.81	0.80	m
12	0.69	1.57	2.26	0.97	30.67	2.51	st
13	0.86	1.35	2.21	0.95	39.35	1.62	st
14	0.76	1.43	2.18	0.94	34.74	1.91	t
15	0.84	1.34	2.17	0.93	43.32	1.61	m
16	0.87	1.28	2.15	0.93	40.22	1.49	st
17	1.02	1.07	2.09	0.90	48.75	1.05	sm
18	0.55	1.43	1.98	0.85	27.77	2.63	st
19	0.59	1.37	1.96	0.85	30.02	2.50	st
20	0.90	0.88	1.78	0.76	50.71	0.98	sm
21	0.86	0.84	1.70	0.76	50.50	1.00	M
22	0.84	0.76	1.60	0.69	52.70	0.90	m

*：随体长度未计算在内。

（2）‘XXL-G’核型分析　‘XXL-G’大花三色堇体细胞染色体数 $2n=36$，为二倍体，核型公式 $2n=2x=36=2M+14m$（2SAT）$+16sm+4st$，平均臂比 1.90。第 16 对染色体为正中部着丝点染色体；第 5、第 8、第 10、第 13、第 14、第 17、第 18 对染色体为中部着丝点染色体，其中第 13 对染色体上具有 1 个次缢痕，次缢痕上连接随体；第 3、第 4、第 6、第 7、第 9、第 11、第 12、第 15 对染色体为近中部着丝点染色体；第 1、第 2 对染色体为近端部着丝点染色体。染色体组相对长度范围为 2.12%～3.98%，相对长度组成为 36S，最长染色体与最短染色体的比值为 1.88，臂比值大于 2 的染色体占全部染色体的比例为 33%，核不对称系数为 65%，核型分类为 2A 型（表 3-3、图 3-4、图 3-5）。

表 3-3　大花三色堇 XXL-G 染色体参数

序号	相对长度（%）			相对长度系数	着丝粒指数（%）	臂比	类型
	短臂	短臂	总长度				
1	0.88	3.09	3.98	0.72	22.17	3.51	st
2	0.92	2.46	3.38	0.61	27.19	3.26	st
3	0.83	2.33	3.16	0.57	26.32	2.81	sm
4	1.13	2.02	3.15	0.57	35.92	1.80	sm
5	1.15	1.94	3.09	0.56	37.09	1.70	m
6	0.94	2.09	3.02	0.54	30.99	2.23	sm
7	0.90	2.03	2.93	0.53	30.65	2.27	sm
8	1.15	1.73	2.88	0.52	39.85	1.54	m
9	0.97	1.84	2.81	0.51	34.74	1.89	sm
10	1.01	1.59	2.60	0.47	39.02	1.58	m
11	0.94	1.66	2.60	0.47	36.03	1.80	sm
12	0.90	1.7	2.60	0.47	34.64	1.90	sm
13*	1.15	1.29	2.44	0.44	47.12	1.12	m
14	1.13	1.31	2.44	0.44	46.71	1.15	m
15	0.80	1.63	2.42	0.44	32.85	2.04	sm
16	1.10	1.10	2.19	0.39	50.00	1.00	M
17	0.85	1.33	2.17	0.39	38.76	1.60	m
18	0.76	1.36	2.12	0.38	3 588	1.03	m

（3）M-YB 的核型分析　M-YB 染色体数为 48，为二倍体，核型公式为 $2n=2x=48=36m+12sm$，其中 1、4、9、15、20、22 号染色体为中部着丝点染色体（sm），其余为中部着丝点染色体（m）（图 3-4，图 3-5；表 3-4）。染色体组相对长度变幅在 1.39%～3.82%之间，相对长度组成为 6L+10M2+26M1+6S。臂比幅度为 1.10～2.31，平均臂比 1.53，核不对称系数为 60.27%。最长染色体与最短染色体之比为 2.75，臂比大于 2 的染色体占全部染色体的比例为 4.17%，核型分类属于 2B 型（表 3-4，图 3-4，图 3-5）。

表 3-4　M-YB 染色体参数

序号	相对长度/%（$S+L=T$）			相对长度系数		臂比	类型
1	1.32	2.50	3.82	1.84	L	1.90	sm
2	1.27	1.67	2.94	1.41	L	1.32	m
3	1.25	1.52	2.78	1.33	L	1.22	m
4	0.75	1.73	2.48	1.19	M2	2.31	sm
5	0.99	1.40	2.39	1.15	M2	1.41	m
6	0.95	1.33	2.29	1.10	M2	1.40	m
7	0.84	1.39	2.23	1.07	M2	1.65	m
8	0.86	1.33	2.19	1.05	M2	1.56	m
9	0.75	1.32	2.07	0.99	M1	1.76	sm
10	0.82	1.21	2.03	0.97	M1	1.48	m
11	0.91	1.09	2.00	0.96	M1	1.19	m
12	0.73	1.22	1.96	0.94	M1	1.67	m
13	0.82	0.11	0.93	0.93	M1	1.38	m
14	0.73	1.18	1.92	0.92	M1	1.61	m
15	0.71	1.21	1.92	0.92	M1	1.71	sm
16	0.78	1.10	1.88	0.90	M1	1.42	m
17	0.78	1.07	1.85	0.89	M1	1.39	m
18	0.71	1.12	1.82	0.88	M1	1.58	m

（续）

序号	相对长度/%（$S+L=T$）			相对长度系数		臂比	类型
19	0.72	1.06	1.78	0.86	M1	1.47	m
20	0.63	1.13	1.76	0.84	M1	1.80	sm
21	0.73	0.90	1.63	0.78	M1	1.22	m
22	0.48	1.01	1.48	0.71	S	2.11	sm
23	0.69	0.76	1.46	0.70	S	1.10	m
24	0.65	0.73	1.39	0.67	S	1.13	m

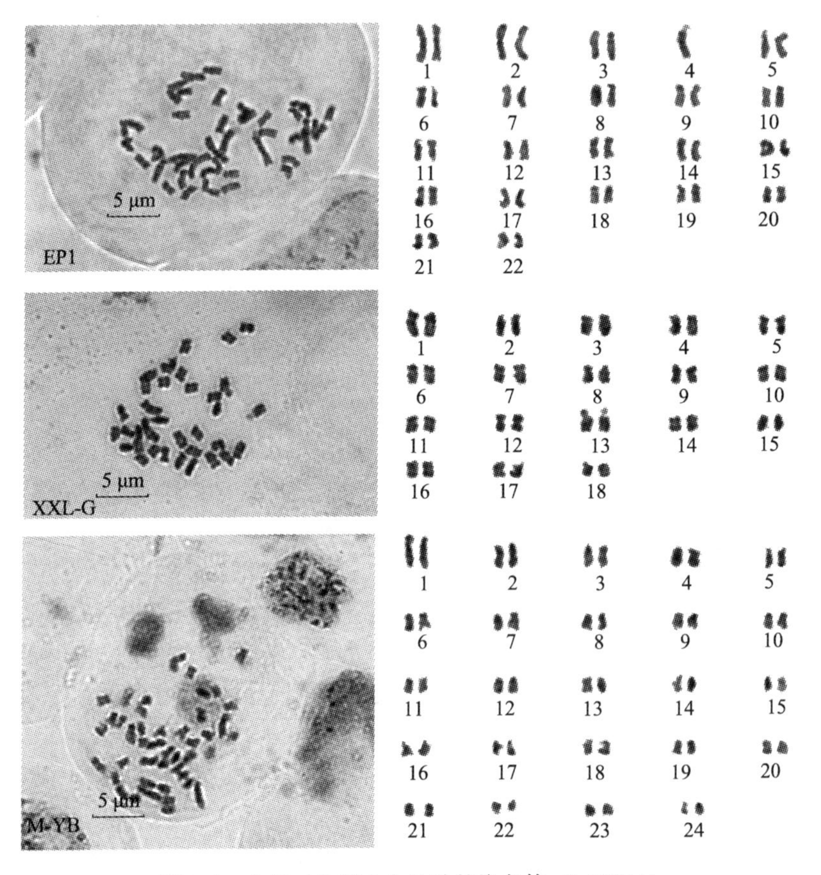

图 3-4　大花三色堇 3 个品种的染色体（1 000×）

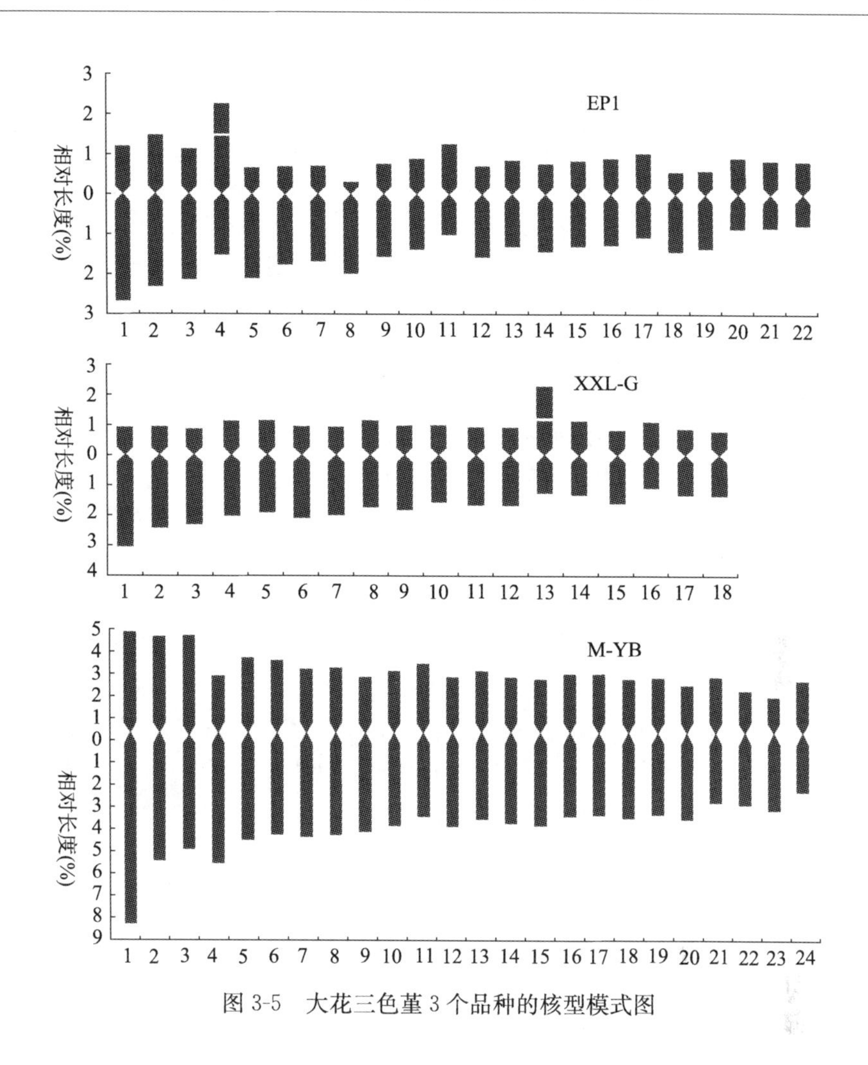

图 3-5　大花三色堇 3 个品种的核型模式图

（三）结论与讨论

堇菜属植物染色体制片方法的探究　常规压片法是染色体制片经典方法。常规压片法中，适宜的取材是染色体制片成功的前提。一般认为凡能进行细胞分裂的植物细胞或者单个细胞都可作为取材的对象。多数研究是以初生根根尖为材料，也有少数试验以愈伤组织、次生根或幼嫩叶片为材料（Horn，1956）。本书研究发现堇菜属植物的根尖和幼叶均可作为染色体制片的材料。在适宜取材的条件下，染色体制片成功与否至关重要的步骤是材料的预处理方法。预处理主要通过抑制和破坏纺锤丝的形成来获得更多的中期分裂相；同时，预处理还可改变细胞质的粘度，促使染色体缩短和分散，便于压片和观察。本书研究采用3种方法（0.5%秋水仙素处理4h、0.002 mol/L的8-羟基喹啉处理4 h；冰水混合物处理24 h）进行预处理。其中0.002 mol/L 8-羟基喹啉处理4 h能观察到中期细胞，染色体收缩程度好，能够满足染色体计数及形态的观察。预处理后对材料进行固定能将材料迅速杀死，并使染色体形态、结构尽可能保持不变和便于染色。本试验材料用卡诺固定液（无水乙醇∶冰乙酸=3∶1，现配现用）固定12～24 h即可达到固定目的。试验发现，固定时间不可太长，固定时间过长，染色体易粘连。植物细胞有细胞壁，细胞间有果胶层，染色体制片要观察到单个的细胞，才能观察到分散的染色体，因此解离是染色体制片中的一个重要环节。每一种试验试材对应一个最佳解离时间。本试验经反复摸索，1 mol/L盐酸60℃水浴解离8 min能取得良好的效果。

目前普遍认为，大花三色堇是由三色堇（*V. tricolor* L.）、黄堇（*V. lutea* Hudson.）和阿尔泰堇菜（*V. altica* Ker Gawl.）杂交而来的园艺杂交种。其中，三色堇的染色体基数为$x=13$，黄堇的染色体基数为$x=24$，阿尔泰堇菜染色体基数为$x=11$（张其生等，2010）。由于参与杂交的野生种的染色体基数不一，大花三色堇的染色体数目及倍性呈现出一定的复杂性。何丽君等（2007）研究的内蒙古大花三色堇（$x=13$的二倍体）以及包满珠（2004）研究的大花三色堇（$x=13$的四倍体）可能在该杂交种的形成与有性繁殖过程中，三色堇的染色体基数占据了主导地位。然而，Kroon（1972）认为三色堇的染色体基数$x=13$是由6个染色体组加7个染色体组组成的。因为Horn（1956）对大花三色堇的研究认为，大花三色堇为$2n=8x=48$，染色体基数为$x=6$。Clausen（1927）认为染色体基数7是由基数为6的染色体组另加一个额外染色体组成的。

然而，本研究对3个大花三色堇的染色体核型调查结果显示，大花三色堇'XXL-G'的染色体数目$n=18$，与Clausen（1927）报道的三色堇基数有$x=$7、8、12、18中的$x=18$的结论相吻合。本试验结果显示'M-BF'的染色体数目为$2n=42$条，染色体基数为$n=21$，可能是由染色体基数18+3个额外染色体组成。而'EP1'染色体数目$2n=42+1$，可能是$x=21$的二倍体又多了1条额外染色体形成的，也许是正处于染色体数目变异而还未稳定的一种状态。额外染色体是细胞中正常恒定数目的染色体之外的染色体。额外染色体的出现是植物中存在的一种普遍现象。额外染色体一般对细胞和后代生存没有影响，但其增加到一定数量时就会有影响（戴思兰，2010），这可能是植物物种进化的途径之一。正如Clausen（1927）认为的三色堇染色体基数7是由基数为6的染色体组另加一个额外染色体组成的。如果按照染色体基数 $x=6$ 或 7 来解释，XXL-G 可能是 $x=6$ 的 6 倍体，而 M-BF 和 EP1 则为 $x=7$ 的 6 倍体。最终结论还有待进一步通过基因组作图或基因组测序研究来确定。

从所研究的 3 个大花三色堇材料来看，其最长染色体与最短染色体的比值均在 1%～50%，EP1、M-BF 染色体相对长度组成均含有 L、M2、M1、S，而 XXL-G 染色体相对长度组成全部为 S。EP1、XXL-G、M-BF 3 个品种的核型不对称系数分别为 78%、65%、62%，核型分类分别为 2B、2A、2B。根据 Stebbins（1971）的进化理论：生物进化的过程中，染色体核型是由对称性向非对称性演化的，核型非对称性越高，其染色体变异越大，进化程度越高。因此，从 3 个大花三色堇品种的核型分析结果，初步推断 M-BF 可能是 3 个三色堇品种中比较原始的类型，而 EP1 是比较进化的类型。也许这与大花三色堇原产欧洲，后引种至美国，而中国引种栽培较晚，人工选择与驯化，促使大花三色堇不断进化有关。大花三色堇染色体数目的多变可能与其亲本多样化的染色体基数造成的染色体组的不稳定性有关。

三、角堇与大花三色堇染色体核型比较分析

摘要　以 2 份角堇和 4 份大花三色堇自交系为试验材料，采用染色体常规压片方法，观察和分析了它们的细胞染色体数目、相对长度、平均臂比等核型指标，以明确两种堇菜属植物的细胞学特点，为分类和育种提供理论依据。结果表明，①2 份角堇自交系染色体数目均为 $2n=26$，染色体基数为 $x=13$，染色体核型公式分别为 $2n=2x=26=8m+12sm+6st$，$2n=2x=26=4m+16sm+6st$，核型不对称系数为 67.20%～70.10%，核型分类均属于 3B。②4 份大花三色堇自交系均为四倍体，其中 2 份（EYO-1-2-1-4、DSRFY-1-1-2）染色体数目为 44，核型公式为 $2n=4x=44=4m+16sm+6st$、$2n=4x=44=16m+24sm+4st$；2 份（G10-1-3-1-4、XXL-YB-1-1-1-1）染色体数目为 48，核型公式分别为 $2n=4x=48=8m+20sm+20st$、$2n=4x=48=4m+36sm+8st$，核型不对称系数为 66.74%～71.77%。核型分类属于 2B、3B。

关键词　大花三色堇；角堇；核型分析

染色体核型分析是细胞遗传学的基本研究方法，是研究物种演化、染色体结构及分类、功能与形态之间关系所不可缺少的重要手段，是细胞形态学、细

胞分类学和细胞遗传学研究中的基本方法之一，也是开展杂交育种工作的重要基础。染色体核型已被广泛应用于洋水仙（王春彦等，2011）、百合（段青等，2016）、李（林盛华等，1991；蒲富慎等，1987）等园艺作物，为研究它们的遗传关系、起源演化及开展育种工作等提供了必要的细胞学证据。大花三色堇和角堇均属于堇菜科堇菜属美丽堇菜组，是近年来在我国城乡绿化的重要花坛花卉（张其生等，2010），也是三色堇杂交育种的重要亲本。弄清这两类资源的细胞学特征对于堇菜属植物的分类和杂交育种具有重要的参考价值。本书研究选取河南科技学院三色堇课题组选育的 2 个角堇和 4 个大花三色堇自交系为试验材料，采用根尖常规压片法对染色体数目和核型进行分析与比较，旨在为两种堇菜属植物亲缘关系分析、杂交育种等方面研究提供借鉴。

（一）试验材料与方法

1. 试验材料 试验材料为河南科技学院三色堇课题组选育的 2 个角堇（*V. cornuta*）和 4 个大花三色堇（*V. wittrockiana*）自交系，其来源及植物学性状见表 3-5。

表 3-5 供试的角堇和大花三色堇材料

材料编号	类型	原产地	花色	花径
JB-1-1-2	角堇	美国	蓝色带斑	2.07
JP-1-1-2	角堇	美国	紫色带斑	2.54
G10-1-3-1-4	大花三色堇	中国甘肃	黑紫	4.10
EY0-1-2-1-4	大花三色堇	中国上海	黄色	4.30
DSRFY-1-1-2	大花三色堇	德国	黄色带斑	4.26
XXL-YB-1-1-1-1	大花三色堇	美国	黄色带斑	5.54

2. 方法

（1）染色体制片 将种子在室温下浸种 15 min，然后温汤浸种（55 ℃，浸种 20 min）。将处理后的种子放在培养皿中，置于 20 ℃的恒温培养箱内避光催芽。当种子胚根长至 0.8～1.0 cm 时，切取根尖（1～2 mm），置于 0.002 mol/L 的 8-羟基喹啉中，4 ℃环境下处理 4 h 后用 FAA（无水乙醇：冰乙酸＝3：1）固定液固定 12～24 h。将固定好的根尖用蒸馏水冲洗 2～3 次后置于预热60 ℃的 1 mol/L 的盐酸中解离 6～8 min。取出根尖反复冲洗后，截取1～2 mm，卡宝品红染色 2～3 min 后常规压片。

（2）细胞学观察　封片后在 Nikon ECLIPSE 80i 显微镜的 100 倍油镜下观察，按照李懋学和陈瑞阳（1985）的植物核型分析标准，每份材料取 30 个处于有丝分裂的细胞进行染色体计数，并从中选取 5 个染色体形态和着丝粒清晰、数目完整的细胞进行显微分析。

（3）数据分析　染色体相对长度、臂比及类型采用 Levan 等（1964）的命名系统，染色体相对长度系数按照 Kuo 等（1972）的方法划分，核型分类采用 Stebbins（1971）的标准。并用 Excel 和 Photoshop CS 软件处理数据并绘制核型模式图。染色体相对长度＝染色体绝对长度/染色体组总长度×100%；着丝粒指数＝短臂长度/染色体全长×100%；臂比＝长臂/短臂；核型不对称系数＝长臂总长/全组染色体总长。

（二）结果分析

1. 角堇和大花三色堇染色体数目差异　对 6 份试验材料染色体分散良好的细胞观察发现，2 份角堇自交系 JB-1-1-2、JP-1-1-2 的染色体数目均为 26 条，均占计数细胞的 100%（图 3-6A、图 3-6B）；大花三色堇 G10-1-3-1-4 和 XXL-YB-1-1-1-1 的染色体数目为 48（图 3-6C、F），分别占计数细胞总数的 80%和 83.3%；大花三色堇 EYO-1-2-1-4 和 DSRFY-1-1-2 染色体数目 44 为（图 3-6D、E），分别占计数细胞的 80.5%和 83.5%。

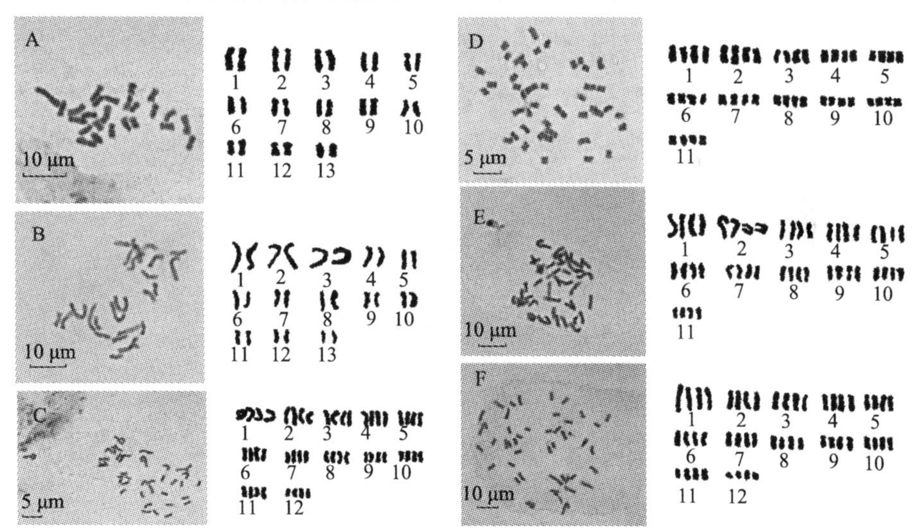

图 3-6　角堇和大花三色堇的染色体数目及核型图

A. JB-1-1-2　B. JP-1-1-2　C. G10-1-3-1-4　D. EYO-1-2-1-4　E：DSRFY-1-1-2　F. XXL-YB-1-1-1-1

2. 核型分析 根据李懋学等（1985）提出的植物核型分析标准，染色体核型可分为长染色体（L）、中长染色体（M_2）、中短染色体（M_1）以及短染色体（S）。从2份角堇和4份大花三色堇自交系染色体相对长度特征来看（图3-6），其中M_2型染色体最多，其次是S型染色体。除JP-1-1-2没有中短染色体（M_1）外，其他5份材料均含有4种染色体类型。由表3-6和表3-7可以看出，6份自交系染色体相对长度范围为：4.01～15.59，其中角堇染色体相对长度范围为4.01～14.67；大花三色堇染色体相对长度范围为：4.49～15.59。6种材料均未发现随体。

染色体结构特征来看，6份材料均具有中部染色体（*m*）、近中部染色体（*sm*）和近端部染色体（*st*），染色体长度比范围2.08～3.66，其中JB-1-1-2的最小，JP-1-1-2的最大。2份角堇的染色体平均臂比为2.40～2.36，核不对称系数范围67.20%～70.10%，核型分类均为3B型；4份大花三色堇染色体平均臂比范围2.05～2.57，核不对称系数范围为66.74%～71.77%，核型分类分别为2B（EYO-1-2-1-4、DSRFY-1-1-2）和3B（G10-1-3-1-4、XXL-YB-1-1-1-1）。

表3-6 角堇染色体参数

自交系	染色体序号	相对长度（%）	臂比	类型	相对长度指数
JB-1-1-2	1	2.72+7.71=10.43	2.83	sm	L
	2	2.31+8.12=10.43	3.52	st	L
	3	2.29+7.31=9.60	3.19	st	L
	4	2.16+6.48=8.64	2.99	sm	M_1
	5	2.31+5.63=7.94	2.44	sm	M_1
	6	2.13+5.21=7.34	2.44	sm	M_2
	7	2.79+4.59=7.37	1.65	m	M_2
	8	2.91+4.38=7.29	1.50	m	M_2
	9	2.10+4.80=6.90	2.28	sm	M_2
	10	1.58+5.61=7.20	3.54	st	M_2
	11	2.52+3.60=6.12	1.43	m	M_2
	12	2.31+2.70=5.01	1.17	m	S
	13	1.76+3.97=5.73	2.25	sm	S

（续）

自交系	染色体序号	相对长度（%）	臂比	类型	相对长度指数
JP-1-1-2	1	4.15+8.15=12.31	1.96	sm	L
	2	4.72+7.90=12.61	1.67	m	L
	3	6.77+7.91=14.67	1.17	m	L
	4	1.73+5.58=7.31	3.22	st	M_2
	5	1.90+4.97=6.87	2.62	sm	M_2
	6	1.66+5.24=6.90	3.16	st	M_2
	7	2.08+4.29=6.37	2.06	sm	M_2
	8	2.44+5.02=7.46	2.06	sm	M_2
	9	1.68+4.15=5.83	2.48	sm	M_2
	10	1.93+3.92=5.85	2.03	sm	M_2
	11	1.58+3.57=5.15	2.26	sm	S
	12	1.08+3.57=4.65	3.30	st	S
	13	1.09+2.92=4.01	2.67	sm	S
G10-1-3-1-4	1	6.24+6.95=13.19	1.11	m	L
	2	2.65+7.90=10.55	2.98	sm	L
	3	2.18+7.55=9.73	3.46	st	M_1
	4	2.28+7.35=9.62	3.23	st	M_1
	5	2.54+5.82=8.36	2.29	sm	M_2
	6	1.87+6.37=8.25	3.40	st	M_2
	7	1.86+6.01=7.88	3.22	st	M_2
	8	1.85+5.16=7.02	2.79	sm	M_2
	9	1.55+5.16=6.71	3.34	st	M_2
	10	1.75+4.85=6.60	2.77	sm	M_2
	11	2.76+4.22=6.98	1.53	m	M_2
	12	1.56+3.56=5.11	2.29	sm	S
EYO-1-2-1-4	1	3.10+10.59=13.69	3.42	st	L
	2	5.62+7.63=13.25	1.36	m	L
	3	3.32+8.39=11.71	2.53	sm	L
	4	2.71+6.88=9.59	2.54	sm	M_1
	5	2.09+6.50=8.59	3.12	st	M_2

（续）

自交系	染色体序号	相对长度（%）	臂比	类型	相对长度指数
EYO-1-2-1-4	6	2.91+4.99=7.91	1.71	sm	M_2
	7	2.69+5.17=7.86	1.93	sm	M_2
	8	3.04+4.53=7.58	1.49	m	M_2
	9	2.91+3.75=6.66	1.29	m	S
	10	2.43+3.70=6.12	1.52	m	S
	11	2.68+4.36=7.04	1.63	m	M_2
DSRFY-1-1-2	1	2.74+10.81=13.55	3.95	st	L
	2	6.64+8.52=15.16	1.28	m	L
	3	2.44+6.68=9.13	2.74	sm	M_2
	4	2.36+7.04=9.41	2.98	sm	M_1
	5	3.24+6.08=9.32	1.88	sm	M_1
	6	2.67+6.43=9.09	2.41	sm	M_2
	7	2.38+5.50=7.88	2.32	sm	M_2
	8	2.92+4.21=7.14	1.44	m	M_2
	9	3.20+3.94=7.14	1.23	m	M_2
	10	2.22+4.34=6.56	1.96	sm	S
	11	2.46+3.19=5.65	1.29	m	S
XXL-YB-1-1-1-1	1	2.85+12.74=15.59	4.46	st	L
	2	2.20+9.32=11.52	4.23	st	L
	3	3.62+6.38=10.00	1.76	sm	M_1
	4	3.08+6.81=9.89	2.21	sm	M_1
	5	3.04+5.70=8.74	1.88	sm	M_1
	6	2.17+6.11=8.28	2.82	sm	M_2
	7	2.42+5.25=7.67	2.17	sm	M_2
	8	1.98+4.47=6.45	2.26	sm	M_2
	9	1.55+4.28=5.83	2.77	sm	S
	10	1.95+4.10=6.05	2.10	sm	S
	11	1.46+4.04=5.50	2.77	sm	S
	12	1.92+2.56=4.48	1.33	m	S

表 3-7　角堇和大花三色堇核型分析

种类	核型公式	最长/最短	平均臂比	核不对称系数	核型种类
JB-1-1-2	$2n=2x=26=8m+12sm+6st$	2.08	2.40	70.10	3B
JP-1-1-2	$2n=2x=26=4m+16sm+6st$	3.66	2.36	67.20	3B
G10-1-3-1-4	$2n=4x=48=8m+20sm+20st$	2.58	2.70	70.91	3B
EYO-1-2-1-4	$2n=4x=44=4m+16sm+6st$	2.24	2.05	67.20	2B
DSRFY-1-1-2	$2n=4x=44=16m+24sm+4st$	2.68	2.13	66.74	2B
XXL-YB-1-1-1-1	$2n=4x=48=4m+36sm+8st$	3.47	2.57	71.77	3B

（三）讨论

染色体数目及特征是重要的生物学数据，同一物种或品种的染色体数目比较恒定，对阐述植物进化程度和分类方面有重要意义（杨光穗等，2016）。目前普遍认为大花三色堇为美丽堇菜亚属园艺杂交种，由原种黄堇（*V. lutea*）、原种三色堇（*V. tricolor*）和开蓝色花阿尔泰堇菜（*V. altaica*）种间多年杂交而来。其中三色堇染色体基数为 $x=13$，黄堇的染色体基数为 $x=24$，阿尔泰堇菜染色体基数为 $x=11$。由于参与杂交的野生种染色体基数不一，大花三色堇的染色体数目及倍性呈现一定的复杂性（包满珠，2004），本研究所用的 4 份大花三色堇材料，其中 2 份为 48 条，2 份为 44 条，验证了大花三色堇染色体数目的差异性。本研究结果显示 4 份三色堇染色体基数分别为 11，12 条，均为四倍体材料，与穆金艳等（2013）的研究结果相似。本研究结果发现，角堇的体细胞染色体数目 $2n=26$，这与以往报道的三色堇（*V. tricolor*）的染色体数目相同，而与报道的原始角堇的染色体数目 $n=11$ 不同（Clausen，1931）。推测这可能是由于当前角堇商品种的亲本已不在局限于角堇之间的杂交，可能与三色堇发生了多次杂交，染色体组已经发生的很大变化。最终结论还有待于进一步研究。

Sebbins 通过对植物核型资料的分析，将染色体核型按对称性程度的高低分为 12 种类型（1A、2A、3A、4A；1B、2B、3B、4B；1C、2C、3C、4C），认为核型对称性程度高的生物，其染色体变异越小，进化程度也越低；对称性程度越低的生物，其染色体变异也越大，进化程度越高（Huang 等，2010）。本书研究的大花三色堇 G10-1-3-1-4、XXL-YB-1-1-1-1 的核型为 3B，而 EYO-1-2-1-4、DSRFY-1-1-2 的核型为 2B，表明 G10-1-3-1-4、XXL-YB-1-1-1-1 的进化程度要高于 EYO-1-2-1-4、DSRFY-1-1-2。这与材料的育成背景基本一致。

DSRFY为瑞士巨人系列的粒雪金品种，这是100多年前育成的品种，是后来许多品种的重要亲本来源。EYO为我国上海园林所从早期引种的材料选育而来。而G10、XXL-YB分别为近年我国酒泉金秋园艺有限公司和美国泛美种业推出的品种。

四、流式细胞术在大花三色堇及角堇倍性鉴定中的应用

摘要 为建立快速、准确地大花三色堇与角堇及其杂交后代的倍性鉴定方法，本文以11份角堇和大花三色堇自交系及其杂交产生的30份F_1代为试材，应用流式细胞术法对三色堇与角堇的倍性进行了鉴定，并对部分材料进行了常规压片验证。结果表明，将角堇做为流式细胞术的对照，可基本判断大花三色堇及其杂交后代的倍性，为大花三色堇杂交育种和倍性育种提供参考。

关键词 角堇；大花三色堇；流式细胞术；倍性

了解杂交亲本的倍性可为杂交育种亲本的选择与选配提供参考。穆金艳（2013）采用常规染色体压片法检测了大花三色堇和角堇的倍性，但该方法技术性较强，且费时，不宜进行大量材料的倍性鉴定。流式细胞术法是目前进行植物倍性鉴定的最快速、最有效的方法，已在桑树（杨静等，2017;）、蔷薇（Jian et al.，2014）、月季（武荣花等，2016）等倍性鉴定中得到应用。为此，本研究以11份角堇和大花三色堇自交系及其杂交产生的30份F_1代为材料，探索了流式细胞术对大花三色堇与角堇，及其杂交后代的倍性鉴定，旨在为堇菜属植物倍性鉴定、遗传育种提供技术参考。

（一）试验材料与方法

1. 试验材料 以河南科技学院三色堇课题组选育的1份角堇自交系（JB-1-1-2编号1）和10份大花三色堇自交系（DFM-11-2-1编号2、DFM-8-4-4编号3、DFM-16-1-1编号4、DFM-16-2-2编号5、DSRFY-1-1-2编号6、DFM-11-1-3编号7、DFM-8-4-3编号8、G10-1-3-1-4编号9、XXL-YB-1-1--1-1编号10、EYO-1-2-1-4编号11)，及其杂交产生的30份F_1代（1×10、2×1、8×1、3×5、3×7、3×8、4×5、4×6、4×7、4×8、4×9、4×10、4×11、5×4、5×7、5×8、5×10、6×5、6×7、7×10、8×2、8×4、8×5、9×4、9×8、10×3、10×4、10×7、10×8、11×7）。

2. 流式细胞术样品制备

（1）对照的确定　本试验选用二倍体的角堇材料 JB-1-1-2 流式细胞检测的对照（王惠萍，2015）。

（2）细胞裂解液的配制　改良后的 Galbraith's butter 裂解液组分为：45 mmol/L $MgCl_2$，30 mmol/L sodium citrate，20 mmol/L MOPS，0.1%（*V/V*）Triton X-100，pH 7.0，0.5% PVP（*M/V*）。

（3）单细胞悬浮液的制备　参照杨静的方法略有修改[6]。采集 90 mg 幼嫩叶片，于 1.5 mL 的离心管中，加入 300 μL 遇冷的裂解液，用研磨棒研磨 4～5 次，再加入 1 mL 裂解液混匀，冷冻离心，700 r/min，5 min。弃上清，加入 700 μL 裂解液混匀，用 300 目的尼龙网过滤至 2 mL 的离心管中。冷冻离心，弃上清，加入 50 mg/mL 的 PI 50 μL 和 R NaseA，充分混匀，4℃避光染色 15～20 min，在流式细胞仪上进行检测。

3. 流式细胞术样品的检测

（1）流式细胞仪校准　以角堇 JB-1-1-2 为对照，样品的相对核 DNA 含量 2C 检测值为 90 道附近，为 G1 期。DNA 的主峰分别处于 45、90、135、180 道附近时，为单倍体、二倍体、三倍体、四倍体，其余为非整倍体。

（2）上机检测　将制备好的细胞悬液用流式细胞仪 CYTOMICS FC 500 进行检测，采用 488 nm 的蓝光激发，检测 PI 散发的荧光强度。每个样本收集至少 5000 个单细胞。将测得图像和数据用匹配的软件进行处理和分析。

4. 常规压片法　参照王慧萍的方法略有改动（弓娜等，2011）。自上午 8:30开始根尖或幼叶每隔一个小时取一次材。置于 0.002 mol/L 的 8-羟基喹啉中 4℃环境下处理 4 h，然后在 FAA（无水乙醇：冰乙酸＝3：1）固定液中固定 24 h。将固定好的根尖或叶片，反复洗涤 2～3 次后，用 1 mol/L 的盐酸 60℃条件下解离 7～8 min。截取 1～2 mm，卡宝品红染色 2～3 min。尖嘴镊子敲片，酒精灯上烤片后压片，Nikon 80i 显微镜进行镜检，100 倍油镜下拍照。

（二）结果与分析

1. 流式细胞仪检测的倍性　将 10 份亲本自交系及其 30 份杂交 F_1代材料进行流式细胞仪检测，结果表明：对照 JB-1-1-2 的细胞 G1 期主峰在 90 道左右，为二倍体（图 3-7a）；10 份亲本自交系的细胞 G1 期主峰在 180 道附近，可见大花三色堇相对荧光强度是角堇的 2 倍，为四倍体（图 3-7，b～k）；30 份杂交 F_1代，检测出 3 个三倍体（1×10、2×1、8×1），细胞 G1 期主峰在 90～180 之间（图 3-7，b～d），剩余 27 个杂交组合均为四倍体（图 3-8、图 3-9）。

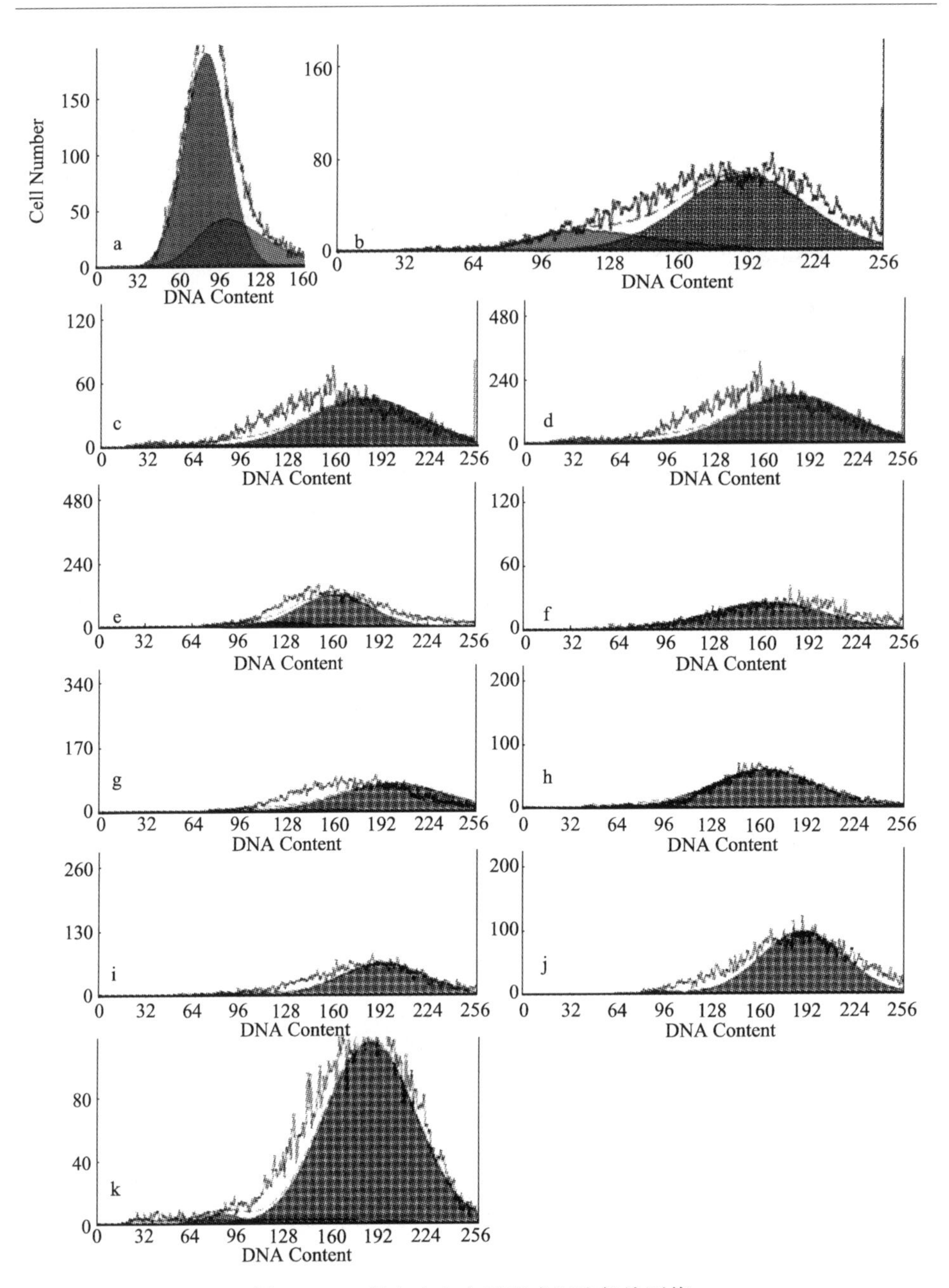

图 3-7　11 份亲本自交系流式细胞仪检测值

a. JB-1-1-2（对照）　b. DFM-11-2-1　c. DFM-8-4-4　d. DFM-16-1-1　e. DFM-16-2-2　f. DSRFY-1-1-2　g. DFM-11-1-3　h. DFM-8-4-3　i. G10-1-3-1-4　j. XXL-YB-1-1-1-1　k. EYO-1-2-1-4

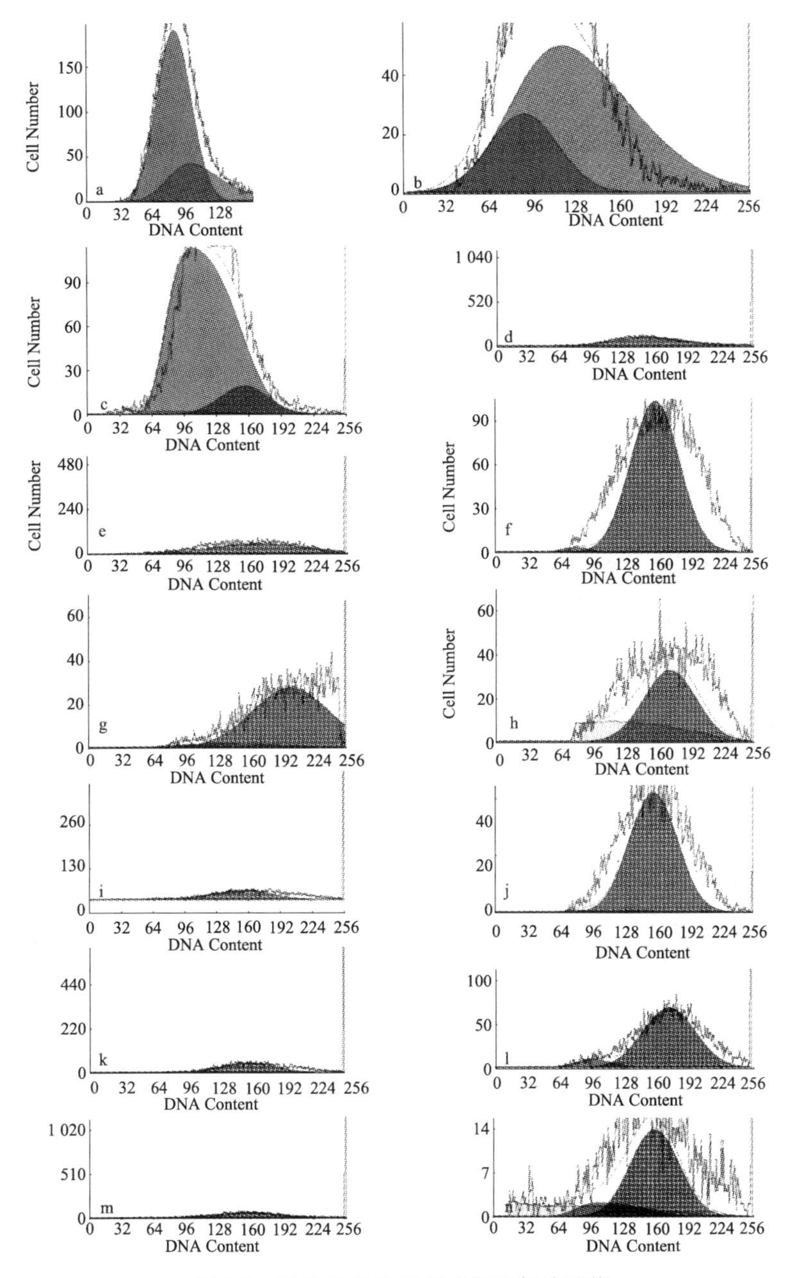

图 3-8　部分杂交 F_1代流式细胞仪检测值

a.（JB-1-1-2） b. 1×10　c. 2×1　d. 8×1　e. 3×5　f. 3×7

g. 3×8　h. 4×5　i. 4×6　j. 4×7　k. 4×8　l. 4×9　m. 4×10　n. 4×11

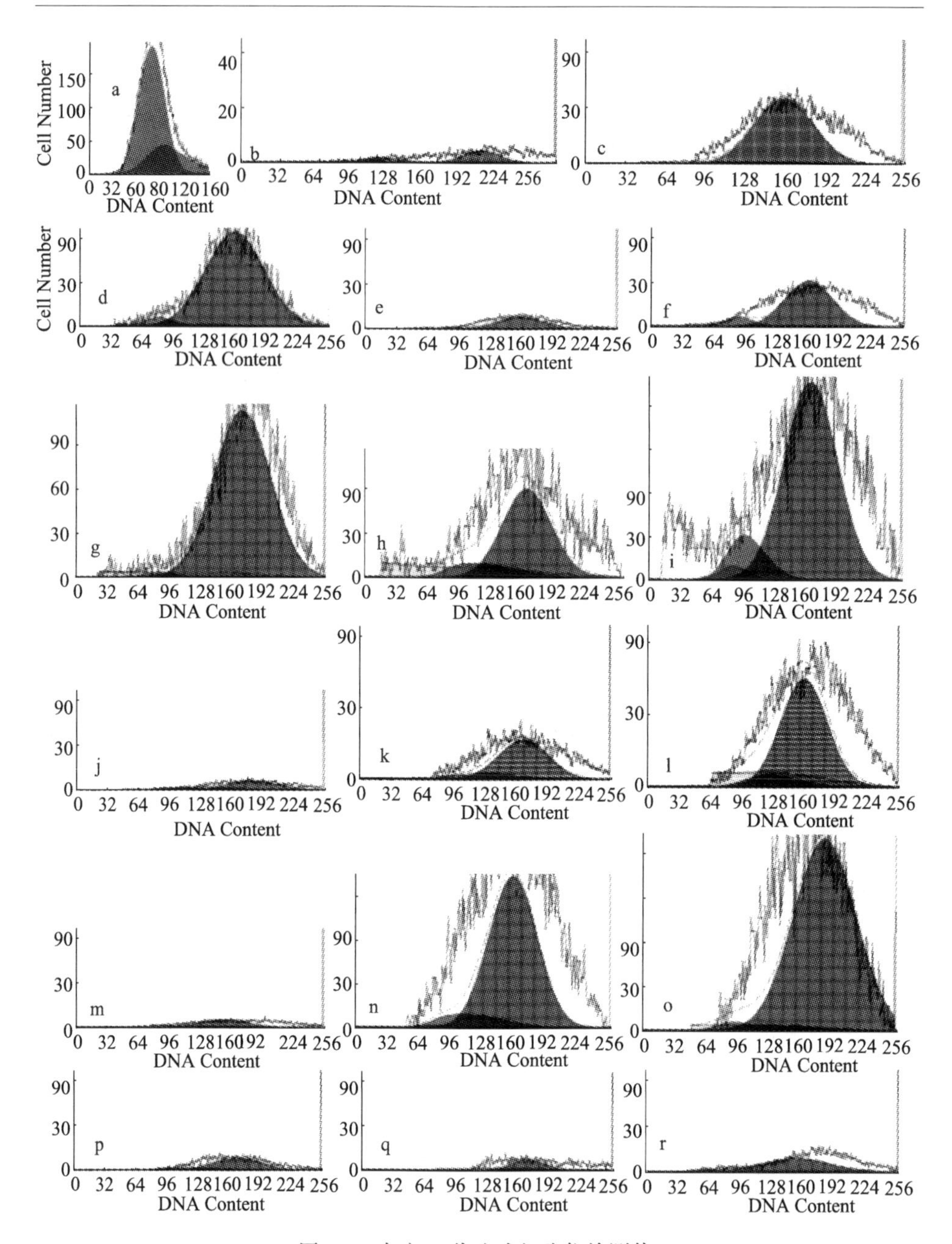

图 3-9　杂交 F_1 代流式细胞仪检测值

a. JB-1-1-2（对照）　b. 5×4　c. 5×7　d. 5×8　e. 5×10　f. 6×5　g. 6×7　h. 7×10　i. 8×2　j. 8×4　k. 8×5　l. 9×4　m. 9×8　n. 10×3　o. 10×4　p. 10×7　q. 10×8　r. 11×7

2. 染色体压片的倍性结果　随机选择4份亲本自交系和4份杂交F_1代进行染色体常规压片，检测结果表明（图3-10），1号角堇自交系JB-1-1-2的染色体数目为26条，占计数细胞的100%；3份大花三色堇中，XXL-YB-1-1-1-1的染色体数目为48，占计数细胞的80%以上；DSRFY-1-1-2和EYO-1-2-1-4染色体数目为44，分别占计数细胞的80.5%和83.5%。对角堇与大花三色堇的杂交F_1代的细胞染色体压片观察发现，大花三色堇间杂交F_1代5×4、11×7的染色体数目分别为47、44。如果以原始亲本三色堇（$n=13$）或阿尔泰堇菜（$n=11$）为参考，大花三色堇染色体数目在44～48条之间，可判断为四倍体；而大花三色堇与角堇的杂交2×1、8×1的F_1代染色体条数均为36，即为三倍体。染色体压片对倍性的判断结果与流式细胞术的结果一致。

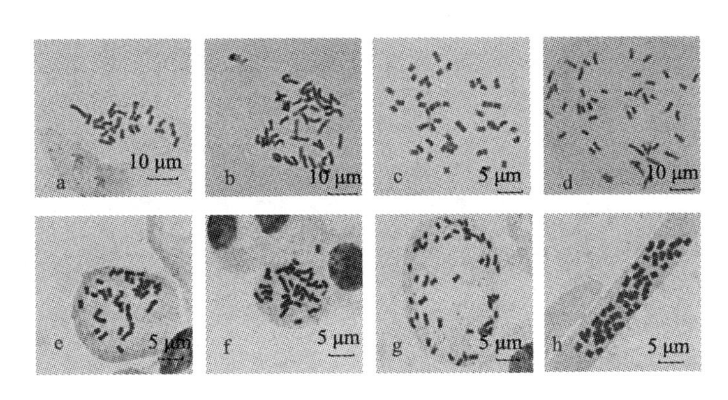

图3-10　部分亲本和杂交F_1代染色体中期分裂相

a. JB-1-1-2　b. DSRFY-1-1-2　c. EYO-1-2-1-4　d. XXL-YB-1-1-1-1
e. 2×1　f. 8×1　g. 5×4　h. 11×7

（三）讨论

制备优良的单细胞悬浮液是进行植物流式细胞检测时的关键。LB01解离液、Otto's解离液、Galbraith's解离液等是常用的裂解液，不同植物材料所需裂解液种类存在一定的差异（Baird et al，1994）。例如Baird等研究发现优化后的LB01解离液更适合鉴定桃的倍性（Suda和Travnicek，2006）。Suda等对26科58属60多种植物流式细胞试验中，利用Otto's裂解液成功鉴定出这些植物倍性（刘倩和魏臻武，2014）。前期预备试验中多次摸索发现，三色堇含糖量高，细胞分离较难，参考刘倩方法进行修改，利用改良的Galbraith's buffer细胞裂解液加入50 mg/L的PI和RNase A，细胞数量达到检测要求，能够快速检测出三色堇倍性（Chen et al.，2013）。植物细胞具有细胞壁，流式细胞检测时通常要用锋利的刀片在冰上快速的切碎样品，以获得单细胞悬浮液，本试验中采用刀切方法处理样本产生碎片较多，且比较费时费力，上机检测时细胞收集不够，因此采用研磨棒研磨方法（Poulíčková et al.，2014）。

在三色堇流式检测时，对照样品的选择至关重要。穆金艳研究表明，角堇08H作对照只适合检测角堇不同品种的倍性，并不适合在检测堇菜属其他品种时作对照（穆金艳，2013）。本研究采用角堇JB-1-1-2作对照，检测11份亲本自交系及部分杂交 F_1 代，倍性检测结果与后期压片结果基本相符，说明角堇JB-1-1-2比较适合做大花三色堇流式细胞术检测的对照。

第四章　三色堇种质资源的分子遗传多样性研究

遗传多样性通常指物种内的不同种群间以及种群内不同个体间的遗传变异。遗传多样性的丰富程度对该物种的生存与发展，以及育种潜力具有重要影响。因此，遗传多样性研究一直是种质资源研究的重要内容。遗传多样性可以表现在表现型、细胞水平及分子水平等多个层次。据此，研究者们陆续开发出了相应的遗传标记，来揭示相应种质资源群体的遗传多样性水平。表型性状（包括形态学标记和生理特性标记）由于简单直观，费用低，是应用最早的遗传学标记。但表型性状存在数量少，且易受环境和生育期影响等缺点。后来发展的细胞学标记主要指染色体数目和核型，但该类标记的获取往往受到材料的限制。20 世纪 50 年代出现了以同工酶、等位酶为主的生化标记，但也存在数量有限的问题。20 世纪 80 年代后发展起来的 DNA 标记，以数量庞大，不受生育期和环境影响，表现中性等特点，迅速发展，已达近 30 种，并得到了广泛应用。这些 DNA 标记技术可分为 3 大类型：一是基于 Southern 杂交的 DNA 标记，如限制性片段长度多态性（Restriction Fragment Length Polymorphism，RFLP）；二是基于 PCR 技术的 DNA 标记，如随机扩增多态性 DNA（Random Amplified Polymorphic DNA，RAPD）、扩增片段长度多态性（Amplified Fragment Length Polymorphism，AFLP）、序列相关扩增多态性（Sequence-related Amplified Polymorphism，SRAP）、简单重复序列（Simple Sequence Repeat，SSR）；三是基于 DNA 序列和芯片的 DNA 标记，如单核苷酸多态性（Single Nucleotide Polymorphism，SNP）。

一、基于 SRAP 标记的三色堇种质资源遗传多样性分析

摘要　为了解所收集的三色堇种质资源的遗传多样性及其群体遗传结构，本文采用相关序列扩增多态性（SRAP）标记技术，基于 Bayesian 和 UPGMA 法对源于国内外不同地区的 41 份三色堇种质资源的亲缘关系和遗传结构进行了分析。研究结果表明，SRAP 标记系统在三色堇种质资源遗传多样性分析上具有较好的适用性和较高的分析效力，25 对 SRAP 引物组合共扩增出 675 个

条带，其中多态性条带659条，多态性比率达到97.63%，平均每对引物组合扩增出27个位点和26.36条多态性条带。16对引物组合的鉴别能力达到100%（比率为64%）。基于SRAP标记的41份三色堇种质资源的Shannon信息指数和Nei's遗传多样性指数分别为0.3835和0.2390，显示出丰富的遗传多样性。基于Bayesian的遗传结构和UPGMA的聚类结果基本一致，均将41份种质划分为6个组群，源于国内的种质与欧美国家的种质在组群归属上明显分开，说明源自欧美的种质与源自中国的种质之间的遗传差异较大。源自美国泛美种业公司与源自我国酒泉金秋园艺有限公司的大花三色堇种质分属2个或2个以上组群，表明美国泛美种子公司与酒泉金秋园艺有限公司的三色堇种质遗传多样性较为丰富。地理种质群亲缘关系分析显示，中国种质群与荷兰种质群相距最近，与德国种质群最远。花色种群分析表明，黑色种群遗传多样性最低，白色种质群遗传多样性较高。

关键词 SRAP；三色堇；群体结构；遗传多样性

SRAP标记技术是由Li和Quiros（2001）开发的一种DNA标记系统。该标记技术基于对大量基因序列的分析结果，发现基因外显子序列中GC比例高，而内含子与启动子中AT比例较高的特点，设计特殊的上下游引物，使其分别与基因内的外显子和内含子或启动子匹配进行PCR扩增，检测不同材料间在基因开放阅读框内存在的变异或遗传多态性。该方法只需要进行一个PCR程序，因此操作简便，同时较高的退火温度又保证了结果的稳定性，一次PCR检测的位点多保证了较高的产率，由于针对的是基因开放阅读框，因此又适合基因定位与克隆。因此，该技术自发布以来，在生物遗传分析如遗传图谱构建、生物多样性研究等方面得到了广泛应用。目前SRAP标记已经被应用于芸薹属植物（Li和Quiros，2001）、辣椒（任羽等，2004）、棉花（林忠旭等，2003）、黄瓜（潘俊松等，2005）、三色堇（王涛等，2012）、榧树（刘浩凯，2015）等多种植物的亲缘关系研究中。为了清晰了解本课题组所保存的大花三色堇种质资源的亲缘关系及遗传结构，指导大花三色堇种质资源的鉴定、保存和杂交亲本的选配，本书采用SRAP标记方法分析了源自国内外41份三色堇种质材料的遗传多样性。

（一）试验材料与方法

1. 植物材料 供试的41份三色堇种质资源为河南科技学院新乡市草花育

种重点实验室多年来先后从德国、美国、荷兰及中国的酒泉、上海等地引入，并经自交纯化的种质材料。试验材料名称、花色、花径类型及来源见表 4-1。

表 4-1　供试的 41 份三色堇种质材料的花色、类型及来源

编号	名称	花色	花斑	花径类型*	来源
S1	SRAB	蓝色	褐斑	小花	德国 Dehner 公司
S2	SRFY	黄色	褐斑	中花	德国 Dehner 公司
S3	XXL-YB-1	黄色	褐斑	大花	美国泛美种业公司
S4	XXL-YB	黄色	褐斑	大花	美国泛美种业公司
S5	M-YC-1	黄色	无	中花	美国泛美种业公司
S6	M-YB-1	黄色	红斑	中花	美国泛美种业公司
S7	M-YC	黄色	无	大花	美国泛美种业公司
S8	M-BF	蓝色	黑斑	中花	美国泛美种业公司
S9	M-W	白色	无	中花	美国泛美种业公司
S10	PXP-BT-D	蓝色	无	中花	美国泛美种业公司
S11	PXP-BT-L	蓝色	紫斑	中花	美国泛美种业公司
S12	P-PS	粉色渐变	紫斑	小花	美国泛美种业公司
S13	HCG-X-1	黄色	无	中花	荷兰 Buzzy 种业公司
S14	HAR2	红色	无	大花	荷兰 Buzzy 种业公司
S15	HMB-X-1	白色	无	小花	荷兰 Buzzy 种业公司
S16	HAR2-1	红色	褐斑	中花	荷兰 Buzzy 种业公司
S17	HMB	白色	无	小花	荷兰 Buzzy 种业公司
S18	08-NL-5	紫色	无	微型花	荷兰 Buzzy 种业公司
S19	HCG-1	黄色	无	大花	荷兰 Buzzy 种业公司
S20	08H	紫色	黄斑	小花	荷兰 Buzzy 种业公司
S21	G1-X-1	黄色	无	中花	酒泉金秋园艺有限公司
S22	G11-5-1	红色	无	小花	酒泉金秋园艺有限公司
S23	G11-6-1	红色	无	小花	酒泉金秋园艺有限公司
S24	G10-B	黑色	无	小花	酒泉金秋园艺有限公司
S25	229.05	猩红色	黑斑	中花	酒泉金秋园艺有限公司
S26	229.04	白色	无	小花	酒泉金秋园艺有限公司
S27	229.07	白色	无	中花	酒泉金秋园艺有限公司
S28	229.14	白色	紫斑	小花	酒泉金秋园艺有限公司

（续）

编号	名称	花色	花斑	花径类型*	来源
S29	229.01	黄色	无	小花	酒泉金秋园艺有限公司
S30	229.10	黑色	无	小花	酒泉金秋园艺有限公司
S31	E-01	紫色	无	微型花	上海园林所
S32	EYO	黄色	无	中花	上海园林所
S33	ER01	猩红色	无	中花	上海园林所
S34	EP1	紫色	黑斑	中花	上海园林所
S35	EWO	白色	无	中花	上海园林所
S36	CW-1	白色	无	中花	河南科技学院
S37	YP-1	紫白双色	黄斑	中花	河南科技学院
S38	WH	红色	无	中花	河南科技学院
S39	WO	白色	无	中花	河南科技学院
S40	YL	紫白双色	黄斑	中花	河南科技学院
S41	YP	紫白双色	黄斑	小花	河南科技学院

注：* 依据中国农业百科全书（观赏园艺卷），三色堇的花径≥10 cm 为巨大花，7.0～9.9 cm 为大花，5.0～6.9 cm 中花，3.0～4.9 cm 小花，<3.0 cm 微型花。

2. 引物 SRAP 分析采用的引物采用 Li 和 Quiros（2001）发表的 11 条引物（表 4-2）。引物由生工生物工程（上海）股份有限公司合成。引物用灭菌双蒸水稀释成 10 pmol/μL 工作液使用。

表 4-2 所采用的 SRAP 引物

上游引物		下游引物	
代码	序列（5′→3′）	代码	序列（5′→3′）
me1	TGAGTCCAAACCGG ATA	em1	GACTGCGTACGAATTAAT
me2	TGAGTCCAAACCGGAGC	em2	GACTGCGTACGAATTTGC
me3	TGAGTCCAAACCGGAAT	em3	GACTGCGTACGAATTGAC
me4	TGAGTCCAAACCGGACC	em4	GACTGCGTACGAATTTGA
me5	TGAGTCCAAACCGGAAG	em5	GACTGCGTACGAATTAAC
		em6	GACTGCGTACGAATTGCA

3. 主要设备 德国 Biometra Tgradient PCR 仪、北京六一仪器厂的 DYY-BC 型琼脂糖电泳仪和 DYY-10C 型聚丙烯凝胶电泳仪、UV-2501 型紫外分光

光度计、Tocan 领成全自动凝胶成像系统、Sigma3K15 高速冷冻离心机、JA3003A 型电子天平、Eppendorf 移液枪、上海精密仪器的雪花制冰机等。

4. 主要试剂及配方　SDS 提取液：500 mmol/L NaCl，50 mmol/L EDTA，50 mmol/L Tris. HCl（PH8.0），1%β-巯基乙醇。

TE 缓冲液（pH8.0）：10 mmol/L Tris-HCl，1.0 mmol/L EDTA。

50×TAE 电泳缓冲液：称取 242 g Tris 溶于适量蒸馏水中，加入 57.1 mL 冰乙酸 100 mL，0.5 mol/L EDTA（pH8.0），蒸馏水定容到 1 L。

5×TBE 电泳缓冲液：称取 54 g Tris，27.5 g 硼酸溶于适量蒸馏水中，加入 0.5 mol/L EDTA 20 mL（pH8.0）。

6%的变性聚丙烯酰胺溶液配制：称取尿素 420 g，分别加入 300mL 的蒸馏水溶解，然后依次加入 200mL 的 5×TBE 和 150mL 40%的聚丙烯酰胺溶液，最后定容至 1L，过滤备用。

PCR 扩增所需的 Taq DNA 聚合酶、dNTPs，以及变性聚丙烯酰胺凝胶电泳所需的烷化剂等均购自河南天驰生物科技有限公司。

变性聚丙烯酰胺凝胶上样缓冲液配制：98%Formanicle 49ml，10 mmol/L EDTA（pH8.0）1ml，0.25% BrPhBlue 0.0125g，0.25% cynol 0.0124g。

试验用其他分子生物学溶液配制依据《分子克隆实验指南》第三版（萨姆布鲁克和拉塞尔，2015）。

5. 试验方法

（1）三色堇基因组 DNA 的提取、纯化与检测　采用 SDS 法提取三色堇基因组 DNA（王关林和方宏筠，2009），具体操作如下：

①取新鲜三色堇幼苗的幼嫩叶片 0.2 g，清水洗净并吸干表面水分，放入预冷研钵中，加液氮研磨至粉末状，转移粉末到 1.5 mL 离心管中。

②向离心管中加入 900 μL SDS 提取缓冲液和 100 μL 10% 的 SDS，充分混匀，65℃水浴锅保温 10～15 min（期间晃动 2～3 次）。

③加入 160 μL 5 mol/LKAC 溶液，混匀，4℃静止 30 min，12 000 r/min 离心 15 min，转移上清液至一新离心管中。

④加入等体积氯仿∶异戊醇（24∶1）轻轻颠倒混匀，12 000 r/min 离心 15 min，转移上清到一新离心管中。

⑤加入 0.7 倍体积的异丙醇，混匀，－20℃沉淀 20 min；12 000 r/min 离心 10 min。

⑥用 70%乙醇洗涤 2～3 次后，控干，加入适量 TE 溶解 DNA。

⑦DNA 溶液中加入等体积（100μL）的氯仿∶异戊醇（24∶1）轻轻颠倒

混匀，1 200 r/min 离心 15 min 进行纯化，上清液转移到另一新离心管中。

⑧加入 0.7 倍体积的异丙醇轻轻混匀，置冰上几分钟沉淀 DNA，1 200 r/min 离心 10 min。

⑨用 70%乙醇洗涤 DNA 3 次后晾干，加入 100 μL TE 缓冲液溶解 DNA，−20℃保存备用。

采用 0.7%琼脂糖凝胶电泳检测基因组 DNA 的完整性，用 Goldview 作为荧光染料，120V 电压下电泳 45 min 后，取出凝胶在电泳成像系统观察 DNA 条带。

用 UV-2501 型紫外分光光度计分别在波长 230nm、260nm 和 280nm 处测定 DNA 吸光度，计算 A_{260}/A_{280} 和 A_{260}/A_{230} 的比值确定 DNA 质量，并按照 DNA 浓度 = A_{260} × 50ng/μL × 稀释倍数（600）计算所提 DNA 浓度。

（2）PCR 扩增　采用 SRAP 的 5 条上游引物和 6 条下游引物组成的 30 对引物组合对 41 份大花三色堇种质资源进行 PCR 扩增。PCR 反应体系在任羽（2005）的方法上略有修改，具体方法为：25 μL 反应体系中包括 20 ng 的模板 DNA，200 μmol/L dNTPs，1.5 U *Taq* DNA 聚合酶，引物浓度分别为 600 μmol/L。PCR 扩增前进行 1 000 r/min 短暂离心。

PCR 扩增程序按照 Li 和 Quiros（2001）发表的方法进行，具体为：94 ℃预变性 5 min，94 ℃变性 1 min，35 ℃复性 1 min，72 ℃延伸 1 min，共 5 个循环；94 ℃变性 1 min，50℃复性 1 min，72 ℃延伸 1 min，共 35 个循环；最后 72℃延伸 10 min，4℃保存。

（3）扩增产物的检测　PCR 扩增产物采用 6%的变性聚丙烯酰胺进行检测。具体操作如下：

①制胶：先用清洁剂将待制胶的长玻璃和凹玻璃用海绵洗干净，再依次用清水和蒸馏水冲洗干净，沥干水分；然后在玻璃上喷上 95%的乙醇。待酒精挥发后，用镜头纸在长玻璃板待制胶面上均匀涂布 60 μL 的亲和硅烷；在凹玻璃板上涂上 1 500 μL 的剥离硅烷，晾 30 min 以上。待两块玻璃板风干后，在两块玻璃之间的两侧放上干净的边条，用夹子固定，将做好的玻璃夹板，即制胶板水平放置备用。取 6%的聚丙烯酰胺溶液 80 mL、10%的过硫酸铵 800 μL 和 TEMED 64 μL 在灌胶瓶中迅速混匀，缓慢平稳注入制胶板的夹层，灌胶完成后在凹槽处倒插入样品格，并用夹子夹住。整个制胶过程中应避免产生气泡。变性聚丙烯酰胺凝胶完全凝固约需 1 h。

②上样与电泳：电泳前先取出样品格，用清水冲洗干净加样处的碎胶，然后将胶板上下倒置，控干加样孔内的水，用吸水纸将胶板外侧的水擦干，以免

稀释电泳缓冲液。然后在电泳槽安装胶板，凹玻璃板朝里，长玻璃板朝外，固定好。接着，往电泳槽内加入足量的1×TBE电泳缓冲液。电泳分两步进行。首先进行预电泳，采用2 000 V电压、30 mA电流、60 W功率预电泳30 min。用吸管吹打加样孔以去除析出的尿素，轻轻正向插入干净的样品格，插入深度为样品格齿入胶中约0.2 cm。然后，依次往样品格的齿孔内加入变性的PCR产物与上样缓冲液的混合溶液5 μL样品。再次打开电源，用2 500 V电压，30 mA的电流和75 W功率下电泳2.5～3 h。

③染色：PCR扩增的DNA条带采用银染方法检测，具体操作参照许绍斌等（2002）方法。即先分开长、凹玻璃板，然后将附着完整凝胶的长玻璃板放入1%的$AgNO_3$溶液中轻轻摇动，10～15 min进行染色。接着取出凝胶板，沥干染色液，放入装有2L的显色液（2 L双蒸水，40 g NaOH，8mL甲醛，0.8 g NA_2CO_3）的中轻轻晃动显色，至清晰的条带显示为止。再将凝胶取出，放入清水中漂洗2～3min终止反应，观察记录。

（4）数据记录与统计　SRAP分析产生的多态性条带，按二元数据进行统计，有带记为“1”，无带记为“0”，模糊不清带不统计。每对引物组合的多态性比率（%）=引物组合扩增的多态性条带数/总条带数×100，每个引物的鉴别能力（%）=此引物组合可鉴别的材料数/总材料数×100。采用POPGENE version 1.32软件计算每对SRAP引物的有效等位基因数，Nei's遗传多样性指数和Shannon信息指数。根据POPGENE软件计算的组群间的Nei's相似系数和遗传距离，采用NTSYS2.10软件进行组群间的聚类分析。

SRAP标记数据的Bayesian分析采用STRUCTURE 2.3.4（徐刚标等，2014）软件进行。软件运行参数设置：按照显性标记类型，采用混合模型（admixture），预设组群数（K）的范围2～13，位点间的关系选择非独立，Burn Period的长度设为5 000，马尔科夫链（MCMC）设定为50 000。最合理的组群数目K的确定根据据软件计算的后验概率Ln P（D）（Pritchard et al.，2000），首先看Ln P（D）值是否到达平台期，另一方面按照Evanno等（2005）提出的ΔK值最大原则，计算ΔLn P（D），当其出现最大值时所对应的K即为最合理组群数。

采用MVSP 3.1软件，按照UPGMA法计算各材料间的Nei's相似系数和遗传距离，并进行聚类和主坐标作图。

（二）结果与分析

1. SRAP引物扩增多态性分析　选用4份三色堇材料，对30对SRAP引物组合进行筛选，从中筛选出 25 对扩增条带清晰、稳定、中等产率的引物组合，展开对 41 份三色堇材料的 SRAP 分析。结果表明（表 4-3），SRAP 每对引物组合可扩增出 14～41 条清晰条带，25 对引物组合共扩增出 675 条条带；每对引物组合产生多态性条带 13～40 条，平均单引物组合产生 26.36 条多态性条带，25 对引物组合共产生多态性条带 659 条，多态性比率 97.63%。16 对引物组合的多态性条带百分率为 100%，对 41 份大花三色堇资源的鉴别能力为 100%，意味着使用其中任何一个单引物组合可区分供试的所有种质资源，占到引物组合总数的 64%。其余引物组合的鉴别能力也在 83%～98%之间，能区分大部分种质。SRAP 引物有效等位位点数为 1.17～1.61，平均有效等位位点数为 1.37，其中 me5-em2 引物组合所得有效等位位点数值最大。

表 4-3　25 对 SRAP 引物组合对 41 份三色堇扩增结果

引物组合	总条带数	多态性条带数	多态性比率	有效等位基因数	可鉴别资源数	鉴别能力（%）
me1-em1	20	17	85.00	1.312 8	41	100.00
me1-em2	27	24	88.89	1.274 9	41	100.00
me1-em3	27	27	100.00	1.232 8	36	87.80
me1-em5	24	24	100.00	1.199 6	39	95.12
me1-em6	27	27	100.00	1.427 0	40	97.56
me2-em1	26	26	100.00	1.331 4	41	100.00
me2-em2	30	30	100.00	1.475 0	40	97.56
me2-em3	23	23	100.00	1.455 5	40	97.56
me2-em5	35	35	100.00	1.174 5	38	92.68
me2-em6	27	27	100.00	1.502 4	41	100.00
me3-em1	25	25	100.00	1.237 6	34	82.93
me3-em2	40	40	100.00	1.526 9	41	100.00
me3-em3	37	36	97.29	1.442 6	41	100.00
me3-em4	19	18	94.74	1.476 5	41	100.00
me3-em5	27	26	96.30	1.222 6	41	100.00
me3-em6	31	30	96.77	1.418 5	41	100.00
me4-em1	36	36	100.00	1.288 0	41	100.00
me4-em2	21	21	100.00	1.400 0	41	100.00
me4-em3	27	27	100.00	1.408 2	38	92.68

（续）

引物组合	总条带数	多态性条带数	多态性比率	有效等位基因数	可鉴别资源数	鉴别能力（%）
me4-em4	19	16	84.21	1.229 2	41	100.00
me4-em5	29	28	96.55	1.409 7	41	100.00
me4-em6	23	23	100.00	1.295 4	37	90.24
me5-em1	34	33	97.06	1.450 7	41	100.00
me5-em2	28	25	89.29	1.609 5	41	100.00
me5-em3	13	13	100.00	1.289 7	41	100.00
平均	27	26.56	97.04	1.370 2	39.92	97.37
总计	675	659	—	34.09	—	—

2. 基于SRAP标记的三色堇种质资源遗传多样性、遗传结构和聚类分析

基于SRAP标记数据的41份三色堇种质资源的平均Nei's遗传多样性指数为0.239 0；平均Shannon信息指数为0.383 5。高于自花授粉植物普通烟草遗传多样性指数0.157（祁建民等，2012），与异花授粉玫瑰的遗传多样性指数0.266 5和Shannon信息指数0.403 3相近（徐宗大等，2011）。

Bayesian分析结果表明，参试的41份三色堇种质资源最合理组群数为6。参照“Q值>0.6视为谱系相对单一”的标准（Evanno et al.，2005），34份种质（83%）可划分到相应的组群中。群体结构图显示（图4-1，表4-4），组群Ⅰ（深蓝色）主要由源自德国Dehner公司的所有种质（S1、S2）、美国泛美种业公司的4份种质资源（S3、S4、S5、S7），荷兰Buzzy公司的5份种质资源（S14、S15、S16、S17、S18），共11份材料组成；组群Ⅱ（黄色）主要由源自中国酒泉金秋园艺的6份种质资源（S25、S26、S27、S28、S29、S30）、上海园林所的2份种质资源（S31、S33）和河南科技学院自选的全部种质资源（S36、S37、S38、S39、S40、S41），共14份材料组成；组群Ⅲ（绿色）由源自酒泉金秋园艺3份种质材料（S21、S22、S23）和上海园林所的1份种质材料（S34）共4份材料组成；组群Ⅳ（青色）由源自美国泛美公司的3份种质材料（S9、S10、S11）组成；组群Ⅴ（红色）由源自美国泛美公司的1份种质材料（S12）和荷兰Buzzy公司1份种质材料（S20）组成；源自美国泛美种业公司的S8单独为组群Ⅵ（紫红色）。源自美国泛美种业公司的S6、荷兰Buzzy公司的S13，以及甘肃酒泉金秋园艺的S24，上海园林所的S32和S35，共6份材料在任何组群中的Q值≤0.6，说明其谱系较为复杂。

三色堇种质的组群归属与其地理来源存在一定的相关性，源自欧美的国外种质与源自中国国内的种质明显分开，反映出国内外三色堇种质的遗传差异性。此外，源自美国泛美种子公司的种质归属于4个不同组群，说明该公司的三色堇资源的多样性较为丰富，其次为酒泉金秋园艺公司的种质（分属2个组群）。

表4-4　41份三色堇种质的遗传结构

编号	名称	组群Ⅰ	组群Ⅱ	组群Ⅲ	组群Ⅳ	组群Ⅴ	组群Ⅵ
S1	SRAB	0.001	0.001	0.988	0.000	0.000	0.009
S2	SRFY	0.001	0.000	0.996	0.000	0.000	0.002
S3	XXL-YB-1	0.001	0.000	0.998	0.000	0.001	0.000
S4	XXL-YB	0.193	0.000	0.806	0.000	0.001	0.000
S5	M-YC-1	0.238	0.001	0.745	0.000	0.004	0.011
S6	M-YB-1	0.491	0.001	0.501	0.000	0.000	0.007
S7	M-YC	0.347	0.001	0.651	0.000	0.001	0.000
S8	M-BF	0.565	0.000	0.411	0.000	0.001	0.022
S9	M-W	0.509	0.244	0.001	0.244	0.000	0.001
S10	PXP-BT-D	0.677	0.321	0.001	0.001	0.000	0.000
S11	PXP-BT-L	0.000	1.000	0.000	0.000	0.000	0.000
S12	P-PS	0.000	0.000	0.000	0.000	0.000	0.999
S13	HCG-X-1	0.192	0.000	0.544	0.005	0.056	0.202
S14	HAR2	0.001	0.001	0.992	0.000	0.001	0.005
S15	HMB-X-1	0.001	0.000	0.996	0.000	0.000	0.002
S16	HAR2-1	0.001	0.000	0.995	0.000	0.002	0.003
S17	HMB	0.001	0.000	0.990	0.000	0.008	0.001
S18	08-NL-5	0.387	0.000	0.608	0.002	0.003	0.001
S19	HCG-1	0.493	0.000	0.505	0.000	0.001	0.000
S20	08H	0.568	0.010	0.242	0.002	0.001	0.177
S21	G1-X-1	0.374	0.048	0.000	0.576	0.002	0.000
S22	G11-5-1	0.001	0.001	0.000	0.993	0.000	0.005
S23	G11-6-1	0.001	0.000	0.000	0.998	0.000	0.000
S24	G10-B	0.001	0.000	0.000	0.435	0.538	0.026
S25	229.05	0.002	0.000	0.022	0.005	0.970	0.001
S26	229.04	0.001	0.000	0.001	0.002	0.994	0.003

（续）

编号	名称	组群Ⅰ	组群Ⅱ	组群Ⅲ	组群Ⅳ	组群Ⅴ	组群Ⅵ
S27	229.07	0.001	0.001	0.003	0.022	0.973	0.000
S28	229.14	0.000	0.000	0.001	0.000	0.998	0.000
S29	229.01	0.001	0.000	0.000	0.001	0.997	0.000
S30	229.10	0.148	0.006	0.000	0.012	0.831	0.002
S31	E-01	0.001	0.000	0.001	0.001	0.990	0.007
S32	EYO	0.002	0.000	0.000	0.422	0.575	0.001
S33	ER01	0.001	0.000	0.000	0.398	0.600	0.000
S34	EP1	0.001	0.002	0.000	0.859	0.137	0.000
S35	EWO	0.001	0.064	0.001	0.496	0.438	0.000
S36	CW-1	0.001	0.000	0.000	0.373	0.626	0.000
S37	YP-1	0.000	0.000	0.000	0.001	0.998	0.000
S38	WH	0.001	0.001	0.000	0.002	0.993	0.002
S39	WO	0.002	0.000	0.005	0.002	0.990	0.000
S40	YL	0.001	0.001	0.140	0.001	0.856	0.001
S41	YP	0.001	0.000	0.000	0.000	0.997	0.001

基于 Nei's 相似系数的的亲缘关系分析表明，41 份材料间的平均遗传相似系数为 0.4484，其中源自荷兰 Buzzy 公司的 HAR2（S14）与 HMB-X-1（S15）亲缘关系最近，遗传相似系数达 0.758；源自美国泛美种子公司的 M-YC-1（S5）与酒泉金秋园艺的 G1-X-1（S21）之间，以及源自荷兰 Buzzy 公司的 HCG-X-1（S13）与源自上海园林所的 EP1（S34）之间的亲缘关系最远，遗传相似系数仅 0.234。

图 4-1　基于 SRAP 标记的 41 份三色堇种质的遗传结构

注：纵坐标 Q 值表示不同自交系归属不同组群的比例。深蓝色、红色、绿色、黄色、紫红色、青色分别代表组群的趋向，各自交系在 6 种色条中最长色条的颜色决定了该自交系所属的组群。

基于UPGMA法的聚类结果显示（图4-2），在相似系数0.43处，41份材料可聚为6大类，其中源自德国的所有种质（S1、S2），与美国泛美的上S2～S8，S12，以及荷兰Buzzy公司的S13～S20聚为Ⅰ类；源自酒泉金秋园艺的S24～S30与源自上海园林所的S31～S33，S35，以及河南科技学院自选的所有种质材料聚为Ⅱ类；源自美国泛美种业公司的S9（M-W）、S10（PXP-BT-D）和S11（PXP-BT-L）聚为Ⅲ类；源自酒泉金秋园艺的S22（G11-5-1）和S23（G11-6-1）聚为Ⅳ类；源自酒泉金秋园艺的G1-X-1（S21）和源自上海园林所的EP1紫（S34）分别单独成一类。基于Nei's相似系数的UPGMA法聚类结果将源自国内于国外的种质明显分开，反映出三色堇种质资源间的亲缘关系与地理来源有一定的相关性，也说明国内外种质资源之间的遗传基础明显不同。此外，源自美国泛美公司及酒泉金秋园艺的的种质资源分属不同的类群，说明它们的三色堇种质资源的遗传基础较广。基于Nei's相似系数的UPGMA法聚类结果与基于Bayesian分析结果的分组结果基本一致。

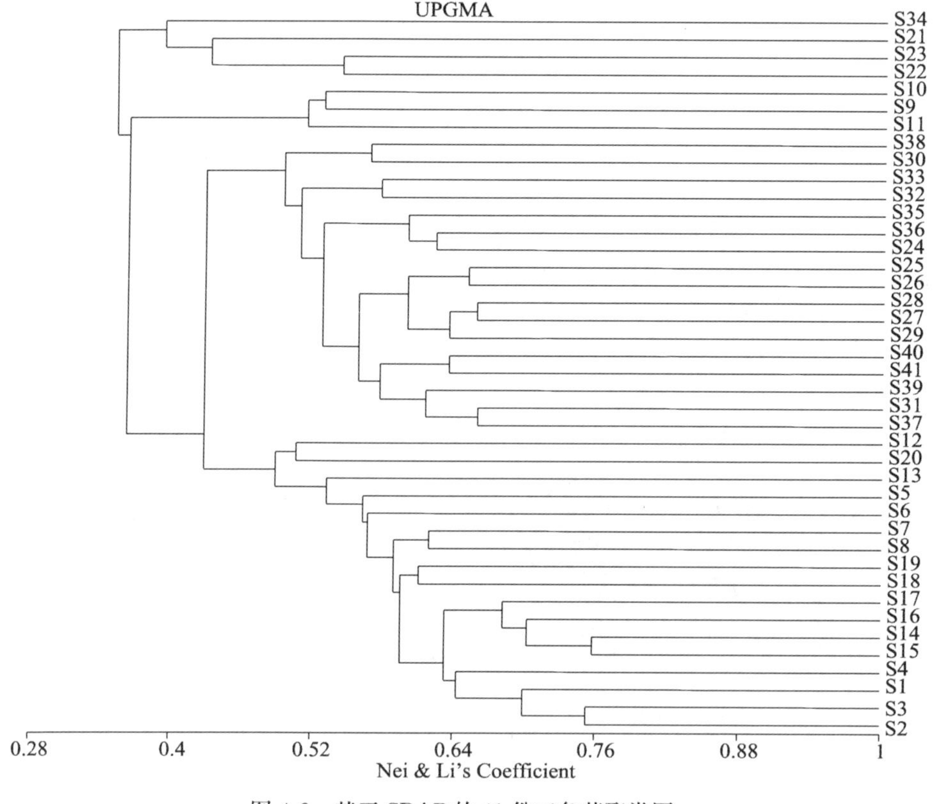

图4-2 基于SRAP的41份三色堇聚类图

3. 基于SRAP标记的不同地理来源三色堇种质资源遗传多样性与聚类分析　为进一步分析地理来源对三色堇种质遗传多样性影响，依据遗传结构和基于遗传距离聚类结果，将41份材料按照地理来源划分为4个种质群：德国种质群、美国种质群、荷兰种质群和中国种质群。从各地理种质群Nei's遗传多样性指数看，美国种质群（0.231 9）最大，其次为荷兰种质群（0.228 0），再次为中国种质群（0.212 7），德国种质群最小（0.086）。从Shannon信息指数看（表4-5），从高到低依次为：荷兰种质群>美国种质群>中国种质群>德国种质群。荷兰种质群与美国种质群的2个多样性指标均相近。

4个地理种群遗传相似系数范围为0.802 4～0.995 9（表4-5），其中荷兰种质群与中国种质群之间的遗传相似系数最高，为0.995 9，遗传距离最近；而德国和中国种质群的遗传相似系数最低，为0.802 4，遗传距离最远。基于群体间的Nei's遗传相似系数，采用MVSP软件做出了地理群体间的三维坐标图（图4-3），从图4-3可见，荷兰种质群与中国种质群相距最近，其次为美国种质群，与德国种质群相距最远。

表4-5　三色堇4个地理种质群间的Nei's遗传相似系数（对角线上方）、**遗传距离**（对角线下方）**和Shannon信息指数**

群体	Ⅰ	Ⅱ	Ⅲ	Ⅳ	Shannon信息指数
德国种质群（Ⅰ）		0.862 7	0.831 0	0.802 4	0.126 6
美国种质群（Ⅱ）	0.147 7		0.961 6	0.945 0	0.361 4
荷兰种质群（Ⅲ）	0.185 1	0.039 1		0.995 9	0.364 0
中国种质群（Ⅳ）	0.220 2	0.056 6	0.004 1		0.335 4

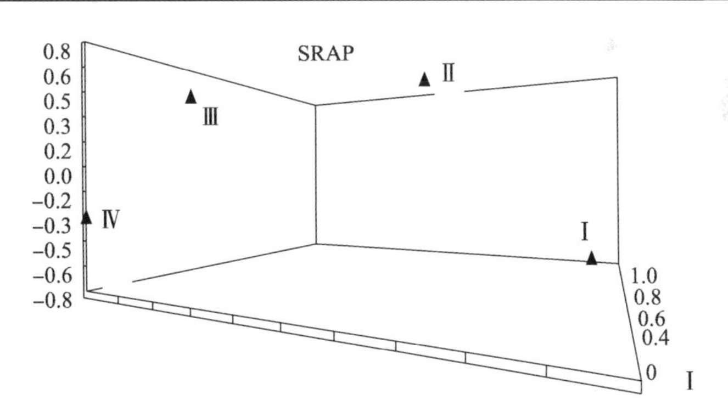

图4-3　4个三色堇地理种质群三维分布图

Ⅰ. 德国种质群　Ⅱ. 美国种质群　Ⅲ. 荷兰种质群　Ⅳ. 中国种质群。坐标值代表在不同主坐标上各地理群体间的遗传距离。

4. 基于 SRAP 标记的不同花色三色堇种质资源遗传多样性与聚类分析 为了解三色堇花色的种质资源遗传多样性，将 41 份材料按花色划分为 6 个花色群：黄色群、蓝色群、白色群、红色群（包括粉色）、紫色群和黑色群。经 Popgene version 1.32 软件计算得到大花三色堇 6 个花色群多样性指数由高到低依次为：黄色群（0.229 9）、白色群（0.228 4）、紫色群（0.214 0）、红色群（0.212 2）、蓝色群（0.197 6）、黑色群（0.130 7）。6 个花色群的 Shannon 信息指数变化范围为 0.190 9～0.357 4（表 4-6），其中黄色群和白色群的 Shannon 信息指数最高，分别为 0.357 4 和 0.356 0，说明黄色群和白色群的遗传多样性较为丰富；而黑色群的 Shannon 信息指数最低，为 0.190 9，表明其遗传多样性较低。

6 个花色群的遗传相似系数为 0.889 8～0.995 0（表 4-6），其中白色群体与黄色群体，白色群体与紫色群体间的遗传相似系数在 99%以上；而蓝色群和黑色群的遗传相似系数最低，为 0.889 8。基于各花色群体间 Nei's 遗传相似系数聚类结果显示（图 4-4），在相似系数 0.954 处，6 个花色群聚为 3 类，黑色群单独为一类，蓝色群单独为一类，白色群、紫色群、红色群和黄色群聚为一类。

表 4-6 三色堇 6 个花色群体间的 Nei's 遗传相似系数（对角线上方）、**遗传距离**（对角线下方）**和 Shannon 信息指数**

群体	蓝色	黄色	白色	红色	紫色	黑色	Shannon 信息指数
蓝色		0.966 5	0.947 5	0.958 1	0.945 4	0.889 8	0.298 3
黄色	0.034 1		0.983 7	0.988 0	0.984 4	0.926 9	0.357 4
白色	0.054 0	0.016 5		0.993 8	0.995 0	0.955 9	0.356 0
红色	0.042 8	0.012 1	0.006 2		0.993 8	0.944 9	0.333 9
紫色	0.056 1	0.015 8	0.005 0	0.006 2		0.953 3	0.331 9
黑色	0.116 8	0.075 9	0.045 1	0.056 6	0.047 8		0.190 9

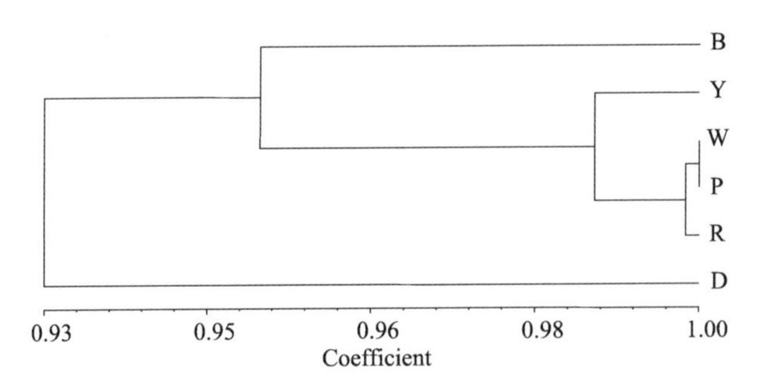

图 4-4 三色堇 6 个花色群的 SRAP 聚类图

B. 代表蓝色群 Y. 代表黄色群 W. 代表白色群 P. 代表紫色群 R. 代表红色群 D. 代表黑色群

（三）小结

SRAP标记技术对来源于国内外不同地区的41份三色堇种质资源遗传多样性分析表明，筛选的25对SRAP引物组合共扩增出675个条带，其中多态性条带659条，多态性比率97.63%，平均每对引物扩增出27个位点和26.36条多态性条带，16对引物组合的鉴别能力达到100%，占到引物组合总数的64%，说明SRAP在三色堇遗传多样性分析中有较好的适用性和较高的分析效力。基于SRAP标记的41份三色堇种质Nei's遗传多样性指数和Shannon信息指数均值分别为0.239 0、0.383 5，高于自花授粉植物烟草，与异花授粉植物玫瑰相近，表明所收集的三色堇遗传多样性较为丰富。基于Bayesian遗传结构分析和基于Nei's相似系数的UPGMA法聚类结果基本一致，两种分析方法均将41份种质划分为6个组群，并显示源于国内的种质与欧美等国的种质在组群的划分上明显分开，大花三色堇种质的组群归属与其地理来源存在相关性，说明源自欧美的种质与源自中国的种质遗传差异较大；源自美国泛美种子公司与源自我国酒泉金秋园艺有限公司的大花三色堇种质分属2个或以上组群，说明美国泛美种子公司与酒泉金秋园艺有限公司的三色堇种质遗传多样性较为丰富。按地理来源的种质群亲缘关系分析表明，中国种质群与荷兰种质群相距最近，与德国种质群最远，提示应加强对德国种质的引进。按花色划分的6个群体Shannon信息指数为0.190 9～0.357 4，其中黄色种质群和白色种质群的最高，黑色种质群最低，说明黄色和白色花群体的遗传多样性基础较广，而黑色花群体的遗传多样性较低。

（四）讨论

1. SRAP标记在三色堇种质资源遗传多样性分析中的优势　操作简便、重复性高、在基因组分布均匀、成本低是理想DNA标记的重要内容（方宣钧等，2001）。相关序列扩增多态性（SRAP）标记是揭示基因开放阅读框（ORF）的启动子与内含子区域存在的遗传多态性，SRAP具有AFLP相媲美的产率，但其操作更简便，无需酶切和接头连接等繁琐步骤，只需一步PCR就能完成，且易于发现目标性状基因标记（Li和Quiros，2001），便于基因的定位、克隆或标记辅助选择，自发布以来在作物亲缘关系分析等遗传研究中被广泛应用（任羽，2004；林忠旭等，2003；潘俊松等，2005；王涛等，2012；刘浩凯，2015）。本研究结果显示，25对SRAP引物组合共扩增出675个条带，其中多态性条带659条，多态性比率97.63%，平均每对引物扩增出27个位点和26.36条多态性条带，16对引物组合的鉴别能力达到100%，占到引物组合总数的64%，显示出较高的分析效率，略高于王涛等（2012）对43份三色堇和角堇的SRAP分析中21对引物组合共产生500条多态性条带，平均每个引物组合产生23.8条多态性条带的结果，这种差异可能与试验材料群体的遗传多样性不同有关。

2. 三色堇种质资源多样性与种质交流 从遗传多样性来看，大花三色堇种质的多样性指数高于自花授粉植物普通烟草（祁建民等，2012），接近异花授粉植物玫瑰（徐宗大等，2011），这与三色堇的异花授粉习性（George，2012）相一致。同为异花授粉植物，玫瑰栽培历史久，遗传改良和种质创新时间长；三色堇栽培时间相对短；但由于三色堇常用做一二年栽培，有性杂交造成的基因重组频繁，可能是其在遗传多样性上与玫瑰接近的主要原因，这也反映出近百年来三色堇的育种成就比较突出。

基于Bayesian的遗传结构分析和基于Nei's相似系数的聚类结果均表明，来源地相近的三色堇种质资源亲缘关系较近，这与杜晓华等（2010）基于表型的聚类结果和王健（2005）采用RAPD的研究结论一致，说明三色堇的种质交流存在一定的地域限制。源于欧美等国的种质亲缘关系较近，源于国内几个单位的种质亲缘关系也较近，说明我国需要进一步加强三色堇种质资源的引进和创新。中国种质群与德国种质群的亲缘关系较远，提示应要加强德国种质的引进。而王涛等（2012）对43份三色堇和角堇的SRAP分析结果只是将三色堇与角堇明确分开，这种差别可能与种质资源的来源广泛不同有关，我们选用的一些试验材料来源于三色堇与角堇的杂交种，弱化了种间差异，突出了来源地差异。

3. 三色堇花色遗传多样性 有关花色研究表明，花色素的形成是一个复杂的生化代谢过程，涉及许多不同基因编码的酶。此外，花色的呈现还受花瓣细胞的结构、细胞液pH等多种因素的影响（戴思兰，2010）。因此不同花色类型的遗传基础不同。本研究通过DNA标记对三色堇花色遗传多样性分析表明，三色堇黄色群体和白色群体的遗传多样性指数最高，而黑色群体的遗传多样性指数较低，说明三色堇黄色群体与白色群体的遗传基础广泛，黑色类型偏少，这可能与三色堇为早春开花的虫媒花植物，早春昆虫偏好黄色，白色在昆虫眼中为淡黄色，因此在授粉昆虫的选择压下，黄色和白色类型花占据了主导地位（Frey，2004）。

二、基于RSAP标记的大花三色堇与角堇资源的遗传多样性分析

摘要 本文采用限制性位点扩增多态性（RSAP）标记技术，基于Bayesian

法和 UPGMA 法对源于国内外不同地区的 41 份三色堇种质资源的亲缘关系和遗传结构进行了分析。研究结果表明，RSAP 标记系统在三色堇种质资源遗传多样性分析上均具有较好的适用性和较高的分析效力，26 对 RSAP 引物组合共扩增出 588 个条带，其中多态性条带 567 条，多态性比率达到 97.03%，平均每对引物组合扩增出 22.62 个条带和 21.81 条多态性条带。18 对引物组合鉴别能力达到 100%（比率为 69.2%）。基于 RSAP 标记分析获得的 Shannon 信息指数与 Nei's 遗传多样性指数 0.395 1 和 0.248 9 相近，表明 41 份三色堇种质资源具有丰富的遗传多样性。基于 Bayesian 分析的遗传结构和采用 UPGMA 法的聚类结果基本一致，将 41 份种质划分为 6 或 7 个组群，大多来源于相同或相近地域的种质聚在一起，表明三色堇的种质资源在地域上存在明显的遗传差异，种质的交流存在一定的地域限制。遗传结构和聚类分析结果均将源自美国泛美种子公司与源自我国酒泉金秋园艺有限公司的三色堇种质分属 2 个以上组群，表明美国泛美种子公司与酒泉金秋园艺有限公司的三色堇种质遗传多样性较为丰富。地理种质群亲缘关系分析均显示，中国种质群与荷兰种质群相距最近，与德国种质群最远，提示应注意加强对德国种质资源的引进。6 个花色种群的分析结果均显示，黑色种群遗传多样性最低，白色和黄色种群遗传多样性较高。

关键词　三色堇；RSAP；遗传多样性；遗传结构；亲缘关系

限制性位点扩增多态性（Restriction Site Amplification Polymorphism, RSAP）是基于基因组上广泛分布的限制性酶切位点多态性的 DNA 标记系统，具有操作简便、稳定、中等产率等特点（杜晓华等，2006）。该标记已在辣椒（杜晓华等，2007）、紫菜（乔利仙等，2007），红花檵木（李炎林等，2009）、大白菜（张明科等，2009）、龙须菜（王津果等，2014）、苎麻（邹自征等，2012）、重楼属（辛本华等，2011）、麦冬（徐护朝等，2014）等多种植物的遗传多样性分析中被广泛应用。但目前尚未见其在堇菜属植物上的应用报道。本研究随机选取了从国外育种公司和国内育种单位引进后纯化以及本单位选育的 41 份三色堇种质资源，采用 RSAP 标记技术对其进行遗传多样性分析和亲缘关系分析，旨在为三色堇种质资源的收集、分类与种质创新提供依据，并评价 RSAP 标记系统在三色堇遗传多样分析中的适用性及其效力。

（一）试验材料与方法

1. 试验材料　试验用植物材料见表 4-1。三色堇基因组 DNA 提取采用

SDS方法。

2. 引物 RSAP分析采用的引物采用杜晓华等（2007）发表的10条RSAP引物（表4-7）。引物合成由生工生物工程（上海）股份有限公司完成。引物用灭菌双蒸水稀释成10 pmol/μl工作液使用。

表4-7 41份大花三色堇遗传分析中10条RSAP引物

引物名称	引物序列（5′→3′）	限制性位点
R1	ATTACAACGAGTGGATCC	GGATCC
R2	CACAGCACCCACTTTAAA	TTTAAA
R3	GACTGCGTACATGAATTC	GAATTC
R4	TATCTGGTGAGGGATATC	GATATC
R5	TTGGGATATCGGAAGCTT	AAGCTT
R6	ATTTCAGCACCCACGATC	GATC
R7	ATAGTCCTGAGCGGTTAA	TTAA
R8	ATAACTGTGTACCTGCAG	TGCAG
R9	GTACATGCATTACTGCGA	TGCGA
R10	ATTGGACTGGTCTCTAGA	TCTAGA

3. 试验方法 RSAP分析方法参照杜晓华等（2006）的方法进行，10条RSAP引物两两组合，组成45对引物组合，对41份三色堇资源进行分析。PCR反应体系共25 μL，其中模板DNA为20 ng，dNTPs浓度0.2 mmol/L，Taq DNA聚合酶量为1.5 U，引物均为600 μmol/L。PCR扩增程序为：94 ℃预变性5 min；94 ℃变性1 min，35 ℃退火1 min，72 ℃延伸1 min，5个循环；94 ℃变性1 min，45 ℃退火1 min，72 ℃延伸1 min，35个循环；72 ℃延伸10 min，4 ℃保存。PCR扩增在Biometra Tgradient PCR仪上进行。扩增产物用6%变性聚丙烯酰胺凝胶电泳检测，先在60 W功率下预电泳30 min，加样后在75 W功率下电泳2.5～3 h。

（二）结果与分析

1. RSAP引物扩增多态性分析 选用4份三色堇材料，对45对RSAP引物组合进行筛选，从中筛选出26对扩增条带清晰、稳定、中等产率的引物组合，展开对41份三色堇材料的RSAP分析。结果表明（表4-8），每对引物组合可扩增出12～37条清晰条带，26对引物组合共扩增出588条条带；每对引物组合产生多态性条带12～34条，平均单引物组合产生21.81条多态性条带，

26对引物组合共产生多态性条带567条，多态性比率97.03%。18对引物组合的多态性条带百分率为100%，对41份三色堇资源的鉴别能力为100%，意味着使用其中任何一个单引物组合可区分供试的所有种质资源，占到引物组合总数的69%。其余引物组合的鉴别能力也在83%～98%之间，能区分大部分种质。RSAP引物有效等位位点数为1.18～1.63，平均为1.40，以R1-R9引物组合所得值最大。

表4-8　26对引物组合对41份三色堇扩增结果

引物组合	总条带数	多态性条带数	多态性比率（%）	有效等位基因数	可鉴别资源数	鉴别能力（%）
R1-R2	21	21	100	1.29	41	100
R2-R3	28	28	100	1.29	41	100
R1-R4	20	20	100	1.41	41	100
R1-R5	12	12	100	1.28	34	83
R1-R6	24	21	87.50	1.30	41	100
R1-R7	23	22	95.65	1.55	37	90
R1-R9	28	25	89.29	1.63	41	100
R1-R10	19	19	100	1.27	41	100
R2-R6	23	23	100	1.46	41	100
R2-R8	26	25	95.15	1.42	41	100
R2-R9	19	19	100	1.27	41	100
R2-R10	23	21	91.30	1.45	41	100
R3-R5	27	27	100	1.45	41	100
R3-R7	19	19	100	1.30	40	98
R3-R8	17	17	100	1.21	39	95
R3-R9	27	27	100	1.18	35	85
R3-R10	16	16	100	1.43	40	98
R4-R5	21	21	100	1.45	41	100
R4-R7	26	26	100	1.50	41	100
R4-R8	20	19	95	1.51	41	100
R5-R7	23	23	100	1.34	41	100
R5-R9	21	21	100	1.38	39	95
R5-R10	29	22	75.9	1.56	41	100

（续）

引物组合	总条带数	多态性条带数	多态性比率（%）	有效等位基因数	可鉴别资源数	鉴别能力（%）
R6-R7	22	22	100	1.42	41	100
R7-R9	37	34	91.9	1.57	41	100
R8-R9	17	17	100	1.51	41	100
平均	22.62	21.81	97.03	1.40	40.12	98
总计	588	567	—	36.41	—	—

2. 基于RSAP标记的三色堇种质资源遗传多样性、遗传结构和聚类分析

利用POPGENE version 1.32软件计算各位点Nei's遗传多样性指数和Shannon信息指数，结果显示，41份三色堇种质资源的平均Nei's遗传多样性指数为0.248 9；平均Shannon信息指数为0.395 1。高于自花授粉植物普通烟草遗传多样性指数0.157（祁建民等，2012），与异花授粉玫瑰的遗传多样性指数0.266 5和Shannon信息指数0.403 3（徐宗大等，2011）相近。

Bayesian分析结果表明，参试的41份三色堇种质最合理组群数为6。参照“Q值>0.6视为谱系相对单一”的标准（Evanno et al.，2005），37份种质资源（90%）可划分到相应的组群中（图4-5，表4-9），其中源自德国Dehner公司和美国泛美种子公司（除M-YC-1外，编号S5）的所有种质资源，及荷兰种子公司的3份种质资源（HCG-X-1，HAR2，HAR2-1，编号S14，S16，S19）和河南科技学院1份种质资源（YB，编号S41）归属组群Ⅰ（红色）；源自荷兰种子公司的其余5份种质资源（S13，S15，S17，S18，S20）归属组群Ⅱ（黄色）；源自上海园林所的所有种质资源、酒泉金秋园艺有限公司和河南科技学院的绝大多数种质资源归属组群Ⅲ（紫红色）；源自酒泉金秋园艺1份种质（229.07，编号S27）和河南科技学院2份种质资源（WH，WO，编号S38，S39）归属组群Ⅳ（绿色）；源自酒泉金秋园艺1份种质资源（G11-5-1，编号S22）归属组群Ⅴ（深蓝色）；源自美国泛美种子公司1份种质资源（M-YC-1，编号S5）归属组群Ⅵ（青色）。源自酒泉金秋园艺3份种质资源（G11-6-1，229.04，229.05，编号S23，S24，S25）和河南科技学院的1份种质资源（YL，S40）在任何组群中的Q值≤0.6，说明其谱系较为复杂。绝大多数种质可归属为3个组群，即德美种质群，荷兰种质群，中国种质群，显示出种质资源的组群归属与其地理来源存在较高的相关性。此外，源自酒泉金秋园艺有限公司和美国泛美种子公司的种质分属于不同的类群，说明其三色堇种质的遗传基础较广。

表 4-9　41 份三色堇种质资源的遗传结构

编号	名称	组群Ⅰ	组群Ⅱ	组群Ⅲ	组群Ⅳ	组群Ⅴ	组群Ⅵ
S1	SRAB	1.000	0.000	0.000	0.000	0.000	0.000
S2	SRFY	1.000	0.000	0.000	0.000	0.000	0.000
S3	XXL-YB-1	1.000	0.000	0.000	0.000	0.000	0.000
S4	XXL-YB	1.000	0.000	0.000	0.000	0.000	0.000
S5	M-YC-1	0.077	0.000	0.000	0.000	0.000	0.923
S6	M-YB-1	1.000	0.000	0.000	0.000	0.000	0.000
S7	M-YC	1.000	0.000	0.000	0.000	0.000	0.000
S8	M-BF	1.000	0.000	0.000	0.000	0.000	0.000
S9	M-W	1.000	0.000	0.000	0.000	0.000	0.000
S10	PXP-BT-D	1.000	0.000	0.000	0.000	0.000	0.000
S11	PXP-BT-L	1.000	0.000	0.000	0.000	0.000	0.000
S12	P-PS	1.000	0.000	0.000	0.000	0.000	0.000
S13	HCG-X-1	1.000	0.000	0.000	0.000	0.000	0.000
S14	HAR2	1.000	0.000	0.000	0.000	0.000	0.000
S15	HMB-X-1	0.395	0.605	0.000	0.000	0.000	0.000
S16	HAR2-1	0.668	0.332	0.000	0.000	0.000	0.000
S17	HMB	0.000	1.000	0.000	0.000	0.000	0.000
S18	08-NL-5	0.000	1.000	0.000	0.000	0.000	0.000
S19	HCG-1	0.236	0.764	0.000	0.000	0.000	0.000
S20	08H	0.000	1.000	0.000	0.000	0.000	0.000
S21	G1-X-1	0.001	0.000	0.999	0.000	0.000	0.000
S22	G11-5-1	0.000	0.000	0.000	0.000	1.000	0.000
S23	G11-6-1	0.000	0.000	0.499	0.000	0.500	0.000
S24	G10-B	0.011	0.000	0.889	0.000	0.100	0.000
S25	229.05	0.017	0.403	0.478	0.000	0.102	0.000
S26	229.04	0.580	0.259	0.161	0.000	0.000	0.000
S27	229.07	0.000	0.000	0.057	0.943	0.000	0.000
S28	229.14	0.000	0.000	1.000	0.000	0.000	0.000
S29	229.01	0.000	0.000	1.000	0.000	0.000	0.000

（续）

编号	名称	组群Ⅰ	组群Ⅱ	组群Ⅲ	组群Ⅳ	组群Ⅴ	组群Ⅵ
S30	229.1	0.000	0.000	1.000	0.000	0.000	0.000
S31	E-01	0.000	0.000	1.000	0.000	0.000	0.000
S32	EYO	0.000	0.000	1.000	0.000	0.000	0.000
S33	ER01	0.000	0.000	1.000	0.000	0.000	0.000
S34	EP1 紫	0.000	0.000	1.000	0.000	0.000	0.000
S35	EWO	0.000	0.000	1.000	0.000	0.000	0.000
S36	CW-1	0.000	0.000	1.000	0.000	0.000	0.000
S37	YP-1	0.000	0.000	1.000	0.000	0.000	0.000
S38	WH	0.000	0.000	0.158	0.842	0.000	0.000
S39	WO	0.000	0.000	0.195	0.804	0.000	0.000
S40	YL	0.000	0.000	0.409	0.591	0.000	0.000
S41	YP	1.000	0.000	0.000	0.000	0.000	0.000

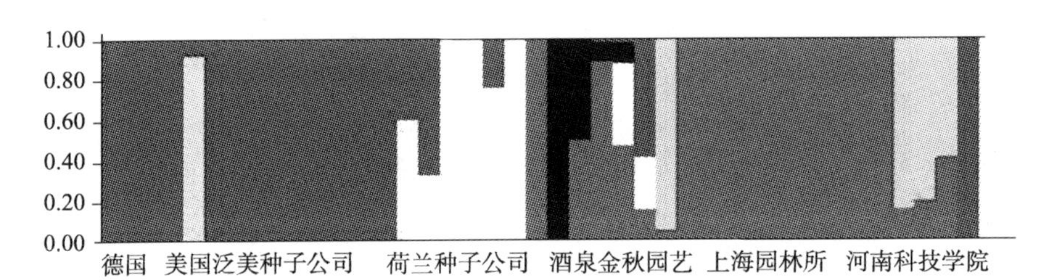

图 4-5　基于 RSAP 标记的 41 份三色堇种质资源的遗传结构

纵坐标 Q 值表示不同自交系归属不同组群的比例。红色、绿色、深蓝色、黄色、紫色、青色分别代表组群的趋向，各自交系在 6 种色条中最长色条的颜色决定了该自交系所属的组群。

基于 Nei's 相似系数的亲缘关系分析表明，41 份材料间的平均遗传相似系数为 0.522，其中来自德国 Dehner 的 SRFY（S2）与上海园林所的 ER01（S33）亲缘关系最远，遗传相似系数 0.318；上海园林所的 EWO（S35）与河南科技学院自选的 CW-1（S36）之间，酒泉金秋园艺的 229.14（S28）与 229.01（S29）之间的亲缘关系最近，遗传相似系数 0.688。

基于 UPGMA 法的聚类结果显示（图 4-6），在相似系数 0.518 处，41 份材料可聚为 7 类，其中美国泛美种子公司和荷兰种子公司的绝大多数种质资源聚为Ⅰ类；上海园林所、酒泉金秋园艺及河南科技学院几乎所有材料（除 YB

外，编号 S41）聚为Ⅱ类；德国 Dehner 的种质（SRAB 和 SRFY，编号为 S1、S2）聚为Ⅲ类；河南科技学院 YP（S41）单独为Ⅳ类，荷兰 Buzzy 公司的 HMB（S17）单独为Ⅴ类；美国泛美的 XXL-YB（S4）单独为Ⅵ类；美国泛美的 M-YC-1（S5）聚Ⅶ类。聚类结果显示，绝大多数来源地相同或相近的种质资源聚为一类，即美国与荷兰种质群、中国种质群、德国种质群，表明大花三色堇种质遗传基础与来源地相关性较高。源于美国泛美种子公司的种质分属于 3 个类群，说明其三色堇种质的遗传基础较广。基于 Nei's 相似系数的 UPGMA 法聚类结果与基于 Bayesian 分析结果的分组结果基本一致。

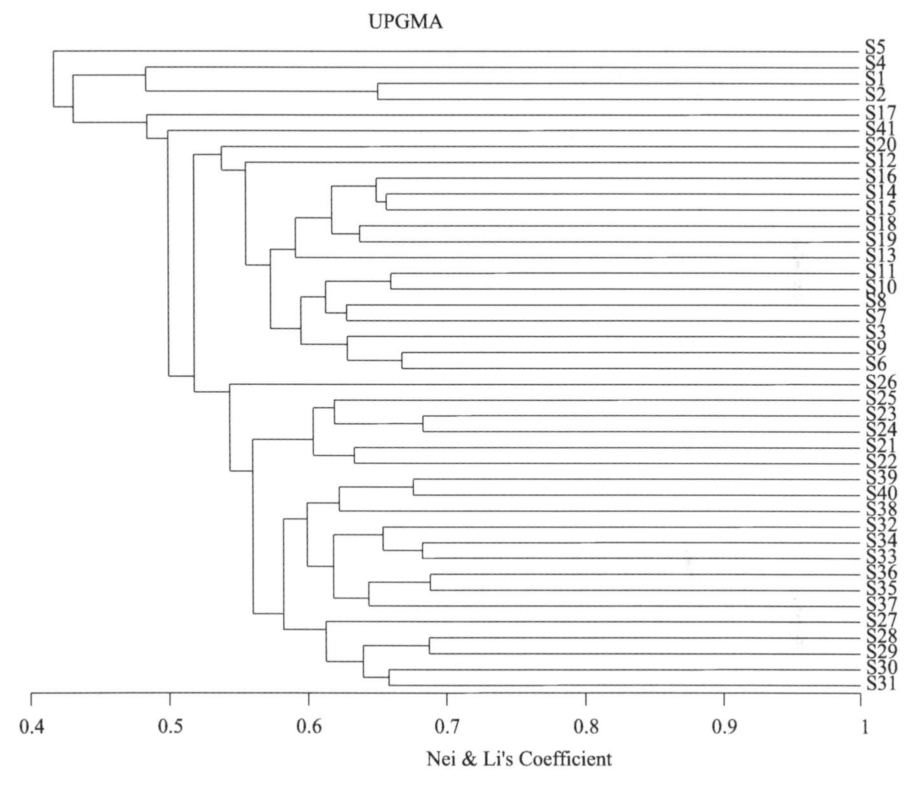

图 4-6　41 份大花三色堇的 RSAP 聚类图

3. 基于 RSAP 标记的不同地理来源三色堇种质资源遗传多样性与聚类分析　为进一步分析地理来源对三色堇种质遗传多样性影响，根据遗传结构分析结果和聚类结果，将 41 份材料按照地理来源划分为 4 个种质群：德国种质群、美国种质群、荷兰种质群和中国种质群。从 Shannon 信息指数看（表 4-10），从高到低依次为：中国种质群＞荷兰种质群＞美国种质群＞德国种质群。从各地理种质群 Nei's 遗传多样性指数看，中国种质群最大（0.238 5），其次为荷兰种质群（0.209 5），再次为美国种质群（0.196 5），德国种质群最小（0.057 8）。

4 个地理种群遗传相似系数范围为 0.854 4～0.963 6（表 4-10），其中荷兰与中国种质群之间的遗传相似系数最高，为 0.963 6，遗传距离最近；而德国和中国种质群的遗传相似系数最低，为 0.854 4，遗传距离最远。基于群体间的 Nei's 遗传相似系数，采用 MVSP 软件作出了地理群体间的三维坐标图（图 4-7），从图 3-3 可见，荷兰种质群与中国种质群相距最近，其次为美国种质群，德国种质群相距其他种质群较远。

表 4-10　三色堇 4 个地理种质群间的 Nei's 遗传相似系数（对角线上方）、**遗传距离**（对角线下方）**和 Shannon 信息指数**

群体	Ⅰ	Ⅱ	Ⅲ	Ⅳ	Shannon 信息指数
德国种质群（Ⅰ）		0.915 2	0.869 7	0.854 4	0.084 3
美国种质群（Ⅱ）	0.088 6		0.962 9	0.948 5	0.307 8
荷兰种质群（Ⅲ）	0.139 6	0.037 8		0.963 6	0.319 8
中国种质群（Ⅳ）	0.157 4	0.052 9	0.037 0		0.238 5

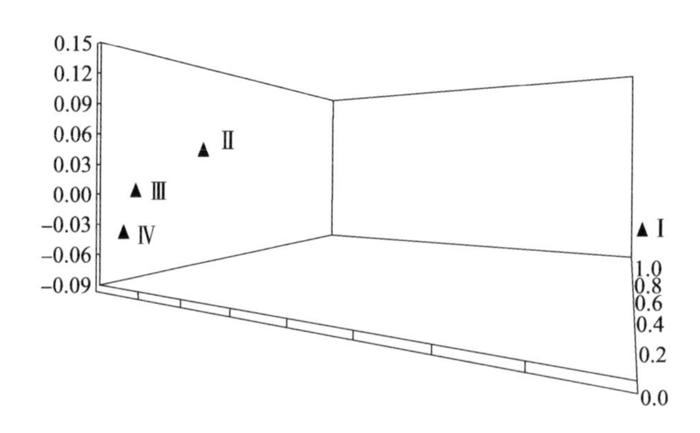

图 4-7　4 个大花三色堇地理种质群三维分布图

Ⅰ. 德国种质群　Ⅱ. 美国种质群　Ⅲ. 荷兰种质群

Ⅳ. 中国种质群。坐标值代表在不同主坐标上各地理群体间的遗传距离。

4. 基于 RSAP 标记的不同花色三色堇种质资源遗传多样性与聚类分析

为了解三色堇花色的种质资源遗传多样性，将 41 份材料按花色划分为 6 个花色群：黄色群、蓝色群、白色群、红色群（包括粉色）、紫色群和黑色群。经

Popgene version 1.32 软件计算得到三色堇 6 个花色群 Shannon 信息指数变化范围为 0.199 4～0.364 9（表 4-11），各花色群多样性指数由高到低依次为：白色群、紫色群、红色群、紫色群、蓝色群、黑色群。总体来看，白色群 Shannon 信息指数要高于其他花色群，说明白色群的遗传多样性较为丰富；而黑色群和蓝色群的 Shannon 信息指数相对偏低，遗传多样性较低。

6 个花色群的遗传相似系数为 0.883 6～0.992 4（表 4-11），其中白色群体与黄色群体，白色群体与紫色群体间的遗传相似系数在 99%以上；而蓝色群和黑色群的遗传相似系数最低，为 0.883 6。基于各花色群体间 Nei's 遗传相似系数聚类结果显示（图 4-8），在遗传相似系数 0.964 处，6 个花色群聚成 3 类，其中黑色群体单独为一类，黄色和蓝色群体聚为一类，红色、白色和紫色群体聚为一类。

表 4-11　三色堇 6 个花色群体间的 Nei's 遗传相似系数（对角线上方）、**遗传距离**（对角线下方）**和 Shannon 信息指数**

群体	蓝色	黄色	白色	红色	紫色	黑色	Shannon 信息指数
蓝色		0.978 6	0.956 6	0.956 5	0.936 1	0.883 6	0.216 7
黄色	0.021 6		0.981 3	0.977 3	0.966 2	0.911 7	0.350 3
白色	0.044 4	0.018 8		0.990 5	0.992 4	0.934 6	0.364 9
红色	0.044 5	0.022 9	0.009 6		0.976 0	0.938 5	0.353 1
紫色	0.066 0	0.034 4	0.007 7	0.024 3		0.929 7	0.355 8
黑色	0.123 8	0.092 5	0.067 6	0.063 5	0.072 9		0.199 4

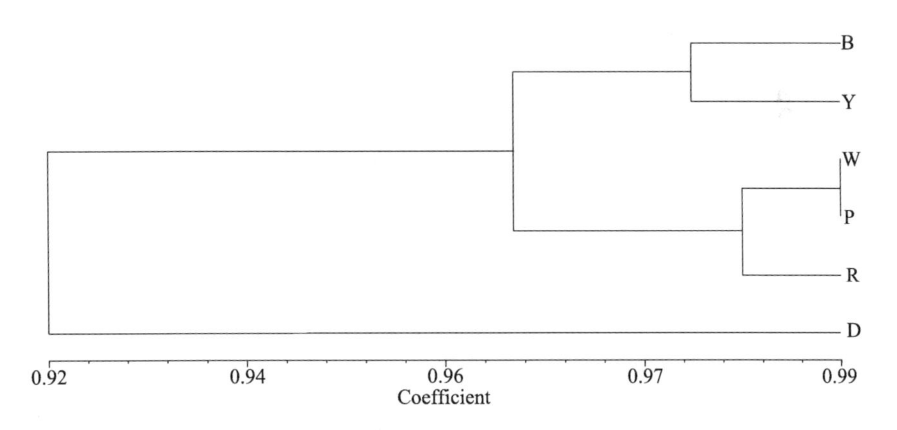

图 4-8　三色堇 6 个花色群的 RSAP 聚类图

B. 代表蓝色群　Y. 代表黄色群　W. 代表白色群　P. 代表紫色群　R. 代表红色群　D. 代表黑色群

（三）小结

RSAP 标记技术对来源于国内外不同地区的 41 份三色堇种质资源遗传多样性分析表明，筛选的 26 对 SRAP 引物组合共扩增出 588 条带，其中多态性条带 567 个，多态性比率为 97.03%，平均每对引物扩增出 22.62 个位点和 21.81 个多态性位点，18 对引物组合的鉴别能力达到 100%，占到引物组合总数的 69.23%，说明 RSAP 在三色堇遗传多样性分析中有较好的适用性和较高的分析效力。41 份三色堇种质 Nei's 遗传多样性指数和 Shannon 信息指数均值分别为 0.248 9、0.395 1，高于自花授粉植物烟草，与异花授粉植物玫瑰相近，表明三色堇遗传多样性较为丰富。基于 Bayesian 遗传结构分析和基于 Nei's 相似系数的 UPGMA 法聚类结果基本一致，均将 41 份种质资源划分为 6 个组群，来源于相同或相近地域的种质大多聚在一起，表明三色堇的种质交流存在地域限制。源自美国泛美种子公司与源自我国酒泉金秋园艺有限公司的三色堇种质分属 2 个或以上组群，说明美国泛美种子公司与酒泉金秋园艺有限公司的三色堇种质遗传多样性较为丰富。按地理来源划分的种质群亲缘关系分析显示，中国种质群与荷兰种质群相距最近，与德国种质群最远，提示应加强对德国种质的引进。按花色划分的 6 个群体 Shannon 信息指数为 0.199 4～0.364 9，其中白色种质群最高，黑色种质群最低，说明白色花遗传多样性基础较广，而黑色花遗传多样性较低。

（四）讨论

1. RSAP 标记在种质资源亲缘关系分析中的适用性　操作简便、重复性高、在基因组分布均匀、成本低是理想 DNA 标记的重要内容。以揭示基因组限制性位点多态性为目的的 RSAP 标记系统与 RFLP 和 AFLP 相比，操作更简便，只需一步 PCR 就能完成，但具有与 AFLP 和 SRAP 相媲美的产率（杜晓华，2007）。在大花三色堇上，本研究表明单次 RSAP-PCR 可扩增 12～37 条带，明显优于 RAPD 标记（Ko et al.，1998；王健和包满珠，2007），与 SRAP-PCR 扩增相近（任羽等，2004）。在扩增产物的多态性比率上 SRAP 和 RSAP 相近，RSAP 标记的 26 对引物组合中有 18 对鉴别能力达到 100%，比率达到 69.2%，与于 SRAP 标记的 25 对引物组合中 16 对鉴别能力达到 100%，64%的比率相近。两者均显示出较高的分析效力。由于 SRAP 仅检测基因开放阅读框区（ORF）多态性（Li 和 Quiros，2001），而 RSAP 检测的限制性位点在基因组分布更加广泛，因此 RSAP 对基因组变异的反映会更全面，在种质资源亲缘关系分析上具有一定优势，而 SRAP 标记的优势易于发现与目标性状关联的DNA标记，实现目标基因的定位、克隆或标记辅助选择（方宣钧等，2001)。从分析成本来看，SRAP和RSAP成本相近，本研究合成了11条SRAP引物，获得了659条多态性条带，单引物扩增59.9个多态性条带；合成10条RSAP引物获得了567条多态性条带，单引物扩增56.7个多态性条带。

2. 三色堇种质资源多样性与种质交流　从遗传多样性来看，三色堇种质的多样性指数高于自花授粉植物普通烟草（祁建民等，2012)，接近异花授粉植物玫瑰（徐宗大等，2012)，这与三色堇的异花授粉习性（George，2012）相一致。同为异花授粉植物，玫瑰栽培历史久，遗传改良和种质创新时间长；三色堇栽培时间相对短；但由于三色堇常用做一二年栽培，有性杂交造成的基因重组频繁，可能是其在遗传多样性上与玫瑰接近的主要原因这也反映出近百年来三色堇的育种成就比较突出。

基于Bayesian的遗传结构分析和基于Nei's相似系数的聚类结果均表明，来源地相同或相近的三色堇种质资源亲缘关系较近，这与杜晓华等（2010）基于表型的聚类结果和王健等（2005）采用RAPD的研究结论一致，说明大花三色堇的种质交流存在一定的地域限制。原因可能在于：当前大花三色堇育种主要集中在德国、美国和日本等几家种子公司，为了自身利益，延长品种使用寿命，各公司无形中限制了种质交流。来源于国内几个单位的种质亲缘关系较近，反映了国内资源在遗传多样性上仍存在一定的局限性，需要继续加强种质资源的引进和创新。中国种质群与德国种质群的亲缘关系较远，提示应要加强德国种质的引进。

3. 三色堇花色遗传多样性　有关花色研究表明，花色素的形成是一个复杂的生化代谢过程，涉及许多不同基因编码的酶。此外，花色的呈现还受花瓣细胞的结构、细胞液pH等多种因素的影响（戴思兰，2010)。因此不同花色类型的遗传基础不同。本研究通过DNA标记对三色堇花色遗传多样性分析表明，三色堇白色群体的遗传多样性指数最高，说明白色在三色堇中的遗传基础广泛，这可能与三色堇为早春开花的虫媒花植物，而早春的授粉媒介（昆虫）大都喜欢淡黄色，白色在昆虫眼中为淡黄色，因此白色类型花占据了主导地位(Frey，2004)。三色堇黑色群体的遗传多样性指数较低，说明黑色类型品种培育在大花三色堇品种选育中受到一定制约。

三、三色堇转录组SSR分析及其分子标记开发

摘要　为解决三色堇缺乏共显性DNA标记的问题，本研究利用RNA-sequencing 技术对三色堇叶片进行了转录组测序，采用 MISA 软件从测序获得的 167 576 条 unigene 共检测出 23 791 个 SSR 位点，SSR 出现频率为 14.20%，平均分布距离为 6.75 kb。SSR 位点中主导类型为三核苷酸重复，占总 SSR 的 28.31%；其次是二核苷酸重复，占总 SSR 的 12.86%。AG/CT 与 GAA/TTC 分别是二核苷酸与三核苷酸的优势重复基元，分别占总 SSR 重复类型的 4.01%和 1.85%。利用 Primer 3 共设计出 6 863 对 SSR 引物。随机选择 70 对特异引物进行 PCR 扩增，其中 49 对引物（70%）扩增出清晰、可重复条带，产生 309 个扩增子和 283 个多态性等位基因。来自大花三色堇的 80%标记可在堇菜属其他种成功扩增，显示出较高的种间迁移性。主成分分析清晰地将堇菜组 2 个种与美丽堇菜组的 3 个种分开，但未将三色堇原种和角堇与大花三色堇分开，证实了三色堇原种和角堇曾参与了大花三色堇的杂交育种过程，该结果也得到了分子方差分析的验证。本研究中开发 EST-SSR 可用于堇菜属植物的分子育种及进化分析。

关键词　大花三色堇；角堇；主坐标分析；EST-SSR

SSR 是存在于高等生物基因组的一些短的重复基序（1-6bp），其在基因编码区和非编码区均有分布（Liu et al.，2020；Manee et al.，2020）。由于 SSR 标记的多态性水平高、共显性遗传、适于高通量基因分型，该 DNA 标记技术已经被广泛应用于遗传多样性分析和连锁图谱构建（Röder et al.，1998；Liu et al.，2019）。早期 SSR 标记开发的实验方法需要构建基因文库，对包含假定的 SSR 克隆的分离和测序，并设计和验证侧翼引物，耗时费力（Schloss et al.，2002）。随着新一代测序技术（Next Generation Sequcing，NGS）不断发展，测序成本持续下降，通过转录组测序，可大规模获取存在于转录基因区的 SSR 信息，并进一步开发该物种的表达序列标签 SSR（Expressed Sequence Tag-SSR，EST-SSR）标记，且这些 SSR 多态性还可能与基因功能直接相关（Xiao et al.，2014；Nie et al.，2017），比基因组 SSR 具有较高的通用性及物种间的转化率，在比较基因组分析中可帮助直系同源的保守基因（Varshney et al.，2005）。目前 EST-SSR 开发已在洋葱（李满堂等，2015）、牡丹（Wu et al.，2014）、刺梨（鲁敏等，2017）、万寿菊（张华丽等，2018）、黄秋葵（李永平等，2018）、甘草（Liu et al.，2019）等多种植物上陆续开展。

三色堇是世界知名花坛花卉。然而，当前开发和应用的 DNA 标记十分有限。到目前为止，在三色堇及堇菜属植物上应用的DNA标记仅4种，分别是RAPD（Ko et al.，1998；王健和包满珠，2007；Vemmos，2015）、ISSR（Yockteng et al.，2003；Culley et al.，2007）、SRAP（王涛等，2012）和RSAP（李小梅等，2015）。这些均为显性标记，不能区分杂合与纯合显性基因型，揭示的遗传信息不够完整。缺乏共显性DNA标记。Clausen（1926）研究认为大花三色堇是美丽堇菜组的一个人工杂交种，源于欧洲一个野生三色堇与黄堇杂交，后来又与角堇杂交。还有一些报道认为，大花三色堇源于三色堇与黄堇杂交，然后与多年生的阿尔泰堇菜杂交。本研究中试图通过Illumina技术对三色堇叶片进行转录组测序（RNA-Seq），并根据SSRs的侧翼序列设计EST-SSR引物，开发三色堇EST-SSR。并在42份三色堇种质资源上对其有效性进行评价，以期为三色堇种质资源研究、功能基因定位及标记辅助育种奠定基础。

（一）试验材料与方法

1. 转录组数据来源 转录组数据来源于本课题组2017年三色堇DFM-16材料叶片进行Illumina高通量深度测序的结果。测序时选取6～8片真叶期的三色堇苗，2个重复，用TaKaRa公司RNA提取试剂盒提取RNA，反转录成cDNA后，送北京诺禾致源生物信息科技有限公司进行转录组测序，并通过Trinity方法（Grabherr et al.，2011）组装得到167 576条unigene，作为分析背景数据。

2. 三色堇材料及其DNA提取 用于适用性评价的42份材料为课题组选育的35份大花三色堇自交系（*V.*×*wittrockiana*）、2份三色堇原种自交系（*V. tricolor*）、3份角堇自交系（*V. cornuta*）和2份野生堇菜植物（*V. hancockii*和*V. prionantha*）（表4-12）。试材于2016年9月20日播种，2017年3月移栽大田，5月采集成株期幼叶，采用SDS法提取基因组DNA（王关林和方宏筠，2009）。

3. 转录组SSR位点鉴别及SSR引物设计 使用软件MISA对unigene进行SSR位点分析，单核苷酸、二核苷酸、三核苷酸、四核苷酸、五核苷酸和六核苷酸最少重复次数分别为10、6、5、5、5和5次。使用Primer 3设计SSR引物，引物长度在18～23 bp；退火温度（T_m）55～65 ℃，上、下游引物T_m相差<2 ℃；PCR产物大小80～300 bp；GC含量40%～60%；尽量避免出现发卡结构、引物二聚体和错配等。从中随机挑选30对SSR引物进行评价。引物由生工生物工程（上海）股份有限公司合成。

表 4-12　三色堇 SSR 多态性分析材料

编号	名称	材料类型	系谱来源	种属
1	DFM-11-1-1	自交系	早开花组合	大花三色堇
2	DFM-11-2-3	自交系	早开花组合	大花三色堇
3	DFM-11-2-4-1	自交系	早开花组合	大花三色堇
4	DFM-1-2-3-3	自交系	早开花组合	大花三色堇
5	DFM-16-1-2-6	自交系	早开花组合	大花三色堇
6	DFM-16-2-2	自交系	早开花组合	大花三色堇
7	DFM-8-3-1-2	自交系	早开花组合	大花三色堇
8	DSRAB-1-2	自交系	瑞士巨人阿尔卑斯湖	大花三色堇
9	DSRAB-1-2-4	自交系	瑞士巨人阿尔卑斯湖	大花三色堇
10	DSRAB-1-4-2	自交系	瑞士巨人阿尔卑斯湖	大花三色堇
11	DSRFY-1-1-2	自交系	瑞士巨人粒雪金	大花三色堇
12	G10-1-1-1-3-3	自交系	229.10	大花三色堇
13	G10-1-3-1	自交系	229.10	大花三色堇
14	G10-1-3-1-4-2	自交系	229.10	大花三色堇
16	G10-1-1-1-3-2	自交系	229.10	大花三色堇
15	G1-1-1-1-1-4	自交系	229.01	大花三色堇
17	HAR2-1-14-1-1	自交系	阿斯米尔巨人	大花三色堇
21	MMYB-1-2	自交系	超级宾格黄色带斑	大花三色堇
22	MYC-1-1-3-4	自交系	超级宾格黄色	大花三色堇
23	PXP-BT-4-1-1-1	自交系	潘诺拉蓝色	大花三色堇
24	PXP-BT-4-1-1	自交系	潘诺拉蓝色	大花三色堇
25	RCO-1-3-4	自交系	超凡橙色	大花三色堇
26	RRB-1-3	自交系	革命者蓝色信号灯	大花三色堇
27	RRB-2-7	自交系	革命者蓝色信号灯	大花三色堇
28	RRB-3-1	自交系	革命者蓝色信号灯	大花三色堇
29	XXL-G-1-1-2-3	自交系	超大花型	大花三色堇
30	XXL-G-1-1-3	自交系	超大花型	大花三色堇
31	XXL-G-1-1-7-4	自交系	超大花型	大花三色堇
32	EYO-1-2-1-4	自交系	黄色花	大花三色堇

（续）

编号	名称	材料类型	系谱来源	种属
33	EYO-1-2-1-5	自交系	黄色花	大花三色堇
34	EYO-1-1-4	自交系	黄色花	大花三色堇
35	EWO-2-1-1	自交系	白色花	大花三色堇
36	EWO-1-1-3	自交系	白色花	大花三色堇
37	MW-1-1-1-1	自交系	浅蓝色花	大花三色堇
38	EWO×MW	杂交种	EWO×MW	大花三色堇
18	JB-1-1-1	自交系	蓝色硬币	角堇
19	JB-1-1-6	自交系	蓝色硬币	角堇
20	JY-1-1-2	自交系	黄色硬币	角堇
39	E01	自交系	紫色花	三色堇
40	08H	自交系	Johnny Jump Up	三色堇
41	西山堇菜变种	自交系	西山堇菜	西山堇菜
42	早开堇菜	自交系	早开堇菜	早开堇菜

4. PCR 扩增与数据统计　10 μL PCR 扩增反应体系包括：2×Es *Taq* Master Mix（康为世纪生物科技有限公司）5 μL；上、下游引物（10 μmol/L）各 0.5 μL，模板 DNA（40 ng/μL）2 μL，超纯水 2 μL。

PCR 反应程序为：95℃预变性 5 min；然后 35 个循环，每循环 95 ℃变性 40 s，退火（退火温度因不同引物而异）30 s，72 ℃延伸 30 s；最后 72 ℃延伸 10 min，4 ℃保存。扩增产物用 6%非变性聚丙烯酰胺凝胶检测，90 V 电压下电泳 4 h，银染显色。

电泳图上清晰条带记为“1”，同位置无带或不易分辨的弱带记为“0”，建立原始数据矩阵。

5. 数据分析　采用 Popgene32（Quardokus，2000）计算基因数（Ne）、Shannon's 信息指数（I）、观测杂合性（H_O）、期望杂合性（H_E）、等位基因百分数（PPA）、遗传分化系数（F_{ST}）、基因流（N_m）、Nei's 遗传多样性（H）和不同群体间的遗传距离。采用 NTSYSpc 2.1（Jensen，1989）进行基于简单匹配相似系数的主坐标分析（PCoA）和非加权成组算数平均数法（UPGMA）聚类分析。用 GeneAlEx v6.501（Peakall & Smouse，2012，2006）进行组间和组内分子方差分析。

（二）结果与分析

1. 三色堇转录组中的 SSR 位点的数量与分布 通过对三色堇转录组 167 576条 unigene 序列搜索，共在 20 679 条 unigene 序列中发现符合条件的 23 791 个 SSR 位点，SSR 发生频率（含 SSR 的 unigene 数与总 unigene 数之比）为 12.34%，出现频率（检出的 SSR 个数与总 unigene 数之比）为 14.20%。其中 2 594 条 unigene 含有两个或两个以上 EST-SSR 位点，1 008 条 unigene 序列含有复合型 SSR 位点，平均 6.75 kb 出现 1 个 SSR。

三色堇的转录组 SSR 各种重复类型均有，但其出现频率存在较大差异（表 4-13），其中单核苷酸、二核苷酸和三核苷酸重复出现频率占优势，分别占总 SSR 的 57.36%、12.86%和 28.31%；四核苷酸、五核苷酸和六核苷酸重复类型数量很少，总计只占到总 SSR 的 1.47%。所有 SSR 中，10 次重复的 SSR 最多，占 28.92%；其次为 5 次重复的，占 20.62%；6 次重复的占 12.92%。

三色堇转录组 SSR 重复单元的重复次数分布在 5～39 次之间，其中 5～10 次重复的 SSR 位点有 16 713 个，占总数的 70.25%；11～20 次重复的有 6 624 个，占 27.84%；20 次重复以上的有 454 个，只占 1.91%。三色堇转录组 SSR 的长度从 10～60 bp 不等，分布在 10～15 bp 的约有 18 502 个，占整个 EST-SSR 的 77.77%；16～20 bp 的有 3 857 个，占 16.21%；21～25 bp 的有 1 408 个，占 5.92%；长度大于 25 bp 的有 24 个，占 1.01%。

表 4-13 三色堇 EST-SSR 的类型、数量及分布频率

重复类型	重复次数							总计	百分比（%）
	5	6	7	8	9	10	> 10		
单核苷酸						6 733	6 913	13 646	57.36
二核苷酸		1 598	621	326	207	146	161	3 059	12.86
三核苷酸	4 614	1 429	654	35	1		2	6 735	28.31
四核苷酸	226	43					1	270	1.13
五核苷酸	62		1		2		1	66	0.28
六核苷酸	6	4		4		1		15	0.06
总计	4 908	3 074	1 276	365	210	6 880	7 078	23 791	100
百分比%	20.63	12.92	5.36	1.54	0.88	28.92	29.75		

2. 转录组 SSR 基序重复类型和频率特征 单核苷酸重复会因均聚物的存在导致测序质量不高（Gilles et al.，2011），因此本试验中不予选用。从三色堇转录组 SSR 核苷酸基序的类型来看，其 23 791 个 SSR 位点包含 149 种重复

基序，二、三、四、五、六核苷酸重复各有 8、30、69、31 和 11 种；从 SSR 重复频率来看，二核苷酸主要分布在 6～11 次，三核苷酸主要分布在 5～7 次，四核苷酸主要分布在 5～6 次，五核苷酸和六核苷酸主要分布在 5 次。

从三色堇 SSR 基序的分布频率来看，三核苷酸重复基序最多，占总 SSR 的 28.32%；在三核苷酸重复基序中又以 GAA/TTC、ATC/GAT、TCA/TGA 和 CTC/GAG 最多，分别占三核苷酸 SSR 的 6.55%、6.34%、6.31%和 6.09%，占总 SSR 的 1.85%、1.80%、1.79%和 1.72%。其次是二核苷酸重复基序，占总 SSR 的 12.86%，其中以 AG/CT 和 GA/TC 为主，占二核苷酸 SSR 的 31.15%和 21.22%，占总 SSR 的 4.01%和 2.73%。四、五、六核苷酸重复基序出现频率均较低，分别占总 SSR 的 1.13%、0.28%和 0.06%（表 4-14）。

表 4-14　三色堇转录组中 SSR 基序的分布

重复类型	基序	重复次数	重复类型	基序	重复次数
单核苷酸		13 646		ATG/CAT	254
二核苷酸		3 059		CAA/TTG	287
	AC/GT	256		CAC/GTG	178
	AG/CT	953		CAG/CTG	325
	CA/TG	296		CCA/TGG	261
	GA/TC	649		CCG/CGG	78
	AT	443		CCT/AGG	292
	TA	449		CGA/TCG	20
	CG	8		CTA/TAG	57
	GC	5		CTC/GAG	410
三核苷酸		6 737		GAA/TTC	441
	AAC/GTT	166		GAC/GTC	48
	AAG/CTT	270		GCA/TGC	329
	AAT/ATT	202		GCC/GGC	60
	ACA/TGT	238		GCG/CGC	79
	ACC/GGT	222		GGA/TCC	334
	ACG/CGT	14		GTA/TAC	116
	ACT/AGT	128		TAA/TTA	169
	AGA/TCT	396		TCA/TGA	425
	AGC/GCT	402	四核苷酸		270
	ATA/TAT	107	五核苷酸		66
	ATC/GAT	427	六核苷酸		15

四核苷酸中以 AAAG/CTTT、AAAT/ATTT 最多，分别占四核苷酸 SSR 的 6.67%和 5.19%。五核苷酸中以 ATCTA、CCTCT 最多，各占五核苷酸 SSR 的 9.09%。六核苷酸中以 GGTATG 最多，占六核苷酸 SSR 的 20%。

3. 三色堇 EST-SSR 的标记开发 除去复合 SSR，对 9 228 条二核苷酸～六核苷酸重复的 SSR 位点进行引物设计，共获得 SSR 位点特异引物 6 863 对，占总 SSR 位点的 74.37%。为验证其引物的有效性，随机挑选了 70 对 SSR 引物，在 42 份试验材料的基因组 DNA 上进行 PCR 扩增。结果表明（表 4-15），70 对引物中有 49 对引物可在美丽堇菜组包括大花三色堇、三色堇原种和角堇上成功扩增，扩增率 70%。40 对 SSR 引物可在堇菜组的 2 个种上产生扩增子，36 对引物能在所有试验材料上获得扩增子。表明从大花三色堇上开发的绝多数 EST-SSR 可在美丽堇菜组和堇菜组的不同种间实现迁移。

49 个引物对在 42 份试验材料上共获得 309 个扩增子，平均每对引物扩增 6.3 个。扩增效率最高的引物对为 P66，产生了 18 个扩增条带（图 4-9），而 19 个 EST-SSR 引物对（占比 39%）仅获得一个扩增条带，30 个引物对（占比 61%）分别扩增到 2～5 个基因位点（表 4-16）。每个位点的等位基因数为 1～13 个，平均每个位点的等位基因数为 3.22 个。大约 61%的引物对扩增的 PCR 产物中至少有一个片段大于预期片段。例如，引物 P66 的期望扩增产物为 151 bp，但实际上扩增的片段中有一个超过 400 bp。

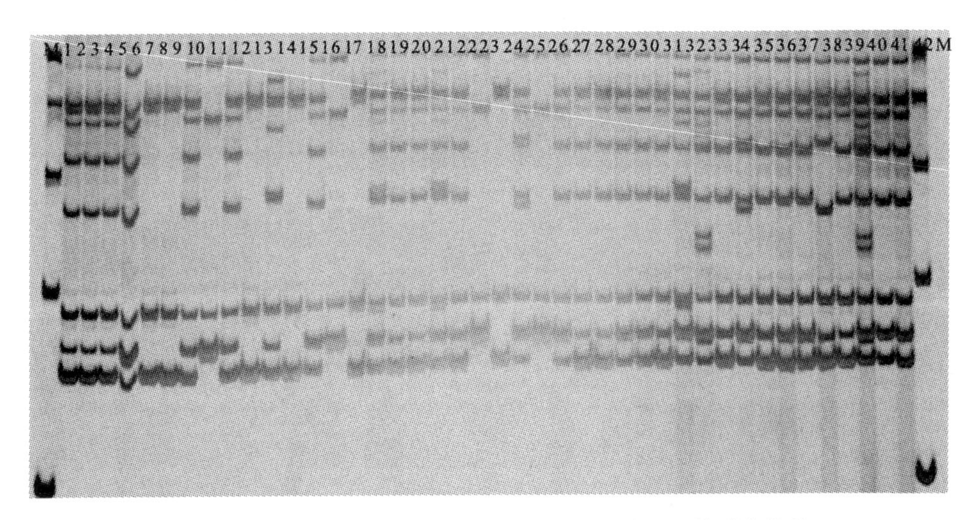

图 4-9 EST-SSR 引物对 P66 在 42 份三色堇资源上扩增产物的聚丙烯酰胺凝胶电泳图

表 4-15　49 对 EST-SSR 标记的特征

引物编号	上游引物序列（5′→3′）	下游引物序列（5′→3′）	退火温度（℃）	预期片段（bp）	扩增产物大小（bp）	基序	位点
P1	ACCTGAGCCTGATTCCAAGC	CCATCTCCGGTCACTGTTCC	60	203	260-480	$(CTG)_5$	2
P2	AGGTCTGCGAGGAGGAAGAT	TGTATCCCATTGACCGCCAG	60	168	160-200	$(GCG)_5$	2
P3	GCCTTGTCCTCAGCAAAACG	TGCAAGAGCTTTTCGTCAGC	60	219	210-500	$(TCG)_5$	3
P5	CCCAAACCTTAACCCGAGCT	GATACGGTTGGAGTGGACGG	60	224	165-300	$(CAC)_5$	3
P9	CCCCCGCAATTTTGGTGAAG	CTGGGCATGGTTGATCAGGT	60	108	100-200	$(TGA)_6$	2
P11	TCCTCAACCTCCTGCTCAGA	CCACTACCCAACAAACCCCA	60	238	160-170	$(TC)_6$	1
P12	GAGGGCTCGTTTCAAATGGC	GCAAATGGGTCGTCGTCAAC	60	185	180-410	$(CAG)_5$	5
P16	CGCAGTCTCCGTCGATTACA	TGTCTCCGGCTAAAACCACC	60	170	160-340	$(CCG)_5$	4
P17	TCTCTCCCTCACTTCTCCGT	GCTTGGCTCTGACGTAAGGT	60	175	165-280	$(GCA)_5$	1
P18	TTTCCACCTCCAAACCTCGG	TGTTTGATGCTGCAGGGGTA	60	289	250-360	$(CCA)_5$	2
P20	GAGCTGGAGATCCCGTTAGC	CCTCTGCTTCTGCTAACCCC	59	278	290-340	$(GCT)_5$	2
P21	AAGGTGGCTCAGTGCATCTC	GCAGTGAAGGAAACACACGC	60	229	190-300	$(CTC)_5$	3
P23	TGCCACCTGATTCCATTGCA	TGTGGCTGTTTGTTGTGCTG	60	203	200-300	$(AGG)_5$	3
P24	GGTAGGAGACGCTGGGAAAC	GCCGCGTTACCATAGCTAGT	60	288	220-420	$(AGC)_5$	3
P25	GGGAAGAGTGAACGAGGTGG	GGCATCTTGTTGCTGCTTCC	60	271	150-185	$(TAC)_6$	1
P26	CCGCCTACTCCACTGAACTC	ACATGGAAGAGGAGCAAGCA	59	265	100-150	$(TCA)_5$	2
P27	GCTTATGTGCAGTGTATGGCG	ACCTCTTTCTGCACACCACC	60	137	110-150	$(GCT)_8$	2
P30	ACCGCAAACCAAGCAAACAA	TGAGGATGAAGGGGATGGGA	60	169	110-220	$(CAT)_6$	2
P32	GAAACTATCCACCACCGCCA	TCGGGAATACGGTGGTTGTG	60	167	167-210	$(CCA)_5$	2
P33	ACCTCCCCCTCTTCCTCATC	TTTCAGCCGATCGACGTAGG	60	253	200-270	$(CCG)_5$	1
P34	GGACCTGCTGCCTCATCAAG	CCAGGTCACAATTCCAACTGC	60	111	300-340	$(AAG)_5$	2
P35	CCATTCGCTACAGCTTTGGC	CGGAGGAGGTTGTTTTGGGT	60	223	170-190	$(CCA)_5$	1
P36	CTCACTGAGTGGCTCATCCC	GAGGGGACATTGAGGCTGAC	60	128	128	$(TCT)_5$	1
P38	CGAAGAGCTTGAAGGCCCAA	TGATGCTGCCGAAACTAACG	59	239	170-240	$(CAA)_5$	2
P39	CCCCTCCCACCTTTCCTTTC	CAGGCTGTTTGGTTGCTGAC	60	141	150-230	$(GGC)_5$	2
P40	AGGCTCCTAGGGTCAAACCT	CGTCGCAAACAGTGAACACA	60	250	350-570	$(GTG)_5$	1
P41	AGAACAGCAGCCCCTTTTGG	GGCCAGCCCCATTTTCATTG	60	196	190-210	$(TGA)_5$	1
P42	TGGCACTCTTCCTCGTTGTC	TGTCGTAGAGGCTGCCTACT	60	138	120-190	$(CTC)_5$	1
P43	TTCAAAGCCATCCACCTCCC	AGCAGTGGAGAGGGGATCAT	60	255	200-240	$(CT)_6$	1

（续）

引物编号	上游引物序列（5′→3′）	下游引物序列（5′→3′）	退火温度（℃）	预期片段（bp）	扩增产物大小（bp）	基序	位点
P44	AGCCAAGCCTCTCTCTCGTA	AGCAGTGGAGAGGGGATCAT	60	194	200-210	$(AGC)_5$	1
P45	CCTGGTGCGGAATTGTTGTG	GGGAGCTGGGTTTGTTGAGT	60	265	200-350	$(CAC)_5$	2
P46	AGGGTTGAGCCTCAGTCTCT	ACGCAATGAAACATGCCCTG	60	224	200-520	$(AGG)_5$	3
P47	GGCGATCGAGAAATGAGGCT	CGCTACCCATCATCTGTCTCC	60	286	260-370	$(TGC)_5$	3
P48	ACGGTGGTGGTTTATGGTGG	CTCTGGTGGTTCGAGTGGTC	60	273	200-500	$(TTC)_6$	2
P49	GTGGCAAAGCTGGGAACAAG	TGCTACTACCCGTTTTGCTCT	59	149	180-240	$(CAG)_5$	1
P50	TGTCAACGGAGCAAAATGGTC	GCCTGTGGAAAAAGCAAGCA	59	196	190-255	$(ACT)_6$	1
P51	GATCCCACAGCGTTTACCCA	GCCGCGTTACCATAGCTAGT	60	224	200-360	$(AGC)_5$	4
P52	ATTGCTACAGTCGCCATCCC	GAGCGGACCGGATGTGTTTA	60	196	180-190	$(TC)_6$	1
P53	AGGCTTCCTCTTCGGTCTCT	GTCTGGATCCCGACGAATCC	60	171	170-230	$(CTC)_5$	1
P57	TGTGACGACTGAAAAGGCCA	GCACAAACAACATAAGGGCGA	60	267	420-460	$(GAA)_5$	1
P58	TTAGGACGAGCATGCACAGG	CGCAGTTCGTTTCACCGATG	60	279	220-450	$(ATC)_5$	2
P61	TCAGCTCAGCGAGAAACACA	AGGAAAGACACCACCACCAC	60	234	235-340	$(CTG)_5$	1
P62	TCACCGACCAGCAAACATCA	GGGGTTTTGTGGAAAGGTGC	60	198	190-200	$(CTT)_5$	1
P63	ATGGGGAAATGGCCTCACAA	TCCCAAATGGCATCGGAACT	60	247	250-305	$(AC)_9$	2
P65	GGCCGTATGTCTTCCACACA	CAGGGGTGGGCAAAGATCAT	60	244	230-310	$(ATC)_5$	2
P66	CCTTCCGCTTACTCACTCCG	TGTACGGATGCGAATCGAGG	60	151	150-460	$(AAG)_5$	3
P67	TACCCAGAAAACTCCACCGC	ATCCGCCCAGTTTGTAGTGG	60	280	280	$(AGA)_5$	1
P68	AAACCCCAAAAACCGCATGG	AAATCCCCTCCCTCTCCTCC	60	144	144-280	$(GT)_6$	4
P70	TTTGTCGACGCCATCATCCA	GGGCGTATGCAGGACATGAT	60	276	276-610	$(TGA)_5$	2
合计							96

表 4-16　三色堇资源基因位点的遗传多样性

位点	N	N_e	I	H_e	H_O	F_{ST}	N_m	H
V1185	1	1.707	0.605	0.414	0.419	0.100	4.482	0.418
V1200	1	1.049	0.114	0.047	0.048	0.022	22.328	0.047
V2300	2	1.445	0.483	0.306	0.310	0.321	1.683	0.282
V2330	3	1.505	0.466	0.302	0.305	0.566	0.417	0.316
V3180	2	1.849	0.650	0.458	0.464	0.767	0.152	0.437

（续）

位点	N	N_e	I	H_e	H_O	F_{ST}	N_m	H
V3220	4	1.655	0.573	0.387	0.392	0.417	1.125	0.389
V5170	4	1.320	0.318	0.195	0.198	0.433	6.338	0.201
V5230	4	1.485	0.473	0.307	0.311	0.238	3.999	0.312
V5270	3	1.194	0.289	0.157	0.159	0.083	6.877	0.159
V9190	2	1.062	0.135	0.059	0.059	0.114	12.133	0.060
V9220	2	1.337	0.384	0.234	0.237	0.554	1.304	0.256
V1123	2	1.986	0.690	0.497	0.503	0.192	5.600	0.493
V1218	2	1.354	0.410	0.250	0.253	0.541	2.824	0.126
V1222	4	1.359	0.426	0.259	0.263	0.259	2.640	0.269
V1226	3	1.611	0.534	0.358	0.362	0.377	1.245	0.368
V1231	4	1.707	0.598	0.409	0.414	0.289	5.252	0.416
V1241	2	1.725	0.609	0.418	0.424	0.550	0.410	0.443
V1617	4	1.230	0.271	0.162	0.164	0.530	0.874	0.053
V1621	4	1.548	0.464	0.310	0.314	0.499	5.802	0.321
V1627	4	1.492	0.448	0.293	0.296	0.400	1.865	0.283
V1632	4	1.449	0.468	0.297	0.301	0.238	3.229	0.304
V1727	2	1.698	0.581	0.396	0.401	0.612	0.420	0.403
V1732	4	1.349	0.364	0.227	0.230	0.123	19.811	0.231
V1736	3	1.392	0.453	0.280	0.284	0.310	2.929	0.305
V1827	3	1.451	0.394	0.259	0.263	0.153	16.675	0.254
V1835	4	1.226	0.297	0.170	0.172	0.663	2.148	0.200
V2032	3	1.439	0.409	0.269	0.273	0.497	1.161	0.285
V2120	4	1.250	0.327	0.188	0.190	0.492	2.924	0.137
V2128	3	1.628	0.523	0.353	0.357	0.546	0.571	0.362
V2133	3	1.552	0.513	0.336	0.340	0.488	1.272	0.350
V2135	4	1.192	0.245	0.142	0.143	0.505	0.885	0.158
V2324	3	1.551	0.504	0.330	0.334	0.436	1.166	0.343
V2330	2	1.801	0.628	0.438	0.443	0.792	0.133	0.456
V2426	2	1.239	0.335	0.190	0.192	0.081	5.798	0.191
V2431	4	1.726	0.596	0.409	0.414	0.468	1.262	0.419

（续）

位点	N	N_e	I	H_e	H_O	F_{ST}	N_m	H
V2438	5	1.482	0.483	0.310	0.314	0.374	1.855	0.311
V2545	3	1.331	0.414	0.248	0.251	0.402	2.195	0.269
V2621	3	1.928	0.673	0.480	0.486	0.464	0.627	0.484
V2624	4	1.478	0.391	0.261	0.264	0.298	11.395	0.256
V2712	3	1.662	0.550	0.373	0.377	0.499	1.313	0.381
V2714	3	1.373	0.322	0.206	0.209	0.199	12.432	0.204
V3012	2	1.724	0.595	0.408	0.413	0.482	0.928	0.404
V3018	6	1.492	0.492	0.319	0.323	0.509	1.963	0.290
V3227	3	1.568	0.538	0.355	0.359	0.238	2.020	0.355
V3240	5	1.379	0.377	0.238	0.240	0.237	8.068	0.247
V3321	6	1.496	0.443	0.290	0.294	0.372	666.560	0.293
V3417	2	1.655	0.581	0.393	0.398	0.645	0.610	0.255
V3419	3	1.900	0.666	0.473	0.479	0.663	0.278	0.483
V3518	3	1.580	0.546	0.362	0.367	2.477	−0.250	0.360
V3822	2	1.600	0.509	0.339	0.343	0.256	2.676	0.334
V3830	4	1.726	0.603	0.414	0.419	0.343	2.381	0.408
V3845	3	1.819	0.632	0.442	0.447	0.222	2.668	0.444
V3911	3	1.706	0.594	0.406	0.411	0.666	0.384	0.327
V3919	3	1.389	0.375	0.236	0.239	0.223	6.521	0.228
V4050	3	1.339	0.372	0.227	0.230	0.571	2.175	0.231
V4120	3	1.761	0.596	0.412	0.419	−0.018	1333.196	0.405
V4219	2	1.995	0.692	0.499	0.506	0.732	0.183	0.490
V4324	2	1.494	0.377	0.258	0.261	0.381	1.031	0.253
V4421	1	1.084	0.169	0.077	0.078	1.244	−0.098	0.078
V4520	2	1.925	0.673	0.480	0.486	0.570	0.457	0.489
V4531	3	1.431	0.403	0.257	0.260	0.360	2.374	0.248
V4624	4	1.843	0.635	0.446	0.451	0.338	1.229	0.449
V4645	4	1.665	0.529	0.363	0.367	0.424	3.958	0.371
V4722	8	1.412	0.438	0.275	0.278	0.289	3.999	0.242
V4822	2	1.940	0.677	0.484	0.491	0.507	0.731	0.493

（续）

位点	N	N_e	I	H_e	H_O	F_{ST}	N_m	H
V4850	1	2.000	0.693	0.500	0.507	0.206	1.932	0.500
V4918	1	1.888	0.663	0.470	0.477	2.732	−0.317	0.462
V5025	2	1.466	0.498	0.318	0.322	−1.552	2 000.000	0.323
V5120	2	1.626	0.561	0.376	0.381	0.394	0.955	0.385
V5124	2	1.490	0.510	0.328	0.332	0.342	1.308	0.305
V5128	4	1.447	0.439	0.283	0.286	0.264	2.317	0.274
V5322	5	1.748	0.594	0.409	0.414	0.327	2.228	0.407
V5727	5	1.350	0.355	0.222	0.225	0.431	5.670	0.216
V5825	4	1.523	0.506	0.329	0.333	−0.199	999.869	0.330
V5835	4	1.696	0.568	0.388	0.393	2.984	1 499.882	0.392
V6129	5	1.421	0.357	0.232	0.235	0.318	9.420	0.238
V6219	1	1.159	0.264	0.137	0.139	0.111	4.019	0.141
V6326	3	1.732	0.611	0.421	0.426	0.293	1.694	0.429
V6329	2	1.409	0.466	0.290	0.294	0.481	1.526	0.306
V6530	3	1.316	0.336	0.204	0.207	0.278	1.604	0.198
V6616	3	1.568	0.453	0.311	0.315	0.222	15.931	0.299
V6618	1	1.049	0.114	0.047	0.048	0.022	22.328	0.047
V6634	13	1.400	0.353	0.227	0.230	0.252	3.595	0.224
V6816	2	1.478	0.438	0.284	0.287	0.312	1.441	0.275
V6821	2	1.284	0.319	0.194	0.196	0.106	12.225	0.183
V6827	6	1.485	0.404	0.268	0.271	0.264	8.098	0.263
V7035	3	1.145	0.229	0.121	0.123	0.226	16.793	0.134
V7060	4	1.584	0.511	0.343	0.347	0.314	3.341	0.337
Total	283	1.523	0.468	0.308	0.312	0.440	0.637	0.304

注：N=位点多态性等位基因数；N_e=有效等位基因数；I=Shannon's 信息指数；H_O=观测杂合性；H_E=预期杂合性；F_{ST}=遗传分化系数；N_m=基因流；H=遗传多样性。

4. EST-SSR 的多态性　对 49 对 EST-SSR 引物的扩增多态性结果表明，46 对引物在 42 份三色堇资源上扩增到多态性条带，共获得 283 个多态性等位基因，平均每对引物扩增的多态性等位基因为 6.15 个。46 对引物在美丽堇菜组获得 269 个多态性等位基因，其中在大花三色堇上获得多态性等位基因 266 个、角堇上 84 个、三色堇上 50 个。在堇菜组上获得的多态性等位基因数为

44。引物 P66 产生的多态性等位基因最多，达 17 个。但是 3 个引物对（P36、P52 和 P67）没有产生任何多态性等位基因。

该 283 个多态性等位基因涉及 88 个基因位点。这些位点的多态性水平（*I*）范围为 0.114（位点 V661 8）—0.693（位点 V485 0），平均为 0.468。观测杂合性（*Ho*）范围为 0.048（位点 V661 8）～0.507（位点 V485 0）平均为 0.312。期望杂合性（*He*）范围为 0.047（位点 V661 8）～0.500（位点 V485 0），平均为 0.308（表 4-16）。群体的遗传多样性（*H*）范围从最小的三色堇（0.073）到最大的大花三色堇（0.415）（表 4-17）。

表 4-17　三色堇资源组间与种间遗传多样性

组	种	N_L	*N*	*PPA*（%）	*Na*	*Ne*	*I*	*H*
美丽堇菜组		40	269	94.70	1.922	1.495	0.444	0.296
	大花三色堇	35	266	93.99	1.940	1.496	0.444	0.293
	角堇	3	97	34.28	1.343	1.232	0.197	0.133
	三色堇	2	50	17.67	1.177	1.125	0.107	0.073
堇菜组		2	48	16.96	1.186	1.132	0.1125	0.077
合计		42	283	100.00	2.000	1.506	0.456	0.300

N_L=材料数，*N*=多态性等位基因数，*PPA*=多态性等位基因百分率，*Na*=观测等位基因数，*Ne*=有效等位基因数，*I*=Shannon's 信息指数，*H*=Nei's 遗传多样性。

5. 三色堇种质资源不同群体间遗传关系　基于 46 个 EST-SSR 标记检测到的 283 个多态性等位基因，计算了美丽堇菜组和堇菜组间的遗传距离，以及各组内不同种间的遗传距离（表 4-18）。结果表明，美丽堇菜组和堇菜组间的遗传距离大于美丽堇菜组内各种间遗传距离。主坐标分析结果表明，第 1 和第 2 坐标轴分别代表了总体变异的 8.84% 和 7.08%，累计代表了总体变异的 15.91%。主坐标图（图 4-10）清晰地将堇菜组的 2 份材料与美丽堇菜组的其他材料分开，而美丽堇菜组内的大花三色堇与三色堇、角堇间没有明显的区别。分子方差分析显示，美丽堇菜组与堇菜组间的遗传方差（35%）要远远大于美丽堇菜组内各种间的遗传变异（10%）（表 4-19）。

表 4-18　三色堇种质资源组间与种间的遗传距离

群体	大花三色堇	角堇	三色堇	堇菜组
大花三色堇		0.917 2	0.835 7	0.775 5
角堇	0.086 5		0.802 3	0.738 1

（续）

群体	大花三色堇	角堇	三色堇	堇菜组
三色堇	0.179 5	0.220 2		0.662 2
堇菜组	0.254 2	0.303 7	0.412 2	

注：上三角为Nei's遗传相似系数，下三角为遗传距离。

表 4-19　三色堇种质资源组间、组内与种间和种内的分子方差

来源	自由度	平方和	方差	变异率	显著水平（P<0.01）
1. 总体	41	2 029.143	72.171	100%	
组间	1	142.418	25.003	35%	0.005**
组内	40	1 886.725	47.168	65%	
2. 美丽堇菜组	39				
种间	2	140.001	5.258	10%	0.002**
种内	37	1 709.724	46.209	90%	

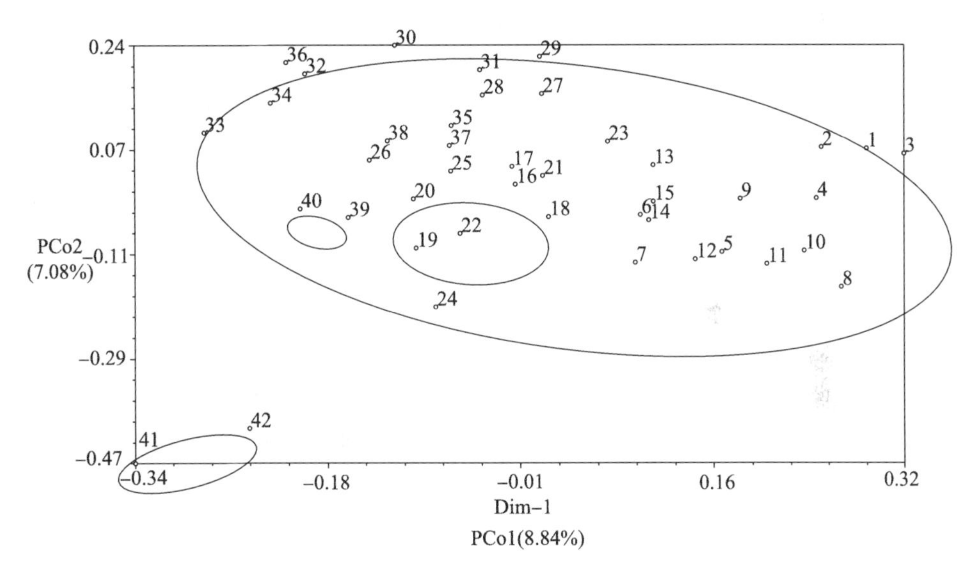

图 4-10　基于Nei's遗传距离矩阵的42份试材主坐标分析（PCoA）

（三）讨论

三色堇经种间杂交和多倍化培育，属于基因组较大的非模式植物（张其生等，2010；Omka et al，2011），其共显性标记开发较为滞后。本研究中以热胁迫下的三色堇 DFM-16 叶片转录组数据为基础，利用 Trinity 软件拼接组装成 167 576 条 unigene，从中检测出 23 791 个 SSR 位点，出现频率为 14.20%。因 SSR 出现频率受到 SSR 搜索阈值影响，尤其是单核苷酸重复数量多，是否统计会明显影响结果。为便于与其他物种相比较，这里将以往研究分为两组，一组为统计单核苷酸重复，另一组未统计。统计单核苷酸重复时，三色堇 SSR 出现频率 14.20%，高于洋葱（5.57%，李满堂等，2015）、楠木（9.90%，时小东等，2016）、油棕（11.26%，Xiao et al.，2014），接近芒草（14.44%，Nie et al，2017），但低于茄子（18.32%，魏明明，2016）。不统计单核苷酸重复时，三色堇的 SSR 分布频率为 6.05%，高于玉米（1.5%）、大麦（3.4%）、水稻（4.7%，Kantety et al.，2002）、黄瓜（4.03%，Guo et al.，2010）、南方红豆杉（2.24%，李炎林等，2014）、红松（4.24%，张振等，2015），与花生（6.63%，Zhang et al.，2012）、辣椒（7.83%，刘峰等，2012）、木豆（7.6%，Dutta et al.，2011）相近，但低于刺梨（20.37%，鄢秀芹等，2015）、橡树（27.61%，An et al.，2016）和早实枳（26.88%，龙荡，2014）。如果忽略 EST 数据量及来源等对以上差异的影响（鄢秀芹等，2015），这种差异可能反映了物种间真实的 SSR 信息差异，表明三色堇转录组 SSR 较为丰富，是遗传作图的理想标记之一。

本书研究中发现三色堇 SSR 类型以三核苷酸（28.31%）和二核苷酸（12.86%）为主，三核苷酸出现频率是二核苷酸（12.86%）2 倍以上，这与前人对其他植物的研究（Kota et al.，2001；Kantety et al.，2002；孙清明等，2011；李满堂等，2015；张振等，2015；Nie et al.，2017）结果相符，这可能是因为密码子是以三核苷酸为 1 个功能单位的，其位移对表达基因的阅读框造成的影响较小，因此在 EST 序列中出现最多的类型是三核苷酸重复 SSR（张振等，2015）。而花生（Zhang et al.，2012）、早实枳（龙荡，2014）、荔枝（孙清明等，2011）等出现最多的是二核苷酸重复 SSR，这差异可能与植物自身 EST-SSR 特点、数量以及 EST 数据来源等密切相关。三色堇中三核苷酸重复基序中以 GAA/TTC、ATC/GAT、TCA/TGA 和 CTC/GAG 最多，这与辣椒（AAC/GTT）（刘峰等，2012）、水稻（AGG/TCC）（Kantety et al.，2002）、洋葱（AAG/CTT）（李满堂等，2015）和花生（AAG/CTT）（Zhang et al.，2012）等不同。在二核苷酸重复基元中频率最高的是 AG/CT，这与大麦、小麦、玉米、高粱、水稻（Kantety et al.，2002）、茄子（魏明明，2016）、花生（Zhang et al.，2012）、芒草（Nie et al.，2017）、刺梨（鄢秀芹等，2015）、南方红豆杉（李炎林等，2014）、早实枳（龙荡，2014）等多种植物中的研究结果一致。

EST-SSR 标记具有共显性、信息量大、位点特异、适合高通量基因分型，且与目标性状基因关联，具有很高的种间迁移性，是当前最流行的 DNA 标记之一。随着新一代测序技术的发展，通过 RNA 测序大规模获取高通量信息，开发 EST-SSR 已经成为一种高效的手段。通过高通量测序，我们获得了 6 863 个三色堇特异 EST-SSR 引物对。初步对其中的 70 对引物筛选结果表明，70%的 EST-SSR 引物获得了成功扩增，60%产生了多态性等位基因（表 4-15，表 4-16），高于月季（Yan et al.，2015）和洋葱（李满堂等，2015）、刺梨（鄢秀芹等，2015）、南方红豆杉（李炎林等，2014），与芒草相近（Nie et al.，2017），但低于茄子（魏明明，2016）和万寿菊（Zhang et al.，2018）。一些引物不能成功扩增的原因可能是引物序列经过内含子而被打断，未能与基因组序列结合；或者是 PCR 延伸中存在较大的内含子，超出普通 PCR 扩增极限，而未获得扩增产物（Yu et al.，2004）。由于 EST-SSR 标记的开发是以相对保守的基因序列为基础，因此开发的 EST-SSR 引物能扩增到多个物种中的直系同源基因。本研究结果显示 EST-SSR 不但在美丽堇菜组的几个种间高度保守，而且在相对较远的堇菜组 2 个物种里也高度保守，迁移率达到 81.6%。该情况在大麦和小麦等研究中也有相关报道（Holton et al.，2002；Kantety et al.，2002；Yu et al.，2004）。在本研究的 PCR 扩增中，约 61%的引物扩增的产物中至少有 1 个大于预期产物大小，这种情况在六倍体小麦中也有发现（Yu et al.，2004）。发生这种现象的原因不是 SSR 重复长度的多态性，而是扩增子中存在的插入/缺失变异导致的结果。一些 EST-SSR 引物在同一份材料上扩增到多个位点，该现象在六倍体小麦中也有发现，这可能与编码区序列的保守性（Röder et al.，1998）、多倍体、基因复制等有关（Anderson et al.，1992）。

系统聚类分析结果显示来自同一亲本的绝大多数自交系首先被聚在一起，表明基于 EST-SSR 标记揭示的试材之间遗传关系与材料的谱系关系基本一致（图 4-11）。系统聚类和主坐标分析均清晰地将美丽堇菜组和堇菜组试验材料分开，该结果也得到了分子方差分析（AMOVA）结果所进一步验证（表 4-19），且与植物学分类结果一致。这些均表明利用三色堇转录组数据开发的 SSR 标记揭示的遗传关系是可靠的。主坐标分析并没有将大花三色堇与角堇、三色堇原种分开，这证明了三色堇、角堇作为亲本之一曾参与大花三色堇的杂交过程（Clausen，1926）。

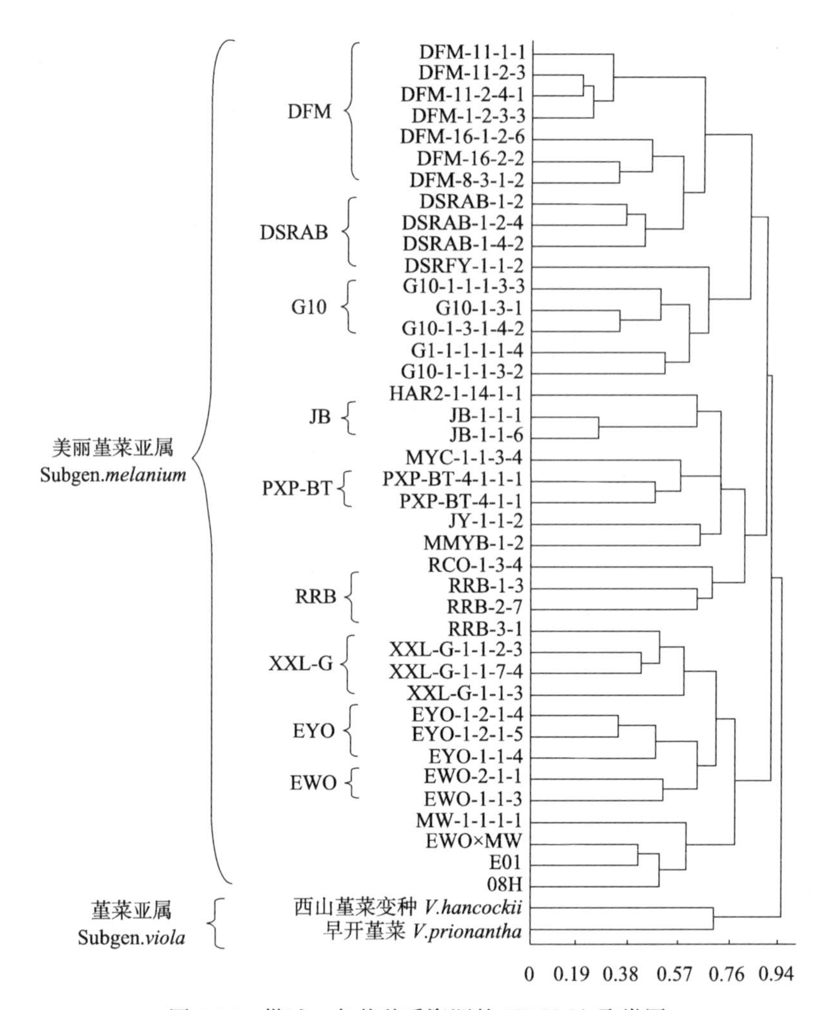

图 4-11 供试三色堇种质资源的 UPGMA 聚类图

第五章　三色堇的光合生理特性研究

摘要　以来自4个不同地区（荷兰、酒泉、上海、郑州）的三色堇的品种08H、229-18、EP_1和ZMY_{2-1}为试材，在华北地区五月份，对其叶片叶绿素质量分数、气孔特征，花期叶片光合日变化特性、及对光强和CO_2的响应特性进行了比较研究。结果表明：①4个三色堇品种叶片叶绿素a的质量分数平均为1.06 mg/g，叶绿素b为1.93 mg/g。品种EP_1的叶绿素b的质量分数显著高于ZMY_{2-1}，4个品种在叶绿素a的质量分数上无差异。②三色堇叶片气孔密度平均为97.09个/mm^2，气孔大小为17.74μm×12.31μm，品种间无显著差异。③三色堇4个品种的叶片净光合速率（P_n）的日变化均呈双峰曲线，且最高峰均出现在上午10:00，中午时段出现“午休”现象，EP_1和08H在12:00，而ZMY_{2-1}在13:00，229-18在14:00。④三色堇P_n是多种因子综合作用的结果，其中光合有效辐射（PAR）、气温（T_a）和相对湿度（RH）分别通过影响气孔导度（*Cond*）和蒸腾速率（T_r）而影响P_n。⑤08H品种的P_n、T_r和光能利用率（SUE）都显著高于其他品种，显示出较高的光合能力和需水特点。⑥三色堇的光饱和点和光补偿点较高，具有阳生C_3植物的特点。08H的高光饱和点显示其为强阳性品种。EP1的光饱和点和光补偿点均最低，显示其具有一定的耐弱光性。⑦各品种的CO_2饱和点均达到设定的CO_2摩尔分数的最大值（2 000 μmol/mol），08H的CO_2补偿点最低、羧化效率最高，表明其Rubisco的羧化活性可能较高。

关键词　三色堇；光合速率；蒸腾速率；光响应；CO_2响应

光合作用是植物赖以生存和发育的基础，光合作用的进行有赖于植物对光能、水分和CO_2的吸收与利用。植物对光能的吸收主要是由叶绿素完成的，CO_2的吸收主要通过叶片气孔进行，气孔同时也是植物水分蒸腾的主要通道。不同植物种或不同基因型品种在叶绿素的质量分数、气孔大小、密度与光合特性上可能存在差异（Taiz和Zeiger，2009），而影响该植物的光合产能，因此探讨某种植物叶片叶绿素质量分数、气孔特征、光合特性，以及其在不同基因型上的差别，对于了解该植物的光合效能及其机制，研发相应的栽培技术、培育高光效的植物品种具有重要的理论和现实意义。三色堇具有花色丰富、花期长且耐寒等特点，是广泛栽培的重要春秋季花坛花卉。但目前有关三色堇的研究多集中在育苗栽培（张扬城和杨文英，2006；詹瑞琪，2008；王晓磊和胡宝忠，2008；张帧，2008）、遗传育种（Yoshioka et al.，2006；王健和包满珠，2007；杜晓华等，2010）、适应性等方面（王慧俐等，2005；刘会超等，2010），有关三色堇光合特性的研究国内外鲜见报道。为此，本研究以 4 个来源于不同生态地区的三色堇品种为试材，采用美国 Li-6400 便携式光合系统等对三色堇的光合日变化、光响应特性和 CO_2 响应特性，及三色堇叶片的叶绿素质量分数、气孔特征等进行了研究，以期为了解三色堇光合作用机制，开展不同光合生态型三色堇资源的评价，制定相关栽培技术及选育新品种提供理论依据。

一、试验材料与方法

（一）试验地自然概况

试验地点位于河南省新乡市河南科技学院校内试验地（N35°18′，E113°54′N），地处北纬 35°18′，东经 113°54′，海拔 70 m。气候属暖温带大陆性气候，历年平均气温 14.4 ℃。7 月最热，平均 27.3 ℃；1 月最冷，平均 0.2 ℃；极端最高气温 42.7 ℃，极端最低气温−21.3℃。年平均降水量 573.4 mm，年均降雨 656.3 mm，最大降雨量 1 168.4 mm，最小降雨量 241.8 mm，年蒸发量 1 748.4 mm。6～9 月份降水量最多，为 409.7 mm，占全年降水的 72%；无霜期 220 天，全年日照时间约 2 400 h（新乡市人民政府［引用日期 2017-09-05］；新乡水利局［引用日期 2017-09-06］）。

（二）试验材料

试验材料为三色堇 4 个品种 08H、229-18、EP_1、$ZMY_{2\text{-}1}$，分别引自荷兰及中国的酒泉、上海、郑州，由河南科技学院园林学院观赏园艺种质资源与生物技术试验室提供。

试验材料于 2009 年 10 月 3 日播种，并在塑料大棚中越冬，翌年 3 月 10 日移栽至大田，常规栽培管理。4 上旬进入花期，在盛花期的 5 月上中旬，每品种选取 3 株长势一致、开花的正常植株，每株选取叶位和叶龄相对一致且无病虫害的功能叶，分别测定叶面积、气孔大小、叶绿素质量分数、光合作用日变化以及对光强与 CO_2 的响应。

（三）测定项目

1. 叶绿素 a、b 含量的测定　从选择长势一致的植株上，分别取相同方位和叶龄的叶片各 5 片，带回实验室，擦净表面，用千分之一天平称取所测材料 0.100 g，3 次重复。采用丙酮乙醇混合液法（郝建军等，2006）测定叶绿素含量。具体操作如下：叶片剪碎置于盛有 10 mL 浸提液的试管中，加塞置于室温暗处浸提，待材料完全变白后，将叶绿素提取液倒入光径 1cm 的比色杯内，以浸提液作为空白对照，采用 VIS-723G 可见分光光度计在波长 663nm、645nm 下测定吸光度。叶绿素质量分数的计算公式为：叶绿素 a 的质量分数（C_a）$=12.71\ OD_{663}-2.59\ OD_{645}$；叶绿素 b 的质量分数（$C_b$）$=22.88\ OD_{645}-4.67\ OD_{663}$；总叶绿素质量分数（$C_T$）$=20.29\ OD_{645}+8.04\ OD_{663}$。

2. 气孔密度和大小的测定　晴天上午 8:00 左右，气孔开张时，取各株植物上相同方位和叶龄的叶 3 片，用微格法测定叶面积。用尖头镊子撕取叶片下表皮置于载玻片上，做成临时切片。将临时切片置于 OLYPUS 光学显微镜下，统计单位视野内的气孔数。每片叶随机观察 10～15 个视野，以 3 片叶的气孔密度平均值为该种植物的气孔密度报告值。单片叶气孔数为气孔密度与叶面积的乘积（尹利德，2004）。用测微尺测量气孔大小的纵轴长和横轴长。以 3 片叶的气孔大小平均值为该材料的气孔大小报告值。具体方法：将目测微尺装入显微镜的目镜内，将台测微尺置于载物台上。根据目测微尺、台测微尺的重合刻度，计算目测微尺单位格代表的实际长度。如：目测微尺的 100 个单位格与台测微尺的 10 个单位格（标准长度 0.1 mm）重合，则目测微尺单位格代表的实际长度为 $10\div100\times0.01=0.001$ mm。根据目测微尺单位格代表的实际长度，测算观测物大小。

3. 净光合速率日变化与其他光合参数及环境因子的测定　采用 Li-6400 便携式光合系统，开放气路，在晴天的 8:00—18:00，测定叶片净光合速率（net photosynthesis rate，P_n）、蒸腾速率（transpiration rate，T_r）、气孔导度（stoma conductivity，*Cond*）、细胞间 CO_2 浓度（intercellular CO_2 concentration，C_i）、叶温（leaf temperature，T_l）、气温（air temperature，T_a）、光合有效辐射（photosynthetically active radiation，*PAR*）、空气相对湿度（relative humidity of atmosphere，RH）等环境参数。每小时手动测定 1 次（采用往返测量法），测量在不离体、不损害叶片生理功能的情况下进行。每次每个品种测量 3 株相同节位的叶片，得到 3 组重复数据，取其平均值。

4. 光响应特性的测定　各品种分别选取 3 株，每株分别选择相同方位和叶龄的功能叶。光和二氧化碳响应的观测参考陈根云等（2006）的方法，略有修改，具体如下：在晴天 10:00 以后（叶片的光合诱导期结束），采用配带的LED 红蓝光源 LI-6400 光合测定仪测量其光响应值，重复 3 次。光合有效辐射（PAR）分别设定为 2 000、1 800、1 600、1 400、1 000、600、400、200、150、100、50 和 0 $\mu mol \cdot m^{-2} \cdot s^{-1}$。气温 26～30℃，RH 30%～40%，参比室 CO_2浓度 360～410 $\mu mol \cdot m^{-2} \cdot s^{-1}$，光强的设定从强光到弱光，以减少从弱光到强光叶片达到最大光合速率所需时间。测量最小等待时间设定为120 s，最大等待时间为 180 s。在 0～2 000 $\mu mol \cdot m^{-2} \cdot s^{-1}$ 光强范围内制作 P_n－PAR 光响应曲线。采用 Farquhar 等（1980）和刘宇峰等（2005）提出的非直角双曲线模型拟合光响应曲线：

$$P_n = \frac{PAR \times Q + P_{max} - \sqrt{(Q \times PAR + P_{max})^2 - 4 \times Q \times P_{max} \times PAR \times k}}{2k} - R_d$$

式中：P_n为净光合速率；Q 为表观量子效率；P_{max}为最大净光合速率；PAR 为光合有效辐射；k 为曲角；R_d为暗呼吸速率。

5. CO_2响应特性的测定 选择晴天，在 LI-6400 光合测定仪安装 CO_2钢瓶，稳定 20 min 左右，将人工 LED 红蓝光源设为 1 700 $\mu mol \cdot m^{-2} \cdot s^{-1}$（为光响应测定的三色堇光饱和点），叶温为 25℃，相对湿度为大气湿度的 80%，外接 CO_2钢瓶，CO_2 浓度梯度设定为 80、100、150、200、600、1 000、1 200、1 600、1 800、2 000（$\mu mol \cdot mol^{-1}$）。CO_2浓度的设定从低浓度到高浓度。测定最小等待时间为 120 s，最大等待时间为 180 s。

6. 数据处理 试验数据采用 Excel2003 和 DPS6.55 软件进行统计处理。参考（付卫国等，2007）的方法计算以下 3 个指标：①气孔限制值 Ls（%）＝(1－C_i/C_a)×100；②光能利用效率（sunlight use efficiency，SUE）(mol/mol)＝P_n/PAR；③水分利用效率（water use efficiency，WUE）(μmol/mol)＝P_n/T_r。参照罗树伟等（2010）的方法，分别以三色堇 $Cond$（X_1）、C_i（X_2）、T_r（X_3）、T_a（X_4）、T_l（X_5）、C_a（X_6）、RH（X_7）和 PAR（X_8）8 个因子为自变量，进行逐步回归与通径分析，并建立因变量为净光合速率 P_n（Y）的多元线性回归方程。用 DPS6.55 的相关分析模块，采用最小二乘法对影响三色堇光合特性的主要影响因子进行相关性分析，并用其中的方差分析模块进行三色堇 4 个品种间叶绿体含量、气孔密度和大小进行显著性检验（F 检验法）。

光响应曲线参数估计及模型拟合采用 DPS6.55 软件的“非线性回归”模块。各参数的初始值分别设定为：曲角（k）0.5、最大净光合速率（P_{max}）30、表观量子效率（Q）0.05 和暗呼吸速率（Rd）。PAR 在 200 $\mu mol/(m^2 \cdot s)$

以下的 P_n-PAR 的直线方程与 x 轴的交点即为光补偿点（L_{cp}）（付为国等，2006）；最大净光合速率对应的光强估算 L_{SP}（陈根云等，2006）。

光合作用 CO_2 响应曲线采用二项式回归法（付为国等，2006），所得的回归方程拟合值 R^2 在 0.970 6～0.998 之间，当 $y=0$ 时，直线与 x 轴的交点为 CO_2 补偿点（C_{CP}）；其用 CO_2 低浓度下（200 μmol/L 以下）通过线性回归求 P_n-CO_2 响应曲线初始斜率，即为羧化效率（CE），此回归直线与纵轴的交点则为光呼吸速率（R_p）（眭晓雷等，2009）[19]。CO_2 饱和点（C_{sp}）为测量中最大净光合速率对应的 CO_2 摩尔分数。

二、结果与分析

（一）叶绿素质量分数

植物对光能的吸收依靠叶绿素来完成，因此叶绿素含量对植物光合作用有着直接的影响。叶绿素能选择性地吸收太阳光中特定的光谱，叶绿素 a 和叶绿素 b 是绿色植物中最主要的光合色素。叶绿素 a 偏向吸收长光波的红光部分，叶绿素 b 则主要吸收蓝紫光（Taiz 和 Zeiger，2009）。从表 5-1 可知，4 个三色堇品种的叶绿素质量分数依次为：EP_1＞229-18＞08H＞ZMY_{2-1}。但统计分析表明，在叶绿素 a 的质量分数上，4 个品种不存在显著性差异；在叶绿素 b 的质量分数上，EP_1 要显著高于 ZMY_{2-1}，而其他品种间无显著差异。总体而言，EP_1 的叶绿素含量要高于其他品种，显示其吸收光能的潜力较大。

但从图 5-2 净光合速率日变化中可知，EP_1 的净光合速率并不是最高的，则说明 EP_1 对光能的吸收能力强，但用于光合作用的光能少。08H 在各时段的净光合速率远大于 229-18，说明 08H 对吸收的光能利用率较高。而 229-18 与 08H 所含叶绿素 a、b 浓度（即叶绿素 a、b 的含量）不存在差异（表 5-1）。

表 5-1　三色堇 4 个品种间叶绿素含量比较

品种	叶绿素 a 浓度（mg/L）			叶绿素 b 浓度（mg/L）			总叶绿素浓度（mg/L）		
	均值	$p\leq5\%$	$p\leq1\%$	均值	$p\leq5\%$	$p\leq1\%$	均值	$p\leq5\%$	$p\leq1\%$
EP_1	12.001	a	A	22.738	a	A	34.739	a	A
229-18	11.388	a	A	19.115	ab	A	30.50262	ab	A
08H	10.598	a	A	19.635	ab	A	30.233	ab	A
ZMY_{2-1}	8.517	a	A	15.849	b	A	24.367	b	A

（二）三色堇叶片 P_n 与气孔密度和大小的关系

气孔是植物光合作用气体交换和水蒸气扩散的通道。观测结果表明（表 5-2，图 5-1），4 个三色堇品种在气孔密度及大小上不存在显著差异，说明 4 个品种的净光合速率 P_n 存在的差异，与气孔密度和大小的关系不大。

表 5-2　三色堇 4 个品种间气孔密度及横纵径比较

品种	气孔密度（mm^2）			气孔横径（μm）			气孔纵径（μm）		
	均值	$p \leqslant 5\%$	$p \leqslant 1\%$	均值	$p \leqslant 5\%$	$p \leqslant 1\%$	均值	$p \leqslant 5\%$	$p \leqslant 1\%$
229-18	97.27	a	A	18.57	a	A	12.83	a	A
EP_1	107.57	a	A	17.87	a	A	11.60	a	A
ZMY_{2-1}	94.23	a	A	17.40	a	A	11.87	a	A
08H	89.27	a	A	17.13	a	A	12.93	a	A

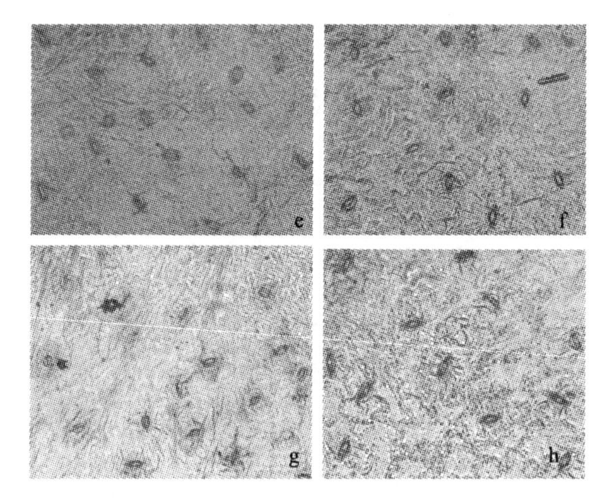

图 5-1　三色堇叶片气孔（放大 400×）

e. 08-H　f. 229-18　g. EP_1　h. ZMY_{2-1}

（三）三色堇净光合速率的日变化特性

1. 三色堇净光合速率日变化　由图 5-2 可见，三色堇 4 个品种在晴天的净光合速率（P_n）日变化均呈双峰型曲线。早晨与下午的日变化过程与光照强度的变化规律基本一致。上午随着光照强度的逐渐增强，三色堇叶片 P_n 均逐渐升高，均于 10:00 左右出现光合最高峰，然后回落出现“午休”现象。其中 EP_1 和 08H 在 12:00 时回落到低谷，而 ZMY_{2-1} 低谷出现在 13:00，229-18 低谷出现在 14:00。EP_1 和 08H 分别在 14:00 出现次高峰，而 ZMY_{2-1} 和 229-18 分别在 15:00 出现次高峰；08H 在 15:00 以后 P_n迅速下降，17:00 已降到早晨光合水平以下，其他品种则在次高峰之后，P_n缓慢下降，直至 17:00 以后才迅速下降，于 18:00 降至早晨光合水平以下。比较而言，1 d 内 08H 品种的 P_n值显著高于其他品种（图 5-2，表 5-3），而其余 3 个品种的 P_n之间无显著差异，说明 08H 的光合能力要强于供试的其他 3 个品种。

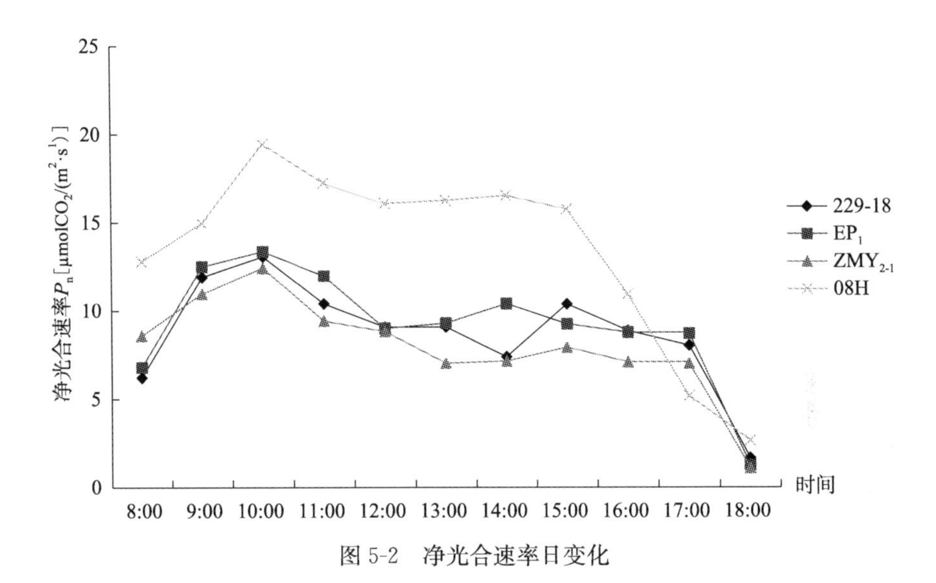

图 5-2　净光合速率日变化

表 5-3　三色堇不同品种叶片的光合参数差异

光合参数	229-18	EP_1	ZMY_{2-1}	08H
P_n/(μmol/(m² · s))	8.730±3.05 aA	9.21±3.27 aA	8.00±2.86 aA	13.43±5.24 bB
Cond/(mmol/(m² · s))	0.08±0.03 aA	0.08±0.02 aA	0.08±0.01 aA	0.18±0.04 bB
T_r/(mmol/(m² · s))	2.52±0.59 aA	2.67±0.57 aA	2.59±0.54 aA	4.88±1.30 bB
C_i/(μmol/mol)	175.23±66.21 aA	173.81±75.27 aA	205.26±52.43 abAB	233.24±43.36 bB
L_s/%	55.45±17.32 aA	56.01±19.35 aA	47.92±13.90 abAB	40.80±11.48 bB
SUE/(mol/mol)	0.008±0.003 aA	0.008±0.002 aA	0.009±0.003 aA	0.013±0.003 bB
WUE/(μmol/mol)	3.36±0.75 aA	3.35±1.06 aA	3.08±1.08abAB	2.71±0.95bB

注：同行数据后不同大写字母表示差异极显著（$P<0.01$），不同小写字母表示差异显著（$P<0.05$）。

2. 三色堇叶片生理生态因子的日变化　从图 5-3 可以看出，三色堇叶片气孔导度（*Cond*）日变化也呈双峰曲线。早晨随着光照的增强，各品种的 *Cond* 增大，在上午 9:00 达到最高峰。但随着光照强度的进一步增强和气温的逐步上升，*Cond* 开始出现下降趋势，08H 在 12:00—13:00 时到达低谷，在 15:00

出现次高峰。其他品种则滞后一些，229-18、ZMY_{2-1}和EP_1的低谷分别出现在14:00和16:00，而次高峰出现在下午17:00。次高峰后，随着光照的进一步减弱，三色堇各品种的*Cond*迅速下降。在早晨和下午适宜的光、温度范围内，三色堇*Cond*与光照强度的变化相对应，即随着光照的增强或减弱，*Cond*相应增加或减弱。而中午的强光照和高温会导致*Cond*的下降。比较而言，08H的*Cond*对光照的变化更加敏感，而其他品种的*Cond*受光强影响外，也受到了温度的影响，使其低谷与次高峰延后。T_r日变化趋势与*Cond*呈现一定的对应关系，早晨*Cond*增加，T_r逐渐增大；下午*Cond*下降，T_r减少（图5-4）。比较而言，08H的*Cond*和T_r均极显著高于其他品种（表5-3）。

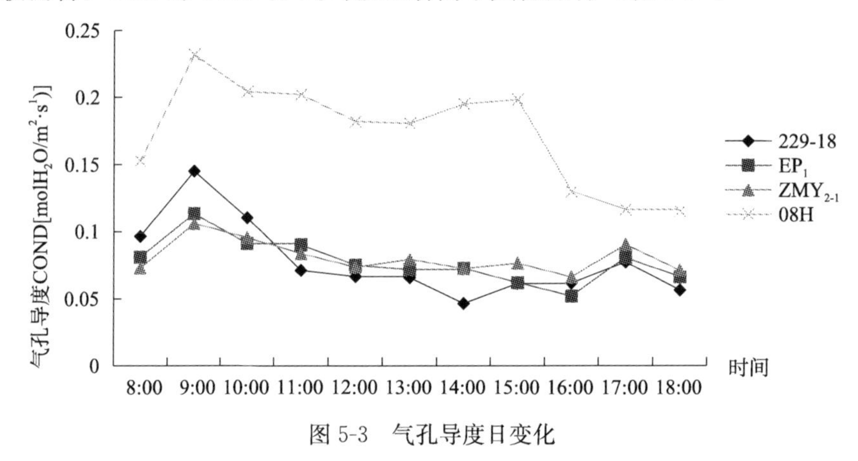

图5-3 气孔导度日变化

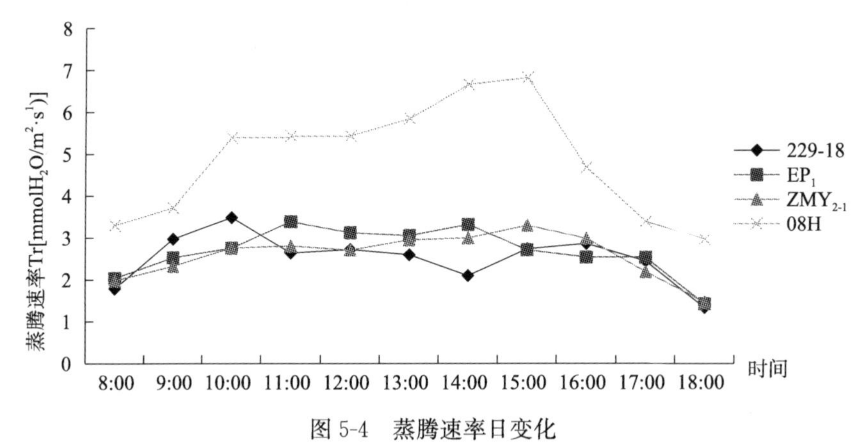

图5-4 蒸腾速率日变化

三色堇叶片C_i和L_s的日变化曲线分别呈U形和倒U形（图5-5、图5-6），且呈现相反的对应关系，即C_i的高峰期对应于L_s的最低值，而C_i的低谷期对

应于 L_s的高峰期。三色堇早晨 C_i较高，可能是因为夜间呼吸积累所致，因此也就导致了造成 L_s处于较低水平；中午 C_i的下降，则与中午强光和高温下植物光合能力较高而部分气孔关闭有关；而下午 C_i较高，与下午光照减弱后 Rubisco 羧化酶活性下降及 Cond 降低有关。此外，下午大气 CO_2浓度下降，使 L_s处于较低水平。从表 5-3 可以看出，品种 08H 的 C_i显著高于品种 229-18 和 EP_1，而其 L_s明显低于 229-18 和 EP_1。

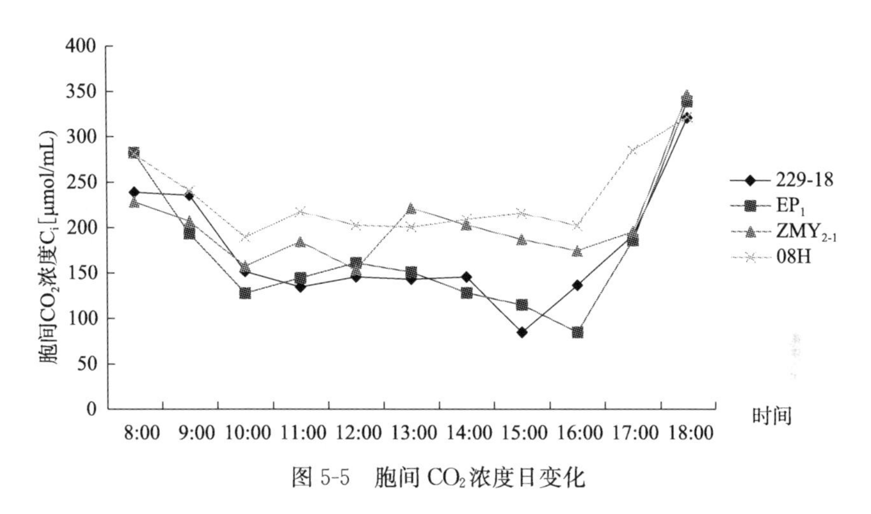

图 5-5　胞间 CO_2浓度日变化

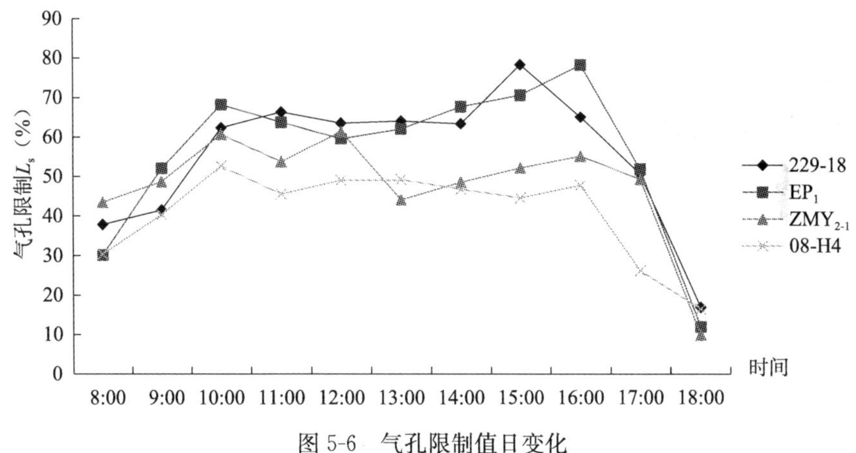

图 5-6　气孔限制值日变化

光能利用效率（SUE）体现植物对光强变化做出的及时反应。从图 5-7 可以看出，三色堇叶片 SUE 整体在早晨和下午晚些时候较高，午间较低。各品种 P_n分别在中午 12:00、13:00、14:00 处于午休低谷时，SUE 也基本都处于较低水平。16:00—17:00 以后华北高纬度地区光照迅速减弱，SUE 反而迅速上扬，说明三色堇对低光、弱光有较强的利用能力。08H 品种与其他 3 个品种在 SUE 上存在极显著差异（表 5-3）。

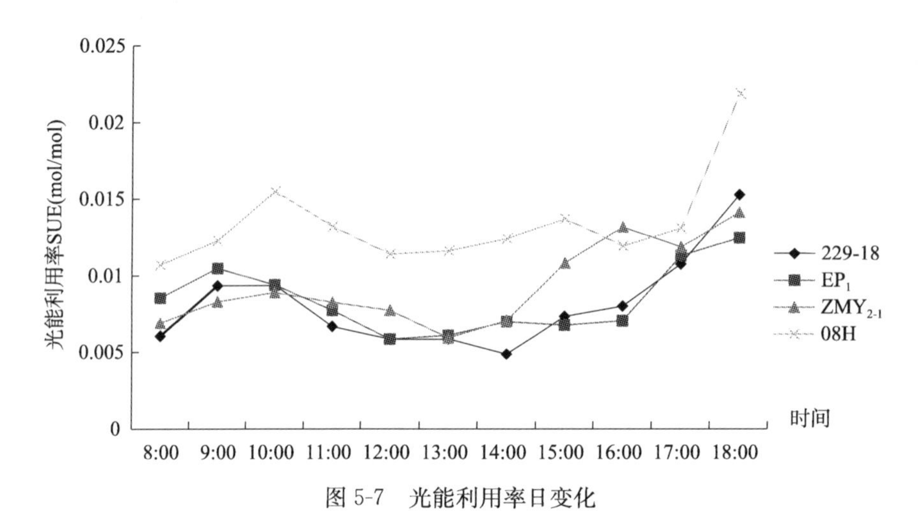

图 5-7　光能利用率日变化

水分利用效率（WUE）变化趋势较为复杂（图 5-8），08H 与 ZMY_{2-1} 无显著差异，但 2 者极显著低于 229-18 和 EP_1（表 5-3）。WUE 主要表现出光合与蒸腾的竞争能力。总体上三色堇早晨 WUE 较高，下午较低。从公式③可以看出，光合作用胜于蒸腾作用。随温度由高到低，光照由强到弱，蒸腾速率变化幅度逐渐大于光合变化幅度，故 WUE 整体呈下降趋势。

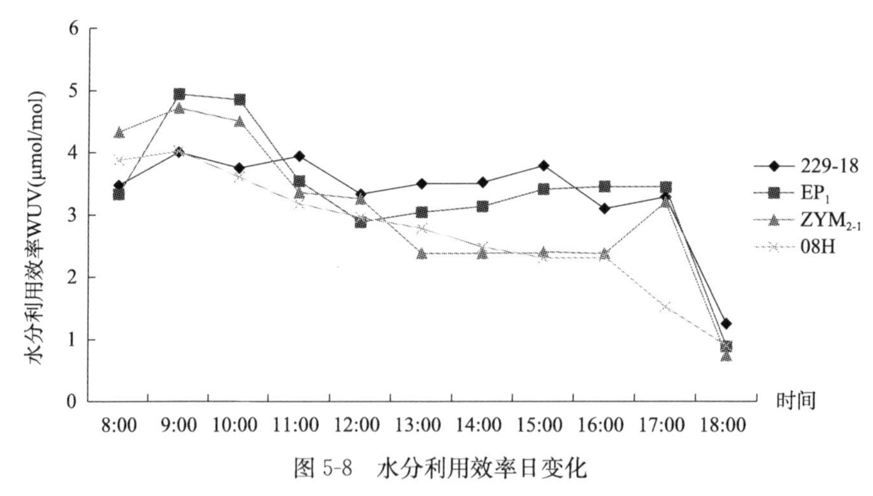

图 5-8　水分利用效率日变化

3. 叶片 P_n 与生理生态因子的相关性分析　从表 5-4 可以看出，三色堇 4 个品种的叶片 P_n 与 PAR、$Cond$、T_r、C_a 呈正相关，且除品种 ZMY_{2-1} 的 T_r 和 229-1 与 EP_1 的 $Cond$ 外，均达到显著或极显著正相关；而 P_n 与 C_i、RH 呈负相关，与 C_i 的负相关性达到显著水平，说明三色堇叶片 P_n 变化是多因子作用的结果。各影响因子间的相关分析显示，PAR 与 T_r 呈极显著正相关，说明三色堇 PAR 与 T_r 存在对应关系。T_a、T_l 与 RH 呈极显著负相关，RH 与 T_r 呈显著负相关，说明温度与 T_r 存在一定的对应关系。从相关性大小来看，总体上 PAR 与 P_n 相关性较高，其次为 C_i 和 C_a，具体到各品种之间又存在一定的差异，例如对于 08H 品种来说，与 P_n 相关性大小依次为 $PAR>C_i>Cond>T_r>C_a$；而对于 229-18 来说，与 P_n 相关性大小依次则为 $T_r>PAR>C_a>C_i>Cond$，说明各影响因子在不同品种中对 P_n 的影响程度不一。

表 5-4　三色堇叶片 P_n 与主要影响因子的相关系数

影响因子	$Cond$	C_i	T_r	T_a	T_l	C_a	RH	PAR	P_n
$Cond$	1①	0.28	0.44	−0.74**	−0.68*	0.38	0.34	0.07	0.54
	1②	0.33	−0.03	−0.83**	−0.72**	0.74**	0.4	−0.01	0.38
	1③	−0.12	−0.11	−0.75**	−0.64*	0.82**	0.23	0.72**	0.66*
	1④	−0.43	0.48	−0.49	−0.32	0.85**	−0.05	0.83**	0.83**
C_i		1	−0.64*	−0.73**	−0.83**	−0.39	0.90**	−0.81**	−0.62*
		1	−0.78**	−0.73**	−0.82**	−0.1	0.94**	−0.85**	−0.73**
		1	−0.74**	−0.39	−0.53	−0.38	0.81**	−0.59*	−0.81**
		1	−0.77**	−0.28	−0.49	−0.3	0.79**	−0.80**	−0.85**
T_r			1	0.22	0.34	0.70*	−0.62*	0.65*	0.96**
			1	0.54	0.69*	0.36	−0.85**	0.93**	0.75**
			1	0.72**	0.83**	0.13	−0.96**	0.36	0.45
			1	0.51	0.67*	0.08	−0.85**	0.69*	0.72**
T_a				1	0.98**	0.08	−0.80**	0.34	0.07
				1	0.98**	−0.45	−0.80**	0.48	0.12
				1	0.98**	−0.53	−0.77**	−0.29	−0.16
				1	0.97**	−0.79**	−0.78**	−0.18	−0.15
T_l					1	0.21	−0.89**	0.51	0.21
					1	−0.28	−0.89**	0.65*	0.29
					1	−0.37	−0.87**	−0.12	0
					1	−0.62*	−0.90**	0.06	0.09

（续）

影响因子	*Cond*	C_i	T_r	T_a	T_l	C_a	*RH*	*PAR*	P_n
C_a						1	−0.59*	0.72**	0.71**
						1	−0.15	0.51	0.60*
						1	−0.1	0.93**	0.74**
						1	0.27	0.73**	0.70*
RH							1	−0.79**	−0.54
							1	−0.89**	−0.62*
							1	−0.36	−0.45
							1	−0.41	−0.48
PAR								1	0.72**
								1	0.82**
								1	0.86**
								1	0.95**

注：*、** 分别表示 0.05、0.01 显著水平；①、②、③、④分别代表品种 229-18、EP_1、ZMY_{2-1}、08H。

由表 5-5 可以看出，三色堇不同品种的叶片 P_n 的影响因子略有差异，其效应也不尽相同，反映出不同基因型的光合特性存在着一定的差异。对于 229-18 而言，*Cond*、T_r、C_a、*RH* 作用为直接正效应，C_i、T_l、*PAR* 为直接负效应。其中 *RH*、T_l、*PAR* 与 C_i 互相的间接作用对 P_n 的影响较为明显。在相关分析中 *PAR* 与 P_n 呈极显著正相关，但在通径分析中对 P_n 的影响为负作用，这主要是由于 C_a、T_r、T_l 等多因子的负向贡献的间接作用所致。除 T_l 外，其他影响因子间接作用于 *Cond* 的影响均为正效应。

表 5-5　三色堇 229-18 叶片 P_n 与主要影响因子的通径分析

影响因子	直接通径系数	间接通径系数						
		Cond	C_i	T_r	T_l	C_a	*RH*	*PAR*
Cond	0.316		−0.282	0.148 8	0.145 2	0.141 5	0.095 4	−0.019 7
C_i	−0.994	0.089 6		−0.218 6	0.179	−0.144 1	0.253 6	0.211 7
T_r	0.342	0.137 5	0.636		−0.072 7	0.257 7	−0.173 2	−0.169 6
T_l	−0.215	−0.213 4	0.828 5	0.115 7		0.078 6	−0.249 3	−0.133 1
C_a	0.370	0.120 7	0.386 9	0.237 8	−0.045 6		−0.164 9	−0.190 1
RH	0.281	0.107 1	−0.896 4	−0.210 4	0.190 3	−0.217		0.207 2
PAR	−0.263	0.023 6	0.800 5	0.220 4	−0.108 7	0.267 7	−0.221 7	

对 EP_1 叶片 P_n 而言，T_r、PAR 作用为直接正效应，C_i、T_l、C_a、RH 为直接负效应（表 5-6）。其中 RH、T_r 与 T_l 互相的间接作用对 P_n 的影响较为明显。在相关分析中 C_a 与 P_n 呈显著正相关，但在通径分析中对 P_n 的影响为负作用，这主要是由于 PAR 和 T_r 的负向贡献的间接作用所致。除 RH 外，其他影响因子间接作用于 C_i 的影响均为正效应。

表 5-6　三色堇 EP_1 叶片 P_n 与主要影响因子的通径分析

影响因子	直接通径系数	间接通径系数					
		C_i	T_r	T_l	C_a	RH	PAR
C_i	−1.026		−0.514 6	1.338 6	0.039 9	−0.332 6	−0.238
T_r	0.657	0.803 9		−1.126 2	−0.142 4	0.301	0.260 6
T_l	−1.623	0.846 3	0.455 8		0.111 5	0.315 3	0.182 4
C_a	−0.396	0.103 3	0.235 9	0.456 4		0.054 8	0.143 9
RH	−0.354	−0.964 5	−0.558 7	1.446	0.061 4		−0.249 6
PAR	0.281	0.870 6	0.610 3	−1.055 5	−0.203 4	0.314 9	

对 $ZMY_{2\text{-}1}$ 叶片 P_n 而言，$Cond$、PAR 作用为直接正效应，C_i、T_a、T_l、C_a、RH 为直接负效应（表 5-7）。其中 RH 与 C_i 互相的间接作用对 P_n 的影响较为明显。在相关分析中 C_a 与 P_n 呈显著或极显著正相关，但在通径分析中对 P_n 的影响为负作用，这主要是由于 PAR 和 $Cond$ 的负向贡献的间接作用所致。除 RH 外，其他影响因子间接作用于 C_i 的影响均为正效应。

表 5-7　三色堇 $ZMY_{2\text{-}1}$ 叶片 P_n 与主要影响因子的通径分析

影响因子	直接通径系数	间接通径系数						
		$Cond$	C_i	T_a	T_l	C_a	RH	PAR
$Cond$	0.393		0.081	0.268 1	0.308 9	−0.447 1	−0.151 7	0.211 4
C_i	−0.659	−0.048 3		0.138 6	0.254 6	0.203 8	−0.527 3	−0.175 1
T_a	−0.358	−0.294	0.254 7		−0.473 5	0.289 2	0.503 9	−0.085 4
T_l	−0.483	−0.251 2	0.346 9	−0.351 1		0.201 4	0.569 6	−0.035 8
C_a	−0.543	0.323 8	0.247 4	0.191	0.179 4		0.065 4	0.274 4
RH	−0.653	0.091 3	−0.531 9	0.276 5	0.421 5	0.054 3		−0.104 7
PAR	0.295	0.281 8	0.391 2	0.103 8	0.058 7	−0.505 2	0.232 1	

对 08H 叶片 P_n 而言，T_r、T_l、PAR 作用为直接正效应，$Cond$、C_i、T_a、

C_a、RH 为直接负效应（表 5-8）。其中 PAR、T_l 等与 T_r 互相的间接作用对 P_n 的影响较为明显。在相关分析中 C_a 与 P_n 呈显著正相关，但在通径分析中对 P_n 的影响为负作用，这主要是由于 PAR 和 $Cond$ 的负向贡献的间接作用所致。除 RH 和 C_i 外，其他影响因子间接作用于 T_r 的影响均为正效应。

表 5-8　三色堇 08H 叶片 P_n 与主要影响因子的通径分析

影响因子	直接通径系数	间接通径系数							
		Cond	C_i	T_r	T_a	T_l	C_a	RH	PAR
Cond	−0.232		0.031 6	0.340 5	0.890 3	−0.095 4	−0.285 4	0.037 4	0.143 3
C_i	−0.073	0.100 6		−0.544 9	0.496 4	−0.148 1	0.100 6	−0.64 4	−0.137 8
T_r	0.705	−0.112 1	0.056 4		−0.913 5	0.201 2	−0.027 3	0.691 7	0.118 9
T_a	−1.802	0.114 6	0.020 1	0.357 3		0.29	0.264 6	0.635 7	−0.030 3
T_l	0.300	0.073 9	0.036	0.473 5	−1.744 7		0.208 5	0.732 7	0.010 3
C_a	−0.334	−0.198 3	0.022	0.057 6	1.428	−0.187 1		−0.218 7	0.126
RH	−0.815	0.010 7	−0.057 6	−0.598 2	1.405 5	−0.269 3	−0.089 6		−0.071 2
PAR	0.172	−0.193 1	0.058 3	0.486 8	0.317 2	0.017 9	−0.244 4	0.337 1	

通过不断挑选和剔除因子的显著水平获得的各品种的多元线性回归方程为：

$Y_{229\text{-}18}=-54.186+34.158X_1-0.046\ 7X_2+1.797X_3-0.166X_5+0.168X_6+0.227X_7-0.002X_8$（$R^2=0.998$，$F=120.368$；$P<0.01$）

$Y_{EP1}=124.481-0.045X_2+3.733X_3-1.210X_5-0.191X_6-0.294X_7+0.002X_8$（$R^2=0.995\ 3$，$F=70.369$；$P<0.01$）

$Y_{ZMY2-1}=123.780+89.110X_1-0.036X_2-0.262X_4-0.350X_5-0.224X_6-0.481X_7+0.002X_8$（$R^2=0.999\ 8$，$F=1\ 022.30$；$P<0.01$）

$Y_{08H}=212.417-30.991\ 7X_1-0.009X_2+2.834X_3-2.706X_4+0.455X_5-0.253X_6-1.818\ 6X_7+0.002X_8$（$R^2=1$；$F=7\ 817.936$；$P<0.01$）

（四）三色堇叶片的光响应特性

由图 5-9 可以看出，非直角双曲线模型对 4 个三色堇品种的 P_n-PAR 光响应曲线的拟合效果较好，模型拟合的决定系数达到 0.981～0.999（表 5-9）；暗呼速率增加使净光合速率减少；表观量子效率基本符合大多数植物叶片的量子产率（0.03～0.06）（Taiz 和 Zeiger，2009）。以上结果表明，非直角双曲线模型的选择及其对 4 个三色堇品种进行光响应曲线的拟合较为成功。

光饱和点反应植物对较高光强的利用潜能。由图 5-9 可以看出，三色堇叶片的光饱和点（L_{SP}）在 1 400～2 000 μmol/(m² · s) 之间，说明三色堇为喜光性阳生植物。但三色堇的 L_{SP} 在不同品种间存在差异。其中酒泉品种 229-18 最高，达到最大值 2 000 μmol/(m² · s)；荷兰品种 08H 次之［约 1 800 μmol/(m² · s)］；而上海品种 EP_1 和郑州品种 ZMY_{2-1} 较低［约 1 400 μmol/(m²/s)］，表明 229-18 较耐强光，08H 中等，EP_1 和 ZMY_{2-1} 则在高光强时易出现光抑制现象。表观量子效率（Q）是植物在较弱光强下 P_n 与 PAR 的比值，反映植物对弱光的利用能力。从表 5-9 可知，229-18 的 Q 值最高，08H 的 Q 值最低，说明 229-18 对弱光的适应能力较强，而 08H 较差。

光补偿点是光合作用和光呼吸达到平衡时的光量子通量密度。从表 5-9 可知，三色堇叶片的光补偿点（L_{CP}）在 27.079～37.687 μmol/(m² · s) 之间，比一般阴生植物高 1～5 μmol/(m² · s)（Taiz & Zeiger，2009），说明三色堇同其他阳生植物一样，具有较高的暗呼吸速率。三色堇各品种的 L_{CP} 高低依次为：229-18＞08H＞ZMY_{2-1}＞EP_1，各品种 L_{CP} 高低与品种的暗呼吸速率大小相关，即品种的 L_{CP} 越高，其暗呼吸速率越大。

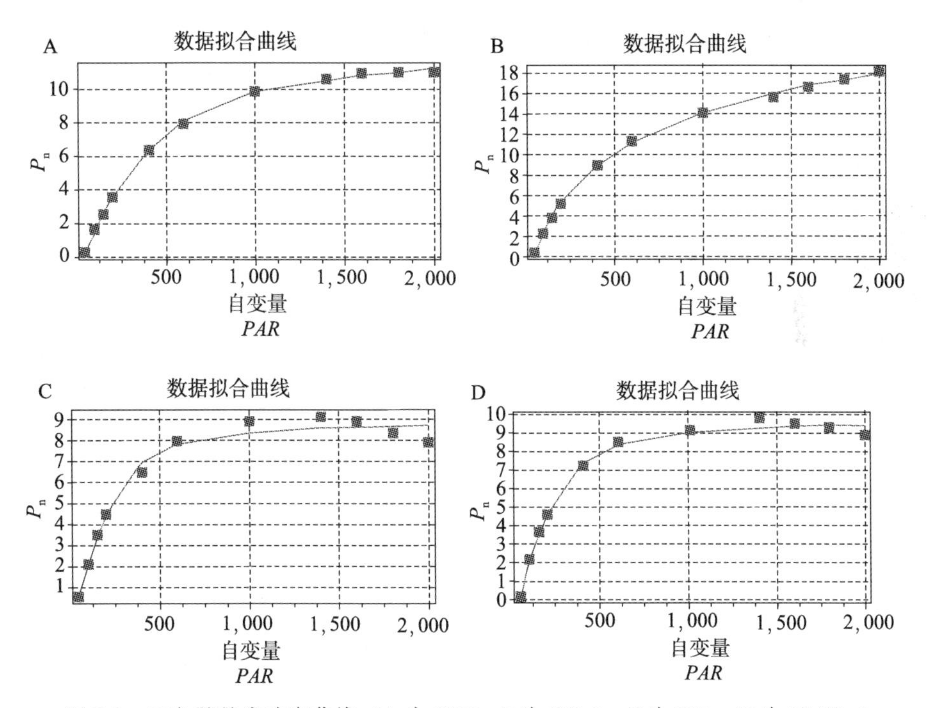

图 5-9　三色堇的光响应曲线（A 为 08H，B 为 229-1，C 为 EP_1，D 为 ZMY_{2-1}）

表 5-9　三色堇 4 个品种的 P_n-PAR 光响应曲线参数

光合作用参数	光响应拟合值			
	08H	EP_1	229-18	ZMY_{2-1}
最大净光合速率 [μmol/(m² · s)]	13.693	9.994	28.345	11.430
光饱和点 (L_{SP})/ [μmol/(m² · s)]	1 800	1 400	2 000	1 400
光补偿点 (L_{CP})/ [μmol/(m² · s)]	35.520	27.079	37.687	32.229
暗呼吸速率 (R_d)/ [μmol/(m² · s)]	1.053	1.017	2.771	1.655
表观量子效率 (Q)	0.028	0.033	0.076	0.040
光补偿点与暗呼吸处连线的斜率 (Q_{c0})	0.024	0.027	0.032	0.030
决定系数 R^2	0.999	0.981	0.999	0.994

(五) 三色堇叶片的 CO_2 响应特性

由图 5-10 可以看出，随着 CO_2 摩尔分数的增加，三色堇叶片的净光合速率增大，最后逐渐趋向平缓，即到达 CO_2 饱和点。CO_2 饱和点反映了光合作用的卡尔文循环中核酮糖 1,5-二磷酸（RuBP）再生能力的限制，而这种更新能力又决定于电子传递速率。表 5-10 显示，三色堇 4 个品种光合作用的 CO_2 饱和点均较高，接近 2 000 μmol/mol，说明三色堇 4 个品种的光反应电子传递效率均很高。估算的 RuBP 最大再生速率从大到小依次为：EP_1＞08H＞ZMY_{2-1}＞229-18。

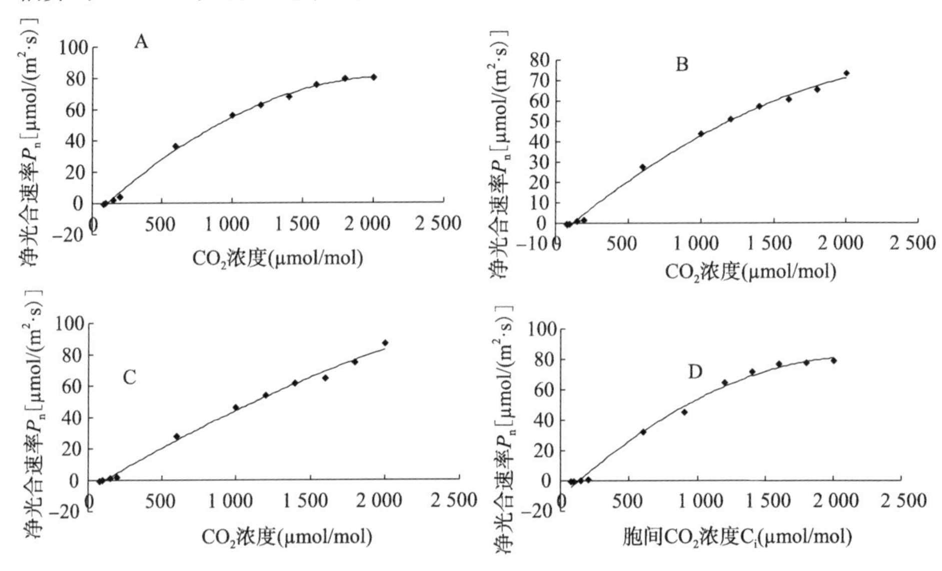

图 5-10　三色堇 CO_2 响应曲线

A. 08H　B. 229-18　C. EP_1　D. ZMY_{2-1}

CO_2的补偿点（C_{CP}）反映了 Rubsico 羧化能力的限制，其值越高，则 Rubsico 的羧化活性越低，反之越高。羧化效率（C_E）是指植物在较低 CO_2摩尔分数的条件下，Rubsico 对 CO_2的利用效率。三色堇 4 个品种中 $ZMY_{2\text{-}1}$的 C_{CP}最高（136 μmol/mol），229-18 次之，EP_1其后，08H 最低（99 μmol/mol），说明 08H 品种的 Rubsico 的羧化活性高，对低摩尔分数的 CO_2利用能力强，而 $ZMY_{2\text{-}1}$较差。4 个品种的 C_E正好与 C_{CP}相反，也反映出 08H 品种的 Rubsico 在低的 CO_2摩尔分数下羧化活性较高。三色堇光呼吸速率（R_p）在 1.769～3.852 μmol/mol 之间，$ZMY_{2\text{-}1}$最小，08H 最高。

表 5-10　三色堇 4 个品种的 P_n-CO_2响应曲线参数

光合作用参数	CO_2响应拟合值			
	EP_1	229-18	08-H	$ZMY_{2\text{-}1}$
RuBp 最大再生速率（A_{max}）/[μmol/(m^2·s)]	86.65	73.50	80.10	79.00
CO_2饱和点（C_{SP}）/(μmol/mol)	2 000	2 000	2 000	2 000
CO_2补偿点（C_{CP}）/(μmol/mol)	121.639	115.750	99.013	136.077
羧化效率（C_E）/[μmol/(m^2·s)]	0.024	0.019	0.039	0.013
光呼吸速率（R_p）/[μmol/(m^2·s)]	2.932	2.222	3.852	1.769
决定系数 R^2	0.998	0.995	0.996	0.994

三、小结与讨论

（一）小结

对 4 个不同生态区来源的三色堇品种 229-18（酒泉）、08-H（荷兰）、EP_1（上海）和 $ZMY_{2\text{-}1}$（郑州）的光合生理生态特性及其叶绿素含量、叶片气孔的密度和大小观测结果表明：①在豫北地区 5 月份三色堇叶片净光合速率的日变化呈双峰曲线，最高峰出现在上午 10：00。08H 品种的叶片净光合速率值在各时段明显高于其他品种。②在三色堇叶片净光合速率影响因子中，蒸腾速率、光合有效辐射呈显著直接正效应，而胞间 CO_2浓度、相对湿度呈负效应。③三色堇光响应曲线和 CO_2响应曲线揭示出各品种的光利用能力存在明显差异，其中 EP_1的光饱和点和光补偿点均最低，反映出较耐荫的品种特性；08H 的光饱和点较高，表现出强阳性的品种特性；在设定 CO_2浓度范围内，各品种的 CO_2饱和点均达到极大值（2 000 μmol/mol），在低浓度 CO_2水平，08H 的 CO_2补偿点最低，显示出较高的羧化酶活性。④在 4 个三色堇品种中，除 EP_1

与 ZMY_{2-1} 在总叶绿素和叶绿素 b 含量上存在显著差异外，其他品种间在叶绿素含量，以及气孔密度气孔大小上均无显著差异，揭示出 4 个三色堇品种净光合速率的差异可能与其叶绿素含量及气孔关系等光合系统构造无关，而与光反应中心或碳固定系统酶的活性有关。

（二）讨论

光合作用是植物生长发育的物质基础，光合作用受到电子传递速率、CO_2 浓度、Rubisco 活性或磷酸丙糖的限制，其中电子传递速率的大小又受到植物获得光量多少的限制。植物获得光量多少与外界光照条件和自身的吸收光能力有关。植物对光能的吸收是通过叶绿体中的叶绿素完成的，绿色植物中含有大量的叶绿素 a 和 b，是吸收太阳能的主要色素。植物通过多个色素分子形成的天线复合体来收集光能，并将收集的能量转移到反应中心复合体中（Taiz 和 Zeiger，2009）。因此，叶绿素 a、b 的质量分数影响植物对光能的吸收。由于叶绿素 a 在红光部分的吸收带偏向长光波方面，而叶绿素 b 在蓝紫光部分的吸收带较宽，所以叶绿素 a、b 质量分数的相对大小影响植物在不同光照条件下对光能的吸收。本书研究结果显示，4 个三色堇品种在叶片总叶绿素和叶绿素 a 的质量分数上无显著差异，但在叶绿素 b 上，EP_1 显著高于 ZMY_{2-1}。当外界环境光照较弱时，漫射光中的较短波长占优势，所以 EP_1 具有的较高叶绿素 b 质量分数有利于其在弱光条件下充分利用有限光资源（Boardman，1977），这也为测定的 EP_1 较低的光饱和点（L_{SP}）和光补偿点（L_{CP}）所证实。以上结果说明，EP_1 具有一定的耐阴性，在光照较弱的地方或季节也适合栽培，如我国的长江流域的冬春季及林下。4 个三色堇品种中，229-18 的 L_{SP} 最高，较高的 L_{SP} 使其在高光强不易产生光抑制，因此 229-18 适宜在光照充足的西北的春季或初夏露地栽培。而 EP_1 由于 L_{SP} 较低，因此耐强光能力有限，初夏中午较易出现光抑制现象，不适宜在光照较强的地区或季节栽培，如西北和华北地区的初夏。

CO_2 是植物光合作用的主要原料之一，其通过植物叶片的气孔进入，因此叶片气孔的密度、大小影响着植物细胞间 CO_2 的浓度。研究表明，在气孔密度和大小上，4 个三色堇品种无显著差异，说明叶片的基本构造不是造成三色堇不同品种 CO_2 吸收差异的主要因素。在胞间 CO_2 浓度一定条件下，植物对 CO_2 的利用能力与 Rubisco 的活性有关，羧化效率（CE）是 Rubisco 活性的重要参数（Taiz 和 Zeiger，2009）。本研究显示，4 个三色堇品种的羧化效率（CE）存在明显差异，说明 4 个品种在净光合速率上的差异与固定 CO_2 的 Rubisco 酶活性相关。08H 的 CO_2 补偿点（C_{CP}）最低，羧化效率（CE）最高，显示 08H 的 Rubisco 在低水平的 CO_2 摩尔分数下具有较高的羧化活性，CO_2 浓度一般不会成为其栽培的限制因子。而对于 C_{CP} 较高的 ZMY_{2-1} 则可通过提高或改善 CO_2 浓度的措施增强植物的光合作用。

三色堇原产欧洲，欧洲温凉湿润的气候条件造就了三色堇喜凉爽，不耐高温干旱，喜光但不耐强光的特点。从本研究结果来看，三色堇叶片 P_n 日变化和峰值高低，是叶片光合的生理生态因子与环境条件日变化综合作用的结果（杨江山等，2005）。从影响因子间的关联性来看，随着 PAR 的日变化，*Cond* 与 P_n 几乎同步变化。其中，处于光合“午休”时，*Cond* 显著降低，这时叶肉内 C_i 处于下降阶段，而 L_s 值升高，P_n 相应回落，这些都说明气孔限制因素占据了主导地位（付卫国等，2007；杨江山等，2005；许大全等，2006）。*RH* 主要通过 T_r 等因子的间接作用对 P_n 产生负影响，即 P_n 随空气湿度的降低而降低，由此推断三色堇在较为湿润环境中光合作用较强。从通径分析来看，温度主要通过影响 *Cond*、*RH* 而对 P_n 产生负作用，可见持续的高温也不利于三色堇的光合作用，这与长柄扁桃的光合特性相似（罗树伟等，2010）。本研究结果发现，三色堇各品种的叶片 P_n 的日变化呈双峰型曲线，有明显“午休”现象，说明华北地区的 5 月中旬中午的强光和高温对三色堇叶片的光合作用产生了一定的抑制作用。其中 08H 叶片 P_n 主要受到了强光的抑制，而其他 3 个品种 P_n 受到光抑制的同时，也受到了高温的影响。因此建议此期及以后强光高温季节三色堇的栽植和养护，在中午时段可考虑采用遮阳网或栽植、摆放在树下进行适当遮阴。中午 RH 的降低也是三色堇“午休”的一个重要因子，所以三色堇养护中建议采用中午喷雾（水）的办法，应能起到增强光合作用的目的，为花期提高观赏价值提供保障。研究也发现，08H 是一个高光效（P_n 和 SUE）的三色堇品种，非常适宜在华北地区应用或作为杂交育种的优良亲本。该品种的高光效为其生长发育提供了充足的物质基础，其不但生长旺盛，而且花朵繁多，花期较长（刘会超等，2010）。当然也看到 08H 品种的高 P_n 伴随着高蒸腾速率（T_r）以及较低的水分利用率（WUE），所以 08H 的养护需要充足的水肥供应。

在运用模型拟合三色堇 P_n-PAR 光响应曲线时，我们分别采用了二次曲线拟合、直线拟合、非直角双曲线模型、以及叶子飘和于强提出的新模型（2007）等，通过各模型的比较，非直角双曲线模型其预测的表观量子效率小于 0.125，符合其生物学特性，其决定值也最高。但其拟合的光响应曲线为一条渐近线，没有极值。其估测的最大净光合速率大于实测值，而与

200 μmol/(m^2·s) 以下的直线方程相结合，估算出其光饱和点远远小于实测值。因而各品种的光饱和点，需结合测量中所得的最大净光合速率进行估测。在运用模型拟合三色堇 P_n-CO_2 响应曲线时，我们采用二项式回归进行拟合，因其拟合结果与实际测量值相符，且其决定系数比其他方法高。通过与其他文献结果的比较分析，我们发现不同植物适合的模型可能不同（钱莲文等，2009）。

第六章　三色堇的抗逆性研究

植物在生长发育过程有时会遭遇干旱、低温、高温、盐碱等不利的环境条件，而受到胁迫，生理活动受到不同程度的影响，严重情况下会导致植株死亡。在长期的自然进化过程中，植物形成了对逆境的生理响应和遗传上的适应性，产生了抗逆性。研究不同种质资源对逆境的响应，筛选抗逆性强的种质资源对于改良现有品种，提高品种对逆境的适应能力，具有重要的现实意义。

一、三色堇种质资源对高温胁迫的生理响应

摘要　三色堇性喜冷凉、忌酷热。为研究高温胁迫下三色堇的生理响应，本研究分别对大花三色堇自交系 DFM-16、DFM-17、HAR 和角堇自交系 08H、E01 幼苗进行不同高温胁迫处理，记录热害情况并测定不同胁迫条件下细胞膜透性、光化学效率（F_v/F_m）、脯氨酸含量、过氧化物酶（POD）、超氧化物歧化酶（SOD）、过氧化氢酶（CAT）活性等生理指标。并以 08H、E01 和 HAR 为试材，分别测定了 40℃高温处理 4、8 和 12 h 时不同基因型三色堇幼苗的生理指标，以及外施不同浓度（0.1、1、2 mmol/L）水杨酸对其热胁迫下幼苗耐热性的影响。结果表明，角堇的热害指数高于大花三色堇；在高温胁迫下大花三色堇和角堇电解质外渗量增加，随着处理时间的延长，电解质外渗更多；但角堇细胞膜受损程度比大花三色堇严重；在昼温 42℃，供试的 4 份材料的光合作用均受到了抑制，其中角堇比大花三色堇受到的抑制程度大；大花三色堇和角堇在高温胁迫下可溶性糖含量先增加后降低，脯氨酸含量随温度的升高而增加；供试 4 种材料的 POD 活性随温度的升高出现了不同程度的下降，大花三色堇 SOD 活性在昼温 25℃、35℃下相对稳定，42℃时下降，大花三色堇的 CAT 活性在 42℃下较对照均明显升高，而角堇明显下降。综合热害指数和生理指标分析得出，大花三色堇的耐热性高于角堇。与对照相比，3 种浓度 SA 预处理均显著降低了三色堇幼苗的电解质外渗率，增加了幼苗体内可溶性糖含量和内脯氨酸含量，提高了 POD 酶活性。其中 1 mmol/L 的 SA 预处理对高温胁迫下大花三色堇幼苗体内可溶性糖的含量增加最为显著，减缓幼

苗体内的电解质外渗量。08H 和 HAR 的脯氨酸含量和 POD 酶活性达到最大值；而对 E01 而言，0.1 mmol/L 的水杨酸预处理的脯氨酸含量和 POD 酶活性最高。本书研究探讨了高温胁迫下不同基因型大花三色堇幼苗的生理表现以及外施水杨酸对增强大花三色堇幼苗耐热性的效果，为大花三色堇抗热栽培提供了重要的基础资料。

关键词 高温胁迫；大花三色堇；角堇；POD；水杨酸

高温是常见的一种自然界现象，对不能自主移动的植物常会造成一种生理胁迫，严重胁迫会对植物造成一定程度的伤害，难以恢复。随着全球气候变暖，高温对植物的胁迫愈演愈烈。三色堇原产欧洲，为堇菜科堇菜属草本花卉。其品种繁多，花色鲜艳，花期长，耐寒，在欧、美、日国家十分盛行，素有“花坛皇后”的美誉（张其生等，2010）。三色堇性喜冷凉，忌酷热，气温高于 30℃时，幼苗生长不良，成苗率下降，花芽开始消失，35℃以上持续高温将导致植株枯萎死亡。我国自 20 世纪 80 年代引入栽培，近年来已成为我国南北方城市最常用的秋冬季和早春花卉。然而，我国的大陆季风性气候特点是夏季高温，冬季寒冷，夏季高温远远超出三色堇的适宜生长和可以忍耐的温度条件，导致三色堇夏季育苗的成苗率低及移栽初期死亡率高，已成为影响三色堇生产的重要问题；春季应用观赏的三色堇当进入 6 月份即高温导致植株枯萎死亡，缩短了三色堇的观赏期。

高温胁迫在造成植物明显的形态伤害之前，其相关生理生化指标已经发生了变化。研究这些变化可为早期判断高温对植物的胁迫提供参考。此外，植物在高温胁迫下，往往会通过产生或调节一些生物分子活性，如过氧化氢酶（CAT），来减轻不利环境造成的伤害。在自然进化中，不同植物进化出了不同的适应机制，应对不利的生长环境。研究高温胁迫对三色堇生理生化指标的影响，探讨其高温适应机制，对三色堇的高温季节栽培和抗热育种具有重要意义。彭华婷等（2012）曾对 35℃胁迫下大花三色堇幼苗生理变化进行了初步研究，但涉及的高温条件较为单一。水杨酸（SA），即邻羟基苯甲酸，作为一种植物体内产生的小分子酚类化合物。在大麦、小麦、水稻、苹果、葡萄、辣椒、百合等植物上的相关研究表明，SA 可提高植物的抗冷性、抗重金属离子毒害、抗干旱胁迫和盐害性等非生物胁迫的能力（王延书等，2007）。然而，有关 SA 对大花三色堇耐热性的影响方面尚未见报道。

本书研究以 5 个三色堇自交系为试材，研究不同高温胁迫条件对不同基因型三色堇幼苗的生理生化指标影响，以及外施SA对提高三色堇耐热性的作用，旨在为三色堇耐热栽培和耐热育种研究提供重要参考。

（一）试验材料

试验材料为河南科技学院三色堇育种课题组多年选育的5个三色堇自交系08H、E01、DFM-16，DFM-17和HAR。

种子经温汤浸种后播种于200孔穴盘，每孔一粒种子，基质为草炭土：蛭石（1：1）。置于18～20℃条件下培养。出苗后，保持光照强度4 000 lx，每天光照时间大于12 h。浇水见干见湿。2叶1心期移入直径10 cm的营养钵中，光照培养箱中培养，温度保持18℃，浇水保持基质湿润，每周喷施1次200 mg/kg的硝酸钙叶面肥，培养60 d或至5叶1心期的三色堇植株进行高温与水杨酸处理。

（二）试验研究方法

1. 材料的处理

（1）对培养60 d的4份三色堇材料（08H、E01、DFM-16、DFM-17）在20℃/15℃（昼/夜），相对湿度90%～95%，光周期14 h的培养箱中驯化7天，然后对驯化的4种材料分别进行35℃/30℃（昼/夜）、40℃/35℃（昼/夜）、42℃/37℃（昼/夜）高温处理4天，以25℃/20℃（昼/夜）为对照。每处理10株，重复3次。

（2）对培育至5叶1心期的三色堇08H、E01、HAR苗分别进行40℃高温处理4 h、8 h、12 h，以25℃为对照，每处理10株，重复3次。

（3）在高温处理前12 h分别用0.1 mmol/L、1 mmol/L和2 mmol/L的SA叶面喷施大花三色堇苗，然后用40℃高温处理12 h，喷等量清水做对照。

2. 生理生化指标的测量方法

（1）热害指数的测定　记录4种材料在不同温度胁迫下4d后的热害级数。热害症状分级标准参考康俊根和秦海明（2002）和吴国胜等（1995）的方法，略加修改，具体为：0级，幼苗生长正常，无明显热害症状；1级，叶片绿色，轻度反卷萎蔫；2级，叶片微黄，中度萎蔫；3级，叶片发黄，重度萎蔫；4级，植株茎萎缩，叶大部分枯黄萎蔫；5级，植株死亡干枯。热害指数=Σ（每个级别植株数×级别数）/（最高级数×总植株数）×100%。

（2）光合速率　采用Li-6400便携式光合作用系统测定。自然光强［1 300 mol/(m^2·s)］，开放气路，CO_2浓度为300 μmol条件下测定。

(3) PSⅡ最大光合效率 (F_v/F_m) 用 Yaxin-1161G 叶绿素荧光仪测定。将经过高温处理的植株进行 20 min 暗适应后，用 Yaxin-1161G 叶绿素荧光仪的 OJIP 功能测定最大光化学效率 F_v/F_m，每处理重复 3 次。

(4) 细胞膜透性 参照文献（邹琦，1995）中相应方法进行测定，具体为：取三色堇功能叶片，用水冲洗干净，滤纸吸干表面水分。称取 0.1g 叶片，共 3 份，然后将叶片剪成细长条（避开主脉），分别置于 50 mL 的刻度烧杯中，加 20 mL 去离子水，放入真空干燥器中，开动真空泵抽气至叶片下沉。取出烧杯静置 5 min 后用雷磁 DDS-11A 电导仪测定浸提液电导率 (R_1)。然后，沸水浴加热 30 min，冷却至室温，摇匀后再次测定浸提液电导率 (R_2)，每处理重复 3 次。按照以下公式计算相对电导率，

$$相对电导率=(R_1/R_2)\times 100\%。$$

其中，R_1为处理电导率；R_2为煮沸电导率。

(5) 脯氨酸含量 参照文献（程小英，2012）中的方法，用茚三酮法测定。以 OD 值为纵坐标，脯氨酸质量浓度（ug/mL）为横坐标制作标准曲线。先称取不同处理的三色堇功能叶片 0.1 g，擦净、剪碎，分别置于具塞试管中，然后向各试管分别加入 5 mL 3%磺基水杨酸溶液，在沸水浴中提取 10 min（提取过程中经常摇动），冷却后过滤于干净试管中，滤液即为脯氨酸提取液待用。吸取 2 mL 提取液于具塞试管中，依次加入 2 mL 冰醋酸、2 mL 2.5%酸性茚三酮试剂，置沸水浴中加热 30 min，冷却后加入 4 mL 甲苯，摇荡 30 s，静置片刻，取上层液至 10 mL 离心管中，3 000 r/min 离心 5 min，用吸管轻轻吸取上层脯氨酸红色甲苯溶液于比色杯中，以甲苯溶液为空白对照，在波长 520 nm 处测定吸光度值，记录。在标准曲线上查得脯氨酸含量。每处理重复 3 次，取平均值。

(6) 可溶性糖含量 参照文献（程小英，2012）中的方法，用蒽酮比色法法测定。首先制作蔗糖标准曲线：以标准蔗糖含量为横坐标，以测得吸光度（OD 值）为纵坐标制作蔗糖标准曲线。可溶性糖的提取：称取新鲜三色堇功能叶片，擦净、剪碎混匀称取 0.1 g，共三份。分别放入 3 支刻度试管中加5～10 mL 的蒸馏水，用塑料薄膜封口，置沸水浴中加热 30 min（提取两次），冷却后过滤，滤液收集于 25 mL 的容量瓶中。用蒸馏水反复漂洗试管及残渣并用蒸馏水定容至刻度，摇匀备用。显色测定：用移液管吸取0.5 mL提取液于 20 mL 具塞刻度试管内（重复 3 次），加 1.5 mL 蒸馏水，按顺序依次加入0.5 mL蒽酮乙酸乙酯试剂、5 mL 浓硫酸，盖好试管塞后摇匀，立即置于沸水浴中 10 min，取出自然冷却至室温，（比色空白用 2 mL 蒸馏水与 0.5 mL

蒽酮乙酸乙酯试剂混合，再加上 5 mL 的浓硫酸置于沸水浴中 10 min)，冷却后至室温，在波长 630 nm 下比色，记录吸光度值，查标准曲线求得蔗糖含量。

(7) POD 酶活性　参照文献（邹琦，1995）中相应方法，用愈创木酚方法测定。称取三色堇功能叶片 0.1 g，放入 4 ℃预冷的研钵中，加入 4 ℃预冷的 50 mmol/L（pH 7.8）的磷酸缓冲液 1 mL，低温研磨成匀浆后转移到离心管中，再用 3 mL 的磷酸缓冲液冲洗研钵并转入离心管中，4℃、10 000 r/min 离心 20 min，上清液为粗酶液。反应体系加样次序依次为 25 mmol/L 愈创木酚溶液 3 mL，250 mmol/L 过氧化氢溶液 0.2 mL，0.1 mL 酶液，从加入酶液 30 s 开始读取波长 470 nm 处的吸光度值，每 30 s 记录 1 次，连续测定 10 min。每处理重复 3 次，取平均值。

(8) SOD 酶活性　参照文献（邹琦，1995）中相应方法，用氮蓝四唑光还原法测定。称取 5 g 样品，加入 40 mL 预冷的磷酸缓冲液，4℃研磨成匀浆，过滤后 4 000 r/min 离心 20 min，取上清液用于酶活性测定。取磷酸缓冲液 30 mL，依次加入 Met，NBT，核黄素和 EDTA，使其浓度为 1.3×10^{-2} mol/L，6.3×10^{-5} mol/L，1.3×10^{-6} mol/L 和 1×10^{-4} mol/L，制备反应体系液。取反应体系液 3 mL，移入试管中，加入 25～30 μL 酶液。用 4 000 lx 荧光灯管照射 15 min。在 560 nm 下比色。根据颜色变化计算酶活单位。每处理重复 3 次，取平均值。

(9) CAT 酶活性　参照文献（邹琦，1995）中相应方法，用高锰酸钾滴定法测定。称取剪碎混匀的叶片 1.0 g 置预冷的研钵中，加入适量预冷的pH 7.0 磷酸缓冲液和少量石英砂冰浴研磨成匀浆后，转入 10 mL 容量瓶中，并用缓冲液冲洗研钵数次，合并冲洗液，定容到 10 mL。取提取液 5 mL 于离心管中，在 4℃、15 000 g 下离心 15 min，上清液即为过氧化氢酶粗提液。在 10 mL具塞试管中加 2 mL 酶提取液 25℃水浴中预热 3 min 后，加入 0.2 mL 0.2 mol/L 的 H_2O_2溶液，立即在紫外分光光度计上测定 A240，每隔 30 s 读数一次，共测 3 min，记录测定值。以 1 min 内 A240 降低 0.1 的酶量为 1 个酶活单位，计算酶活单位。每处理重复 3 次，取平均值。

3. 统计分析　采用 Excel 2010 与 DPS 6.55 软件对数据进行方差分析和差异显著性检验。

（三）结果与分析

1. 高温胁迫下大花三色堇和角堇热害指数　在 42℃高温胁迫下，4 种材料叶片均出现发黄现象，随着胁迫时间的增加，角堇 08H 和 E01 部分植株先出现叶片枯萎，最后整株死亡。由表 6-1 可知，08H 与 E01 的热害指数分别为 0.75、0.68，二者差异不显著；DFM-16、DFM-17 热害指数分别为 0.45、0.38，二者差异也不显著；但 DFM-16、DFM-17 的热害指数要极显著高于 E01 和 08H，表明 DFM-16、DFM-17 的耐热性要高于 08H、E01，这与田间观察到的耐热性结果一致。

表 6-1 高温胁迫下大花三色堇和角堇热害指数

材料名称	热害指数	$P<0.05$	$P<0.01$
08H	0.75	a	A
E01	0.68	a	AB
DFM-16	0.45	b	BC
DFM-17	0.38	b	C

2. 高温胁迫对三色堇净光合速率（P_n）的影响 由图 6-1 可以看出，40℃高温胁迫 4 h 以上导致三色堇净光合速率显著下降，并且随高温胁迫时间延长，净光合速率下降幅度越大。比较而言，高温胁迫下，HAR 的净光合速率的下降幅度要小于 08H 和 E01。

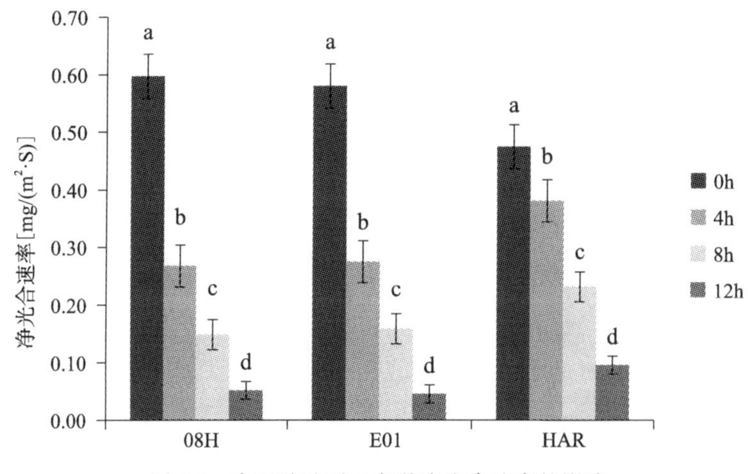

图 6-1 高温胁迫对三色堇净光合速率的影响

3. 高温胁迫对三色堇最大光化学效率（F_v/F_m）的影响 35℃/30℃和 40℃/35℃高温未引起 4 份三色堇试材的最大光化学效率的显著下降，但

42℃/37℃导致三色堇 08H 和 E01 的最大光化学效率显著下降，说明其 PSⅡ光合系统造成了伤害，但对 DFM-16、DFM-17 无明显影响（图 6-2）。40℃高温处理 4 h 和 8 h 分别造成 08H 和 E01 的最大光化学效率显著下降，而对 HAR 无显著影响（图 6-3）。说明 DFM-16、DFM-17 和 HAR 的光合系统的耐高温性较强。

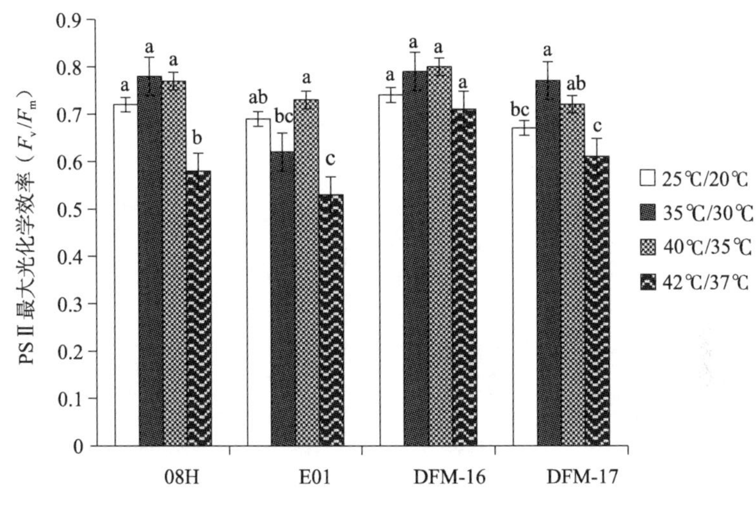

图 6-2　不同温度（高温）胁迫对三色堇 F_v/F_m 的影响

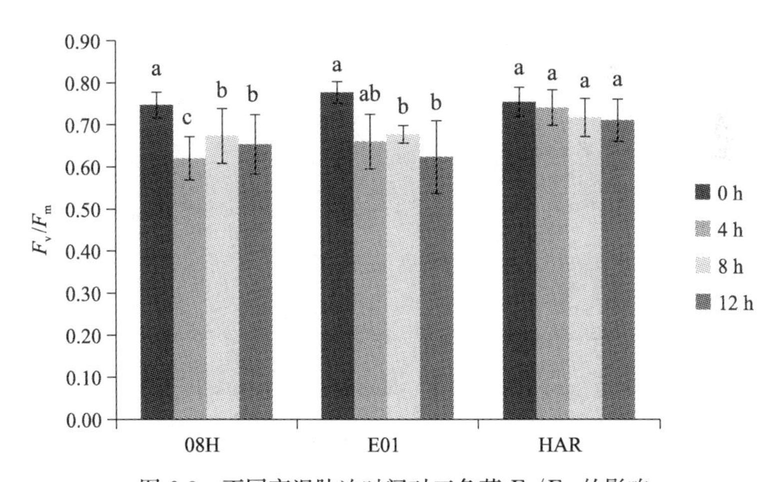

图 6-3　不同高温胁迫时间对三色堇 F_v/F_m 的影响

4. 高温胁迫对三色堇细胞膜透性的影响

40℃/35℃和42℃/37℃高温胁迫导致三色08H和E01的细胞膜透性显著增大，说明对其细胞膜造成了伤害。而对DFM-16和DFM-17的细胞膜透性无显著影响（图6-4）。40℃高温连续处理8 h以上导致三色堇HAR、08H和E01的细胞膜透性显著增加（图6-5）。

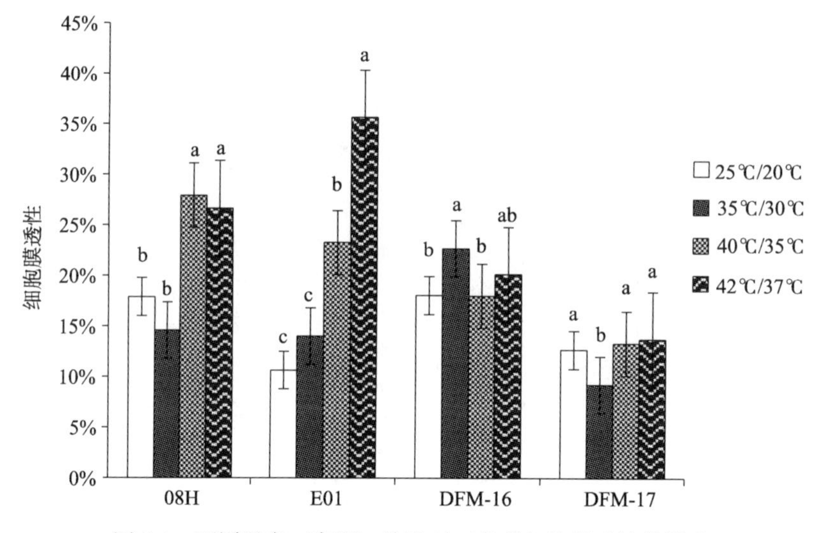

图6-4 不同温度（高温）胁迫对三色堇细胞膜透性的影响

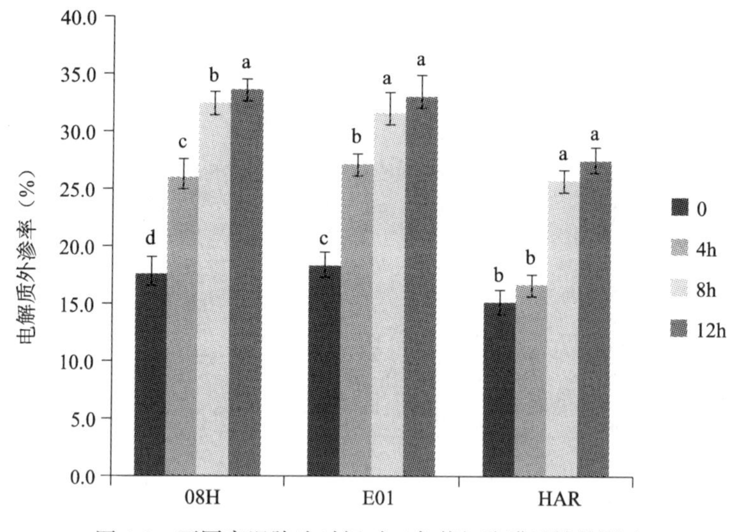

图6-5 不同高温胁迫时间对三色堇细胞膜透性的影响

5. 高温胁迫对三色堇可溶性糖含量的影响

在高温条件下，随着胁迫加剧三色堇的可溶性糖含量呈现先上升后下降的趋势。三色堇试材在 35℃/30℃高温条件或 40℃高温处理 4 h，可溶性糖含量明显高于对照。但 08H 和 E01 在 40℃/35℃，或 40℃处理 8 h，可溶性糖含量开始下降，而 DFM-17 是 42℃/37℃下才开始下降，DFM-16 没有出现显著下降，HAR 是在 40℃处理 12 h 后可溶性糖含量明显下降（图 6-6、图 6-7）。

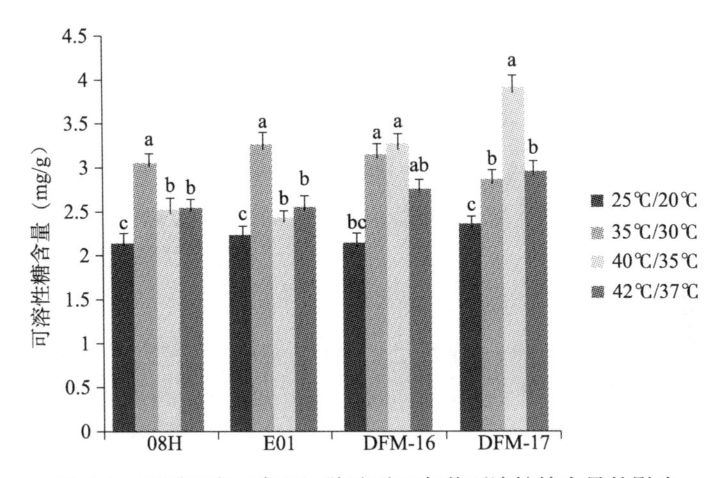

图 6-6　不同温度（高温）胁迫对三色堇可溶性糖含量的影响

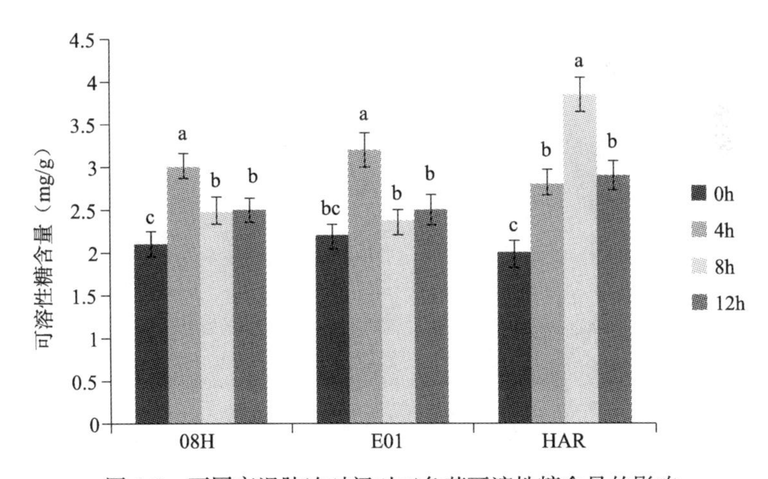

图 6-7　不同高温胁迫时间对三色堇可溶性糖含量的影响

6. 高温胁迫对三色堇脯氨酸含量的影响 在高温胁迫下，08H 的脯氨酸含量呈显著增加趋势；而 E01 在 40℃胁迫 4 h 脯氨酸含量增加，8 h 后出现下降；HAR 在 40℃胁迫 8 h 增加，12 h 出现了下降（图 6-8）。

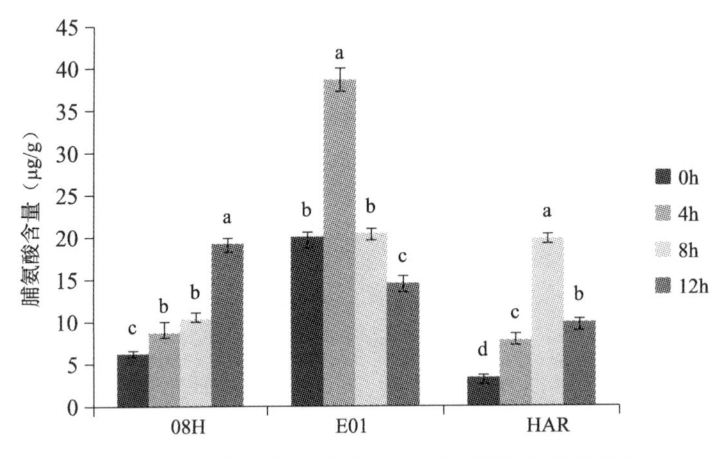

图 6-8 不同高温胁迫时间对三色堇脯氨酸含量的影响

7. 高温胁迫对三色堇 POD 活性的影响 随着高温升高和胁迫时间的延长，三色堇的 POD 酶活性呈先上升后下降的趋势。相同条件下，HAR 的 POD 酶活性要高于其他材料（图 6-9、图 6-10）。说明 HAR 的抗热性与其 POD 酶活性较高，能及时清除活性氧有关。

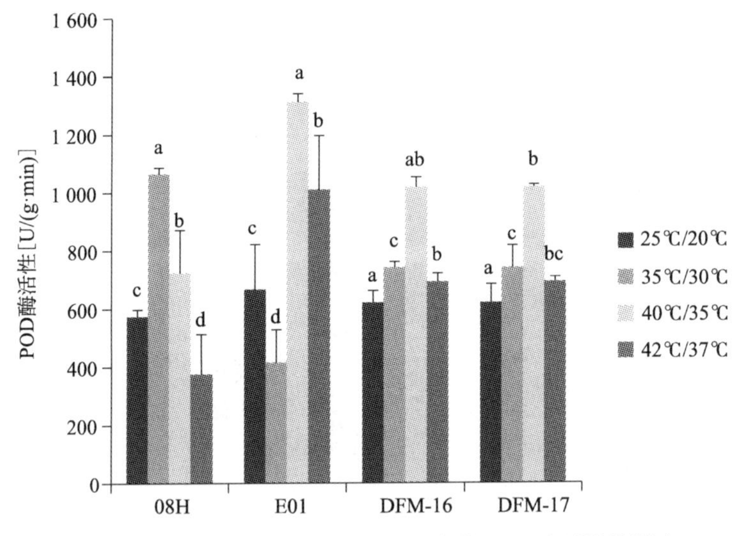

图 6-9 不同温度（高温）胁迫对三色堇 POD 酶活性的影响

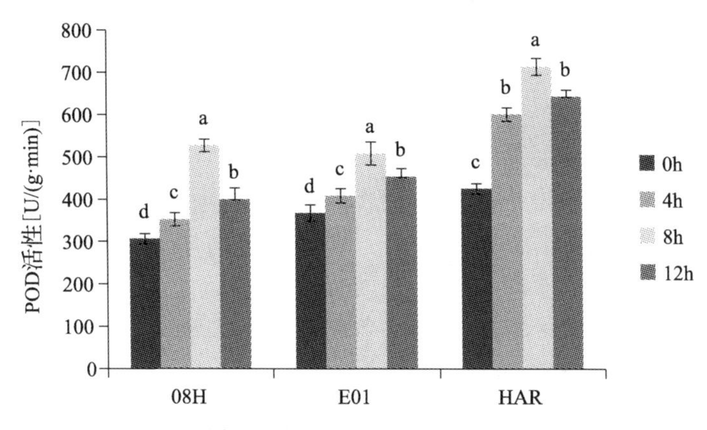

图 6-10 不同高温胁迫时间对三色堇 POD 酶活性的影响

8. 高温胁迫对三色堇 SOD 活性的影响 E01 和 DFM-16 在 40℃/35℃和 42℃/37℃高温胁迫下，DFM-17 在 42℃/37℃下，SOD 酶活性出现显著下降(图 6-11)。

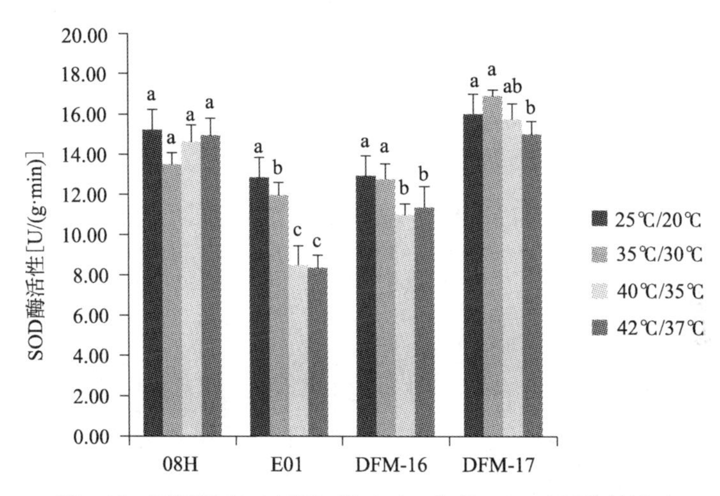

图 6-11 不同温度（高温）胁迫对三色堇 SOD 酶活性的影响

9. 高温胁迫对三色堇 CAT 活性的影响 在 40℃/35℃及以上高温胁迫下，08H 和 E01 的 CAT 酶活性显著下降，而 DFM-16 和 DFM-17 则分别出现上升(图 6-12)，说明三色堇耐热材料与不耐热材料的抗热差异原因与 CAT 酶活性有关。

10. 外施水杨酸（SA）对三色堇耐热性的影响 外施0.1%～2%的SA能显著降低高温胁迫下三色堇的电解质外渗率，增加可溶性糖含量（图6-13、图6-14）；而外施0.1%～1%的SA能提高三色堇脯氨酸含量和POD酶活性（图6-15、图6-16），提高三色堇的耐热性。1% SA提高三色堇抗热性的效果最佳。

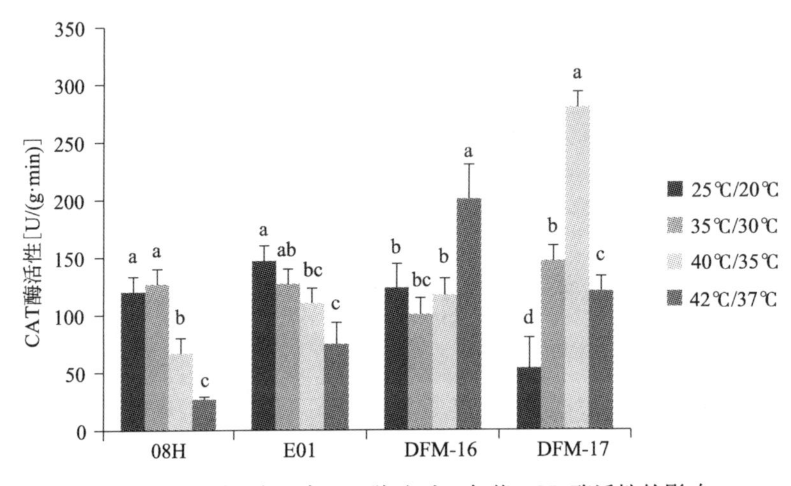

图6-12 不同温度（高温）胁迫对三色堇POD酶活性的影响

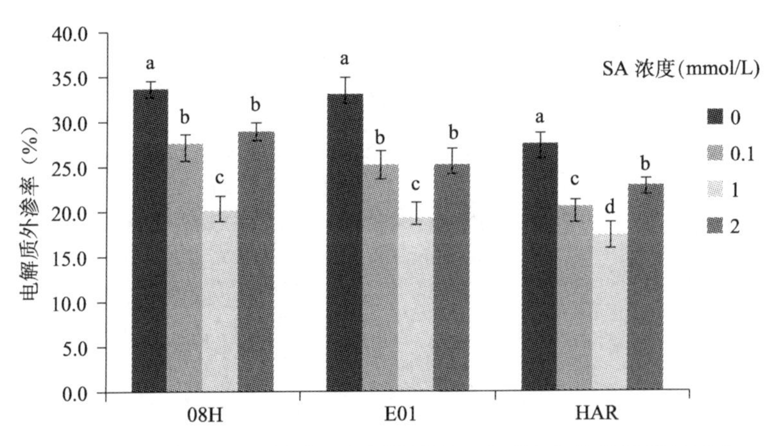

图6-13 不同浓度SA处理对高温胁迫下三色堇电解质外渗率的影响

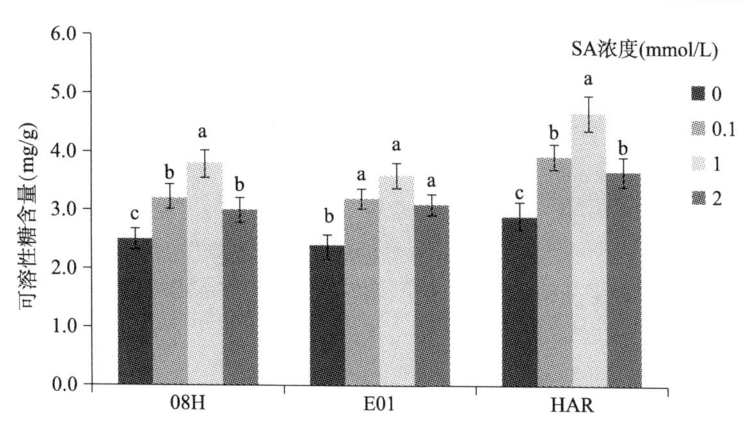

图 6-14　不同浓度 SA 处理对高温胁迫下三色堇可溶性糖含量的影响

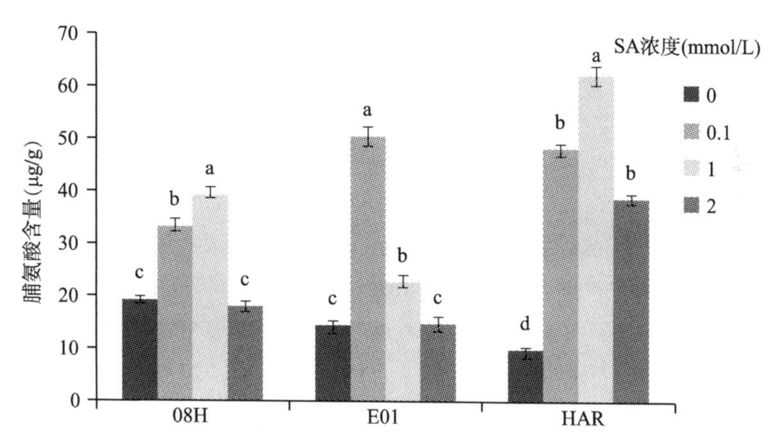

图 6-15　不同浓度 SA 处理对高温胁迫下三色堇脯氨酸含量的影响

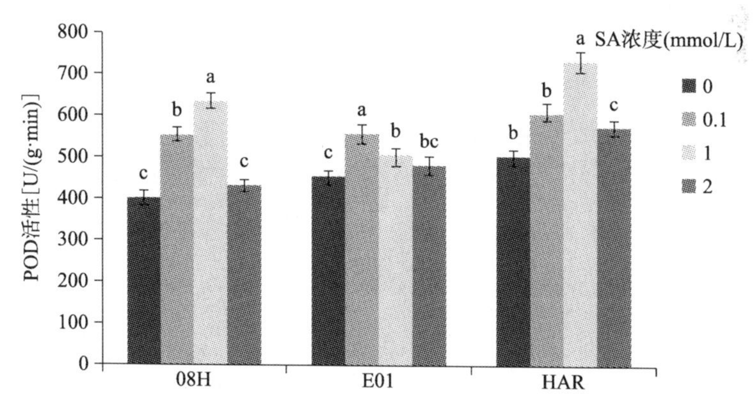

图 6-16　不同浓度 SA 处理对高温胁迫下三色堇 POD 酶活性的影响

（四）小结

40℃以上高温胁迫 4 h 以上将造成三色堇净光合速率显著下降，导致 08H 和 E01 的最大光化学效率下降，而 DFM-16、DFM-17 和 HAR 未受显著影响。40℃高温超过 8 h 会引起 08H、E01 和 HAR 的细胞膜透性显著增加。35℃/30℃（昼/夜）处理或 40℃高温 4 h，三色堇的可溶性糖和游离脯氨酸含量增加，但随着胁迫加剧，出现减少现象，HAR、DFM-16 和 DFM-17 减少相对较慢。高温胁迫下，三色堇 POD 酶活性先上升后下降，SOD 酶活性降低，DFM-16 和 DFM-17 的 CAT 酶活性上升，显著高于 08H 和 E01。外施 1%的 SA 能显著增加高温胁迫下三色堇的可溶性糖和游离脯氨酸的含量，提高 POD 酶活性，降低的电解质外渗率。

（五）讨论

高温胁迫对植物的伤害会引起光化学效率降低，PSⅡ最大光化学效率的降低是光合作用受到抑制时的显著特征（张鹏翀等，2013）。这可能是光合内囊体膜受损、蛋白变性等引起的。本研究发现 4 种材料 PSⅡ最大光化学效率在 42℃时均明显下降，光合作用均受到抑制。这与条斑紫菜（黄文等，2014）、棉花（熊格生等，2011）、苋菜（陈梅和唐运来，2013）等的研究结果一致。耐热性强的植物在高温下光合系统损伤较少，能够维持较高的光合速率（Tzeng 和 Hsu，2001）。高温对植物伤害的另一方面是造成细胞膜受损引起电解质外渗。细胞膜是热损伤的中心，高温会导致细胞膜上的蛋白质变性，膜脂液相化，膜透性增加，导致电解质大量外渗，因此细胞膜的热稳定性反映了植物耐热能力的大小（马永战等，1998）。本试验结果显示，随着高温胁迫时间的延长，大花三色堇和角堇的电解质外渗率增加，表现热伤害症状。与 08H 和 E01 相比，随着高温胁迫的加剧（温度的升高或高温时间的延长），角堇 08H 和 E01 细胞膜透性变化幅度大，表明其细胞膜受损程度较大，而大花三色堇 DFM-16、DFM-16 和 HAR 的电解质外渗变化幅度较小，热害指数低，说明大花三色堇 DFM-16、DFM-17 及 HAR 在高温下细胞膜更加稳定，反映出其良好的耐热性能。

高温胁迫下植物会进行自我保护，一方面是防止水分过分损失，即渗透调节，渗透调节是植物耐热和抵御高温的重要生理机制（刘祖祺和张石城，1995）。游离脯氨酸是植物体内一种重要的渗透调节物质，可以提高原生质胶体稳定性，防止植物水分过度散失，高温胁迫时，许多耐热的植物品种比不耐热的品种脯氨酸积累量多（Fang et al，2010）。本书研究结果显示，随温度的升高，大花三色堇DFM-16、DFM-17和HAR的脯氨酸含量呈上升趋势，且增长幅度较08H与E01高。这与新铁炮百合（王凤兰等，2003）、仙客来（曲复宁等，2002）等的研究结果基本一致。可溶性糖是植物体内一种重要的渗透调节物质，具有溶解性高，分子量小，生成迅速，对植物细胞具有渗透调节及保护细胞膜结构稳定的作用，在干旱、高温、低温等逆境条件下，植物会主动积累一些可溶性糖，降低渗透势和冰点，以适应外界条件的变化（黄希莲和宋丽莎，2007）。植物自我保护机制的另一方面是活性氧清除系统，活性氧清除系统在整个系统协调反应中能有效地控制活性氧含量，增加胁迫抗性（刘兰英，2009）。高温对POD活性有显著的抑制作用，其活性的降低加速了高温对细胞结构和功能的损伤（王涛等，2013）。CAT和SOD是植物抗氧化防御系统中的关键酶，可以提高植物组织的抗氧化能力。研究结果表明，随着温度的升高，08H、E01、DFM-17的POD活性相比对照均在一定范围内出现不同程度的下降，这与吴国胜等（1995）和司家钢等（1995）在白菜上，以及陈发棣等（2001）在小菊上的研究结果一致。HAR和DFM-16的POD酶活性出现了先上升后下降的情况，这与葡萄（王利军等，2003）和珍珠菜属植物（徐桂芳和张朝阳，2009）的研究结果一致。但肖顺元和赵大中（1990）在柑桔、姚元干等（1998）在辣椒、彭永宏和章文才（1995）在猕猴桃上的研究发现高温胁迫下POD酶的活性变化没有一定的规律。造成以上研究结果的差异，其可能是因为植物在耐热机制方面存在多样性。4种材料的SOD活性在25、35℃下相对稳定，42℃时下降，这可能是由于42℃高温破坏了植物体内SOD酶的活性。DFM-16与DFM-17的CAT活性较对照均明显升高，而E01与08H的CAT活性则明显下降，这可能是因为在42℃时大花三色堇中的CAT没有遭到破坏，而角堇中CAT遭到了破坏。本试验中CAT和SOD活性的变化与彭华婷等（2012）对大花三色堇的研究不完全符合，这可能是由于材料的基因型差异造成的。综合热害指数、细胞膜透性、光合效率、脯氨酸含量和可溶性糖含量，以及抗氧化酶活性等指标分析表明，大花三色堇HAR、DFM-16和DFM-17的耐热性均高于角堇08H和E01。这也与其田间表现相一致。

水杨酸（SA）作为一种能调节植物许多生长发育过程的小分子酚类物质，参与植物体内的许多生理生化过程，如植物开花、种子发芽、气孔关闭、膜通透性及离子的吸收等（Rskin，1992）。王延书等（2007）研究发现，SA具有提高非生物抗逆性的作用尤其是植物的耐热性。本研究结果显示，喷施适宜浓度的SA能提高大花三色幼苗POD酶的活性，增加可溶性糖和脯氨酸的含量，有效降低电解质外渗率。关于外源 SA 的适宜使用浓度，孙艳和王鹏（2003）研究表明，喷施 50 μmol/L 的 SA 对黄瓜四叶期的幼苗效果最优。何亚丽等（2002）研究发现，0.1～1.0 mmol/L 的 SA 均可提高 3 叶龄高羊茅幼苗的耐热性。可见 SA 提高植物耐热性的有效浓度因植物种类、秧龄及处理时间的不同而存在差异（王延书等，2007）。本研究显示，喷施 1.0 mmol/L 的 SA 对提高大花三色堇耐热性效果较好，浓度过高效果下降。关于外源 SA 提高植物耐热性的机理，现有研究表明，一定浓度的 SA 能减少植物体内的 H_2O_2 含量，提高植物体内 POD 活性，保持叶片较高的光合速率。SA 是响应高温锻炼的重要信号分子，外施 SA 和高温锻炼可能有相似的提高耐热机制（王延书等，2007；王利军等，2003），SA 提高植物耐热性的详细机制阐明还有待进一步深入研究。

二、三色堇种质资源的耐寒性研究

摘要　为探讨大花三色堇和角堇响应低温胁迫的生理特性，为低温条件下大花三色堇和角堇的抗寒栽培及育种提供参考，试验以 1 个大花三色堇资源 HAR 和 3 个角堇资源 JB、E01、08H 为材料，采用人工模拟低温条件（−5℃ 8 h，−5℃ 16 h，−5℃ 24 h，−10℃ 7 h，−10℃ 14 h）对其进行低温处理，以 20℃为对照，研究低温胁迫下三色堇叶片的电解质外渗率、光合、叶绿素荧光参数、脯氨酸和可溶性糖含量的变化。结果表明，低温胁迫导致大花三色堇和角堇叶片的净光合速率（P_n）、气孔导度（G_s）、蒸腾速率（T_r）、PSⅡ的最大光化学效率（F_v/F_m）、光化学淬灭系数（qP）和实际光化学效率（ΦPSⅡ）下降，且随低温胁迫程度增加呈下降趋势，而胞间 CO_2 浓度（C_i）和初始荧光（F_o）、非光化学淬灭系数（qN）则呈上升趋势，且变化幅度因基因型不同而存在差异。4 个材料叶片的 F_v/F_m 值在−5℃低温处理 24 h 或−10℃处理 7 h 时，与对照相比显著下降。4 个三色堇材料的电解质外渗率均随低温胁迫程度的增加显著增大，但增幅变化不同，大花三色堇 HAR 的电解质外渗率在−5℃处理 16 h 时出现急剧增大，而 3 个角堇品种 JB、E01、08H 是在−5℃处理 24 h 或−10℃处理 7 h 时迅速增大。4 个材料叶片的脯氨酸和可溶性糖含量随胁迫程度的增加均呈先升后降的趋势。在低温胁迫程度轻于−5℃ 16 h 时，大花三色堇与角堇的可溶性糖和脯氨酸含量呈逐渐增加趋势；随着低温胁迫程度的加剧，可溶性糖和脯氨酸含量呈下降趋势。依据各材料在低温胁迫下各项生理指标变化，推断其抗寒性大小依次为：E01＞JB＞08H＞HAR。

关键词　三色堇，低温胁迫，光合速率，叶绿素荧光

低温是限定植物区域性分布和季节性生长的环境重要因素之一。我国北方地区冬季比较寒冷，可用于园林绿化的花卉种类较少，品种较为单一，缺乏丰富的花卉烘托元旦、春节等节日气氛。大花三色堇和角堇起源于欧洲，园艺品种多，花色丰富、花期长、比较耐寒。研究大花三色堇和角堇对低温胁迫的生理响应及其适应能力，对于了解大花三色堇和角堇的适宜栽培区域和栽培季节，以及耐寒种质资源的筛选和品种选育具有重要的指导意义。

罗玉兰等（2001）曾研究了本地三色堇（紫花地丁）与从荷兰引进的三色堇对上海自然低温的生理响应，但该研究未确定三色堇所能承受的具体低温条件。大花三色堇与角堇是否可抵御我国长江以北地区（如河南）的冬季低温，满足圣诞节、元旦等节日的城乡美化需要，或可承受北方秋冬季哪个时段的低温，是需要解答的现实问题。光合作用是植物最重要的合成代谢途径之一，也是植物对低温最敏感的生理过程之一（陶宏征等，2012）。叶绿素荧光技术，可无损、快捷测定低温对植物的胁迫效应，目前已在西瓜（侯伟等，2014）、番茄（王丽娟等，2006）、茄子（郁继华等，2004）、甜椒（眭晓蕾等，2008）、玉米（陈梅和唐运来，2012）、棉花（武辉等，2014）、切花菊（梁芳等，2010）、草莓（郑毅，2005）、杨梅（邵毅和徐凯，2009）、彩叶草（王兆等，2014）等多种作物的低温逆境生理研究中得到应用。但有关低温胁迫对大花三色堇和角堇的光合和叶绿素荧光特性的影响目前鲜见报道。

为此，本书以 4 份大花三色堇和角堇种质资源为试材，以河南省豫北新乡市冬季一月份平均气温－5℃和极端最低气温在－10℃为参照（http：//www. weather. com. cn/weather1d/101180301. shtml，2016-09-10 引用．），分别设置了－5℃和－10℃ 2 个低温温度，并根据冬季气温的日变化情况，设置了不同的低温胁迫时间。通过人工模拟不同程度的低温胁迫，研究了低温胁迫下 4 份大花三色堇和角堇品种细胞膜透性、可溶性糖含量、脯氨酸含量、叶绿素荧光参数（F_v/F_m）等生理指标的变化情况。通过以上研究，以期探明大花三色堇和角堇响应低温胁迫的生理特性，为我国寒冷季节或冷凉地区大花三色堇和角堇的栽培及其抗寒材料的选择提供参考。

（一）试验材料和方法

1. 试验材料

试验材料为引自国内外不同地区的 4 份大花三色堇与角堇资源（表 6-2）。种子由河南科技学院新乡市草花育种重点实验室提供。试验材料于 2014 年 10 月播种于 200 孔穴盘中，2～3 片真叶后移栽于 10 cm×10 cm 营养钵中，15～20℃培养，生长期常规管理。待苗长至 7～10 片叶时进行低温胁迫处理。

表 6-2　试验用大花三色堇与角堇特征

材料名称	来源	花色	花大小	归属种
JB	美国高美斯公司 Penny Blue	纯蓝色	小花	角堇
E01	上海园林科学研究所	紫色白心	小花	角堇
08H	荷兰 BUZZY 公司 Johnny jump up	紫色黄斑	小花	角堇
HAR	荷兰 BUZZY 公司 Alpenglow	红色黑斑	大花	大花三色堇

2. 试验方法

（1）试验材料的处理　各品种选择长势基本一致的植株，先在 5℃下进行 1 周抗寒锻炼，然后进行低温胁迫处理。设 5 个低温胁迫处理：−5℃ 8 h（Ⅰ），−5℃ 16 h（Ⅱ），−5℃ 24 h（Ⅲ），−10℃ 7 h（Ⅳ），−10℃ 14 h（Ⅴ），以三色堇适宜生长温度（20 ℃）为对照（CK）。胁迫处理后，每株选取生长部位相同的叶片，分别测定叶片光合参数和叶绿素荧光参数，可溶性糖含量，游离脯氨酸含量及细胞膜透性。试验设 3 次重复。

（2）生理指标测定　叶绿素荧光参数测定采用 YaXin-1611G 叶绿素荧光仪进行。用叶夹夹住叶片，暗适应 20 min，分别在在光化光强为 2 500 μmol/(m^2 · s)，脉冲时间 10 s 条件下行 OJIP 荧光动力学曲线测量，在饱和脉冲光强 3 000 μmol/(m^2 · s)，光化光强 1 000 μmol/(m^2 · s)，远红光时长 10 s，黑暗时长 10 s，测量总时长 100 s 条件下进行脉冲瞬态荧光动力学测量；在饱和脉冲光强 3 500 μmol/(m^2 · s)，光化光强 1 500 μmol/(m^2 · s)，远红光时长 10 s，黑暗时长 10 s 条件下进行后稳态荧光动力学测量；分别获得叶绿素初始荧光（F_o）、PS Ⅱ 的最大光化学效率（F_v/F_m）、PS Ⅱ 实际光化学量子产量（ΦPS Ⅱ）、光化学猝灭系数（qP）和非光化学猝灭系数（qN）。

光合参数测量采用 Li-6400 便携式光合测定系统，同步测定叶片净光合速率（P_n）、蒸腾速率（T_r）、气孔导度（G_s）、胞间 CO_2 浓度（C_i）等，测定时光照强度为 800 μmol/(m^2 · s) ±10 μmol/(m^2 · s)，CO_2 浓度为 350 μmol/L±

10 μmol/L。

细胞膜透性测定采用电导法（王学奎，2006）进行。具体方法为：取低温胁迫的植物叶片，用自来水洗净，再用蒸馏水冲洗3次，用滤纸吸干表面，然后将叶片剪成适宜长度的长条（避开主脉），快速称取鲜样3份，每份0.1 g，分别置于10 mL盛有去离子水的刻度试管中盖上玻璃塞，置于室温下浸泡处理12 h，DDS-307电导仪测定蒸馏水电导率值（S_0）和浸提液电导率（S_1），然后沸水浴加热30 min，冷却至室温后摇匀，再次测定浸提液电导率（S_2），

$$\text{相对电导率} = \frac{(S_1 - S_0)}{(S_2 - S_0)} \times 100\%$$

可溶性糖含量的测定采用蒽酮法，游离脯氨酸含量用茚三酮法测定。以上指标均重复测定3次。

（3）数据处理　采用Excel2003和DPSv3.01软件分析试验数据，利用Duncan多重比较法进行差异显著性分析。

（二）结果与分析

1. 低温胁迫下的叶片细胞膜透性变化　低温胁迫常造成植物细胞质膜损伤，导致溶质泄漏，因此常用电解质外渗率度量膜结构受损情况（高丽慧，2009）。本试验研究结果表明（表6-3），在对照温度下，4份试验材料的电解质外渗率无显著差异。在－5℃低温胁迫8 h时，角堇JB和08H及大花三色堇HAR的电解质外渗率与其对照（20℃）相比出现增加，达极显著水平，说明后三者的叶片开始出现冻害；而角堇E01的电解质外渗率与其对照相比无极显著差异，说明其抗寒性较强。当－5℃处理延长至16h时，角堇E01的电解质外渗率与其对照存在极显著差异，说明其叶片开始受冻；角堇JB和08H的电解质外渗率继续缓慢增加；而大花三色堇HAR的电解质外渗率则迅速增加，达到37.48%，是其对照的4.34倍，显著高于3份角堇品种，表明其叶片已出现严重冻害，其最不抗寒。当－5℃处理延长至24 h时，角堇JB、E01和08H的电解质外渗率均急剧增加，分别达到34.12%、30.13%和36.78%，为对照的4.33、3.7和4.47倍，表明3份角堇材料已出现严重冻害，各品种电解质外渗率存在显著差异，依次为：E01＜JB＜08H＜HAR。4份试验材料－10℃低温胁迫7h与－5℃处理24 h的电解质外渗率无显著差异。而－10℃处理14h时，3份角堇JB、E01、08H的电解质外渗率极显著高于－10℃处理7 h和－5℃处理24 h，电解质外渗率均达到对照的4倍以上，表明冻害程度进一步加深，此时08H的电解质外渗率接近HAR，显著高于JB与E01的电解质外渗率。

2. 低温胁迫下叶片脯氨酸含量的变化

脯氨酸是参与植物细胞抗寒的主要渗透调节物质之一，能够提高细胞液浓度，降低水势，增加细胞的保水能力，从而降低冰点，增强植物忍受一定程度的低温胁迫能力（刘金文等，2004）。从表6-3可以看出，随着低温胁迫程度的加重，4份试验材料（JB、E01、08H、HAR）的游离脯氨酸含量呈现先上升后下降的变化趋势，在−5℃处理16 h时达到最大值，分别比对照提高了87%、60%、64%和40%；之后，随着低温胁迫程度加重，脯氨酸含量逐渐降低，至−10℃ 14 h时，3个角堇材料叶片的脯氨酸含量降至对照水平，而大花三色堇HAR的脯氨酸含量低于对照。同一处理条件下，不同试材叶片脯氨酸含量比较表明，大花三色堇HAR在常温下的脯氨酸含量与3份角堇材料无显著差异，但在−5℃ 8 h和−5℃ 16 h低温条件下，显著低于3份角堇材料；3份角堇的叶片脯氨酸含量以08H最高，E01次之，JB较低，表明大花三色堇HAR通过脯氨酸含量变化的调渗能力显著低于3份角堇材料。相比而言，08H的通过脯氨酸含量变化的调渗能力要强于其他2份角堇材料。

表6-3　低温胁迫条件下大花三色堇和角堇的生理指标

生理指标	处理条件	JB	E01	08H	HAR
电导率	20℃	0.079±0.006a	0.081±0.009a	0.082±0.004a	0.086±0.009a
	−5℃8 h	0.123±0.017ab	0.108±0.024b	0.126±0.017ab	0.156±0.014a
	−5℃16 h	0.177±0.015b	0.152±0.013b	0.176±0.008b	0.375±0.014a
	−5℃24 h	0.341±0.012c	0.301±0.009d	0.368±0.015b	0.419±0.019a
	−10℃7 h	0.336±0.011b	0.278±0.012c	0.343±0.015b	0.414±0.01a
	−10℃14 h	0.375±0.006b	0.372±0.012b	0.423±0.014a	0.426±0.007a
可溶性糖	20℃	0.355±0.025a	0.239±0.005c	0.257±0.005bc	0.282±0.015b
	−5℃8 h	0.516±0.013b	0.550±0.003a	0.389±0.002d	0.458±0.005c
	−5℃16 h	0.511±0.009c	0.619±0.005b	0.796±0.004a	0.490±0.003d
	−5℃24 h	0.293±0.002b	0.314±0.002a	0.228±0.005d	0.242±0.008c
	−10℃7 h	0.286±0.003d	0.457±0.003a	0.384±0.002b	0.346±0.003c
	−10℃14 h	0.256±0.007c	0.305±0.017b	0.328±0.006a	0.343±0.003a
脯氨酸	20℃	0.237±0.004b	0.285±0.011a	0.296±0.047a	0.269±0.005ab
	−5℃8 h	0.372±0.006c	0.386±0.007b	0.410±0.008a	0.305±0.005d
	−5℃16 h	0.444±0.015b	0.455±0.011ab	0.484±0.026a	0.377±0.017c
	−5℃24 h	0.331±0.055b	0.400±0.003a	0.437±0.004a	0.300±0.004b
	−10℃7 h	0.301±0.006b	0.314±0.005b	0.364±0.007a	0.282±0.013c
	−10℃14 h	0.282±0.004c	0.306±0.006b	0.332±0.010a	0.224±0.011d

3. 低温胁迫下叶片可溶性糖含量的变化　可溶性糖也是植物细胞的主要调渗物质之一，在一定的低温胁迫条件下，其含量的增加可提高植物的抗寒能力）（刘从霞，2007）。由表 6-3 可知，在低温胁迫下，随着胁迫程度的加剧，4 份试验材料的可溶性糖含量变化呈先上升后下降的变化趋势，角堇 JB 在－5℃8 h 和 16 h 时达到最大值，分别比对照提高了 45%和 44%；角堇 E01、08H 和大花三色堇 HAR 在－5℃处理 16 h 时达到最大值，分别比对照提高了 159%，201%和 74%。之后，随着低温胁迫程度加重，在－5℃16 h、－10℃7 h 和－10℃ 14 h 时，各品种的叶片可溶性糖含量显著降低，至－10℃14 h 时，4 个品种的叶片的可溶性糖含量降至接近对照水平。同一胁迫条件下，不同品种叶片可溶性糖含量的比较表明，－5℃处理 16 h 条件下，4 个品种的可溶性糖含量差异明显，其中 08H 可溶性糖含量最高，与对照相比增幅最大，说明其通过可溶性糖含量变化的抗寒调渗能力最强；而大花三色堇 HAR 的可溶性糖含量显著低于 3 个角堇品种，仅比对照提高了 74%，说明其通过可溶性糖含量的变化进行抗寒调渗的能力较差。

4. 低温胁迫对光合参数的影响

（1）低温胁迫对 P_n 的影响　P_n 是植物叶片在一定环境下光合能力的直观反映。从图 6-17 可知，低温胁迫导致大花三色堇和角堇叶片 P_n 下降。随着胁迫程度的增加，P_n 的下降幅度增大，且各试材 P_n 的降低幅度不同。Ⅰ处理条件下，与对照相比，大花三色堇 HAR 的 P_n 下降幅度最大，降低 36.4%；其次为角堇 08H（P_n 下降 13.4%），达显著水平；而角堇 JB 和 E01 的 P_n 未出现显著下降。在Ⅱ处理条件下，4 份材料的 P_n 与对照相比均显著下降，其中大花三色堇 HAR 和角堇 08H、JB 和 E01 的 P_n 分别降低 59%、41.3%、30.9%和 22.2%。Ⅲ处理条件下，HAR、08H、JB、E01 的 P_n 与对照相比分别降低 67.8%、64.8%、55%和 50%。Ⅳ处理条件下各材料 P_n 与Ⅲ处理无显著差异。Ⅴ处理条件下，4 份试验材料的 P_n 比对照降低了 93%～96%。低温胁迫对 4 份三色堇试材的 P_n 的影响程度依次为：HAR＞08H＞JB＞E01。

（2）低温胁迫对大花三色堇和角堇 T_r 和 G_s 的影响　如图 6-18 和 6-19 所示，4 份材料的 T_r 和 G_s 随着低温胁迫程度的增加呈下降趋势。Ⅰ处理条件下，与对照相比，大花三色堇 HAR 的 T_r 和 G_s 分别下降 21%和 15.7%，达显著水平；而角堇 08H、E01 和 JB 的 T_r 和 G_s 均无显著差异。Ⅱ处理条件下，角堇 08H 的 T_r 和 G_s 比对照分别下降 28%和 25.3%，差异达显著水平；角堇 E01 和 JB 的 T_r 与对照相比分别下降 32%、20%，差异达显著水平。Ⅲ处理条件下，4 份试材的 T_r 与和 G_s 与显著下降，除 E01 外，其他 3 份试材比－5℃胁迫 16 h

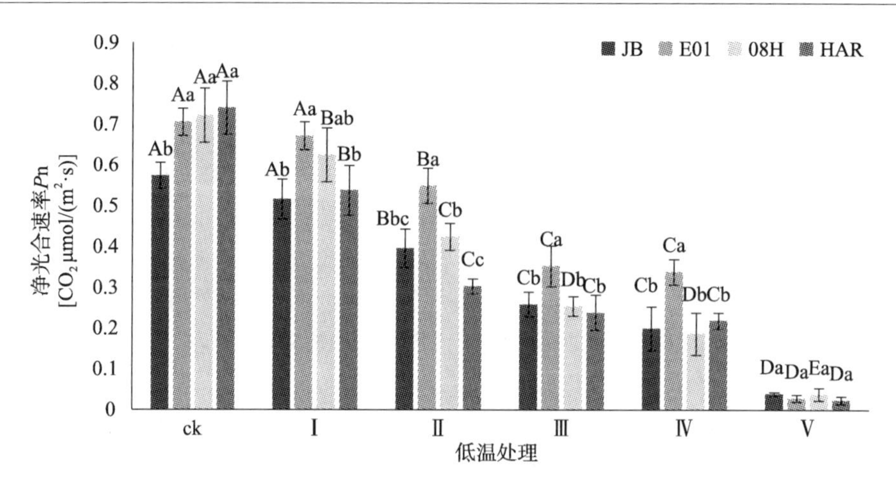

图 6-17　低温胁迫下 4 份大花三色堇和角堇 P_n的变化

不同字母表示不同低温处理差异分别达到显著（$P<0.05$）和极显著水平（$P<0.01$），下图同。

显著下降。Ⅳ处理条件下，对大花三色堇和角堇 T_r与和 G_s的影响与Ⅲ相近。Ⅴ处理条件下，与对照相比，角堇 JB、E01、08H 和大花三色堇 HAR 的 T_r分别下降 97%、68%、91%和 91%；大花三色堇 HAR 的 G_s降低 90%，角堇 JB 的 G_s降低 91%，且显著低于Ⅳ处理条件下。说明在低温胁迫下，大花三色堇和角堇叶片 G_s下降，同时其蒸腾速率也相应下降。

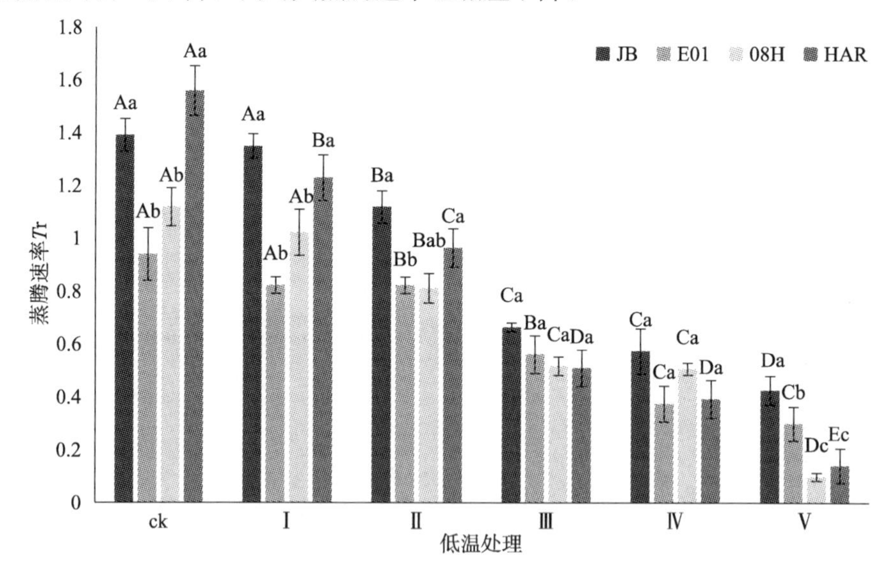

图 6-18　低温胁迫下 4 份大花三色堇和角堇 T_r的变化

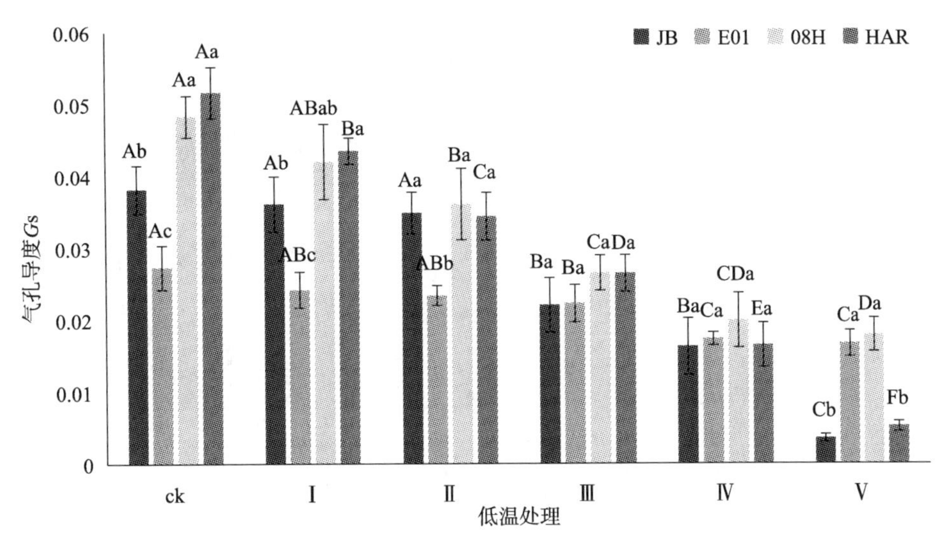

图 6-19　低温胁迫下 4 份大花三色堇和角堇 G_s 的变化

（3）低温胁迫对大花三色堇和角堇 C_i 的影响　由图 6-20 可知，在低温胁迫下，4 份试材的叶片 C_i 呈增加趋势。Ⅰ处理条件下，与对照相比，4 份试材的 C_i 均无显著差异；Ⅱ处理条件下，与对照相比，大花三色堇 HAR 的 C_i 增加 21%，达显著水平，而角堇 08H、E01、JB 的 C_i 均未达显著水平；Ⅲ处理条件下，角堇 08H、E01、JB 的 C_i 分别比对照增加 24%、20%、20%，差异达显著水平；Ⅳ处理条件与Ⅲ相比，3 份角堇的 C_i 无显著差异。Ⅴ处理条件下，与对照相比，HAR、08H、E01、JB 的 C_i 分别比对照增加 335%、227%、192%、191%。大花三色堇和角堇在低温胁迫的初期，G_s 下降时 C_i 无显著下降，说明此时 P_n 下降既有气孔因素也有非气孔因素；随着低温胁迫程度的增加，C_i 不降反升，说明胞间 CO_2 用于光合同化部分减少，光合系统受损，P_n 下降为非气孔因素所致。

5. 低温胁迫对大花三色堇和角堇叶绿素荧光参数的影响

（1）低温胁迫对大花三色堇和角堇叶片 F_0 和 F_v/F_m 的影响　F_0 是 PSⅡ反应中心处于完全开放时的荧光产量，逆境引起光合机构破坏可使其升高（张守仁，1999）。F_v/F_m 是 PSⅡ最大光化学量子产量，其值降低幅度可反映植物叶片在逆境中受到的光抑制程度（陈建明等，2006）。由图 6-21 和图 6-22 可知，Ⅰ和Ⅱ处理条件下，4 个试验材料叶片的 F_v/F_m 和 F_0 值与对照相比均未出现显著下降。但Ⅲ或Ⅳ处理条件下，4 个试验材料叶片的 F_v/F_m 值与对照相比显著下降，表明此程度的低温胁迫已导致大花三色堇与角堇叶片的 PSⅡ光能转

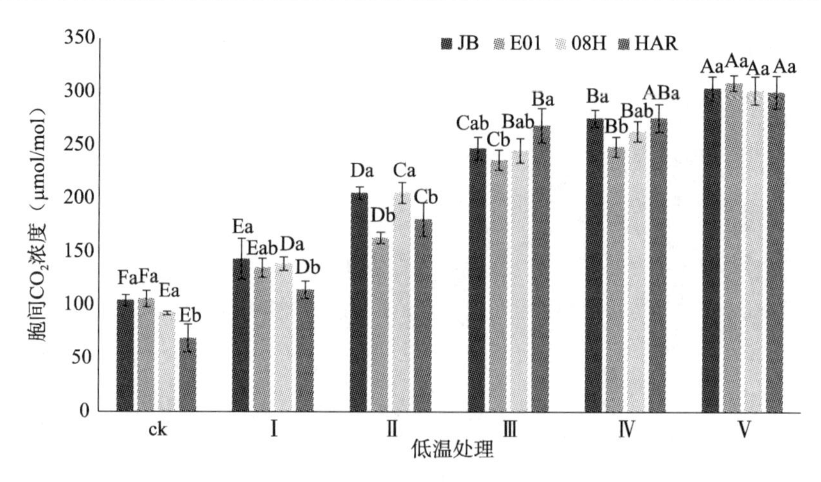

图 6-20　低温胁迫下 4 份大花三色堇和角堇材料 C_i的变化

化效率下降，出现了明显地光抑制，但此时除大花三色堇 HAR 的 F_0出现明显上升外，其余 3 份角堇材料的 F_0未出现显著上升，说明后三者的光合机构未受到伤害。Ⅴ处理条件下，4 个试验材料的 F_v/F_m下降幅度进一步加大，其中角堇 JB、E01、08H 和大花三色堇 HAR 的 F_v/F_m值分别比对照分别下降 28.5%、48.2%、66.6%、64.5%，F_0均出现显著上升，表明此时低温胁迫对三色堇叶片的光抑制程度进一步加剧，光合机构遭受破坏。大花三色堇 HAR 的 F_0值上升明显，F_v/F_m值下降幅度大于角堇，说明 HAR 的光合器官抗寒性较差。

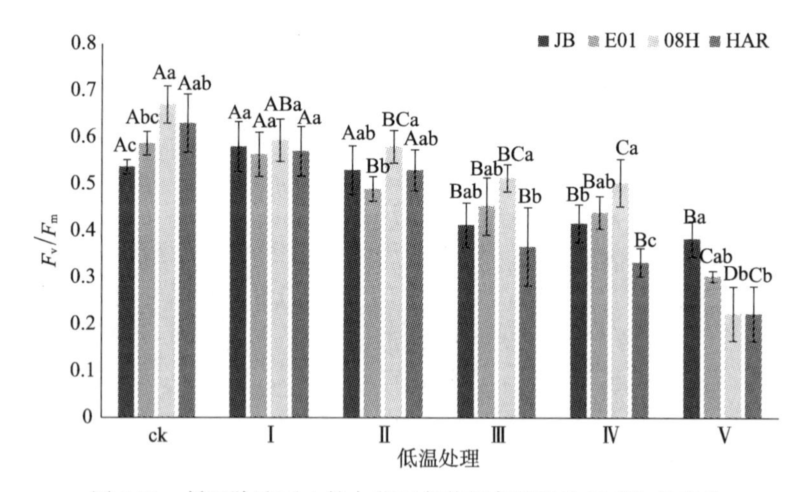

图 6-21　低温胁迫下 4 份大花三色堇和角堇叶片 F_v/F_m的变化

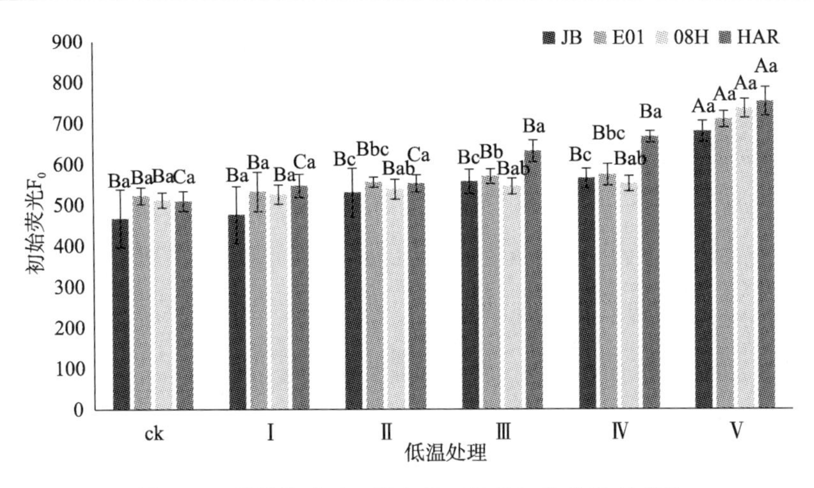

图 6-22　低温胁迫下 4 份大花三色堇和角堇 F_0 的变化

（2）低温胁迫对大花三色堇和角堇 $\Phi_{PSⅡ}$ 和 qP 的影响　$\Phi_{PSⅡ}$ 反映了在照光条件下 PSⅡ反应中心部分关闭时的实际原初光能捕获效率（张守仁，1999）。qP 表示 PSⅡ天线色素吸收的光能用于光化学电子传递的比率，一定程度上反映了 PSⅡ反应中心的开放程度。qP 愈大，PSⅡ的电子传递活性愈大（李晓等，2006）。从图 6-23 和图 6-24 可以看出，随低温胁迫程度加重，大花三色堇和角堇叶片的 $\Phi_{PSⅡ}$ 和 qP 呈下降趋势，不同试验材料间存在一定差异。Ⅰ处理条件下，与对照相比，4 份试材的 $\Phi_{PSⅡ}$ 和 qP 未出现显著差异。Ⅱ处理条件下，与对照相比，大花三色堇 HAR 的 $\Phi_{PSⅡ}$ 和 qP 分别下降 18%和 38%，差异达显著水平。Ⅲ处理条件时，与对照相比，角堇 08H、E01 和 JB 的 $\Phi_{PSⅡ}$ 和 qP 在显著下降。Ⅴ处理条件下，大花三色堇 HAR 和角堇 08H、E01、JB 的 $\Phi_{PSⅡ}$ 显著低于对照和Ⅲ处理条件下，与对照相比，分别降低了 65%、55%、41%和 53%；qP 与对照相比，分别降低 57%、55%、44%和 46%。表明低温胁迫导致了大花三色堇和角堇光合电子传递效率显著下降，且胁迫程度越高，下降幅度越大，其中大花三色堇 HAR 下降最大，角堇 08H 次之，最后是 E01。

（3）低温胁迫对大花三色堇和角堇 qN 的影响　qN 是 PSⅡ天线色素吸收的光能不能用于光合电子传递而以热能形式耗散掉的部分，是植物的一种自我保护机制（张守仁，1999）。由图 6-25 可知，与对照相比，各低温胁迫处理下 4 份大花三色堇和角堇叶片的 qN 均出现了上升，说明低温胁迫导致光抑制时，其启动了热耗功能，以避免因吸收过多光能造成伤害。随着低温胁迫程度增加，各个试验材料的 qN 上升幅度也不断增加，表明随着低温胁迫造成的光抑制加重，热耗散也在增加。低温胁迫下，不同材料间 qN 的增加幅度存在一定差异。Ⅴ处理条件下，大花三色堇 HAR 和角堇 08H、E01、JB 的 qN 分别比对照增加了 164%、132%、78%和 154%。

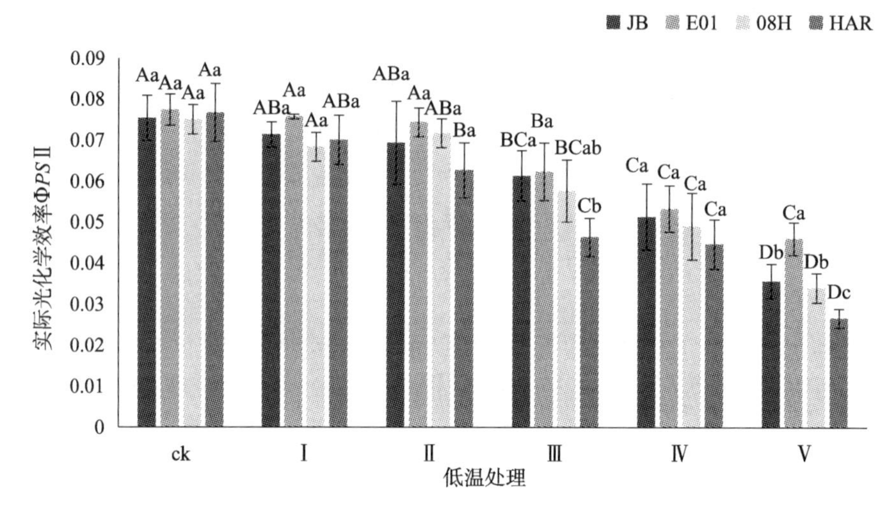

图 6-23　低温胁迫下 4 份大花三色堇和角堇 $\Phi_{PS\,II}$ 的变化

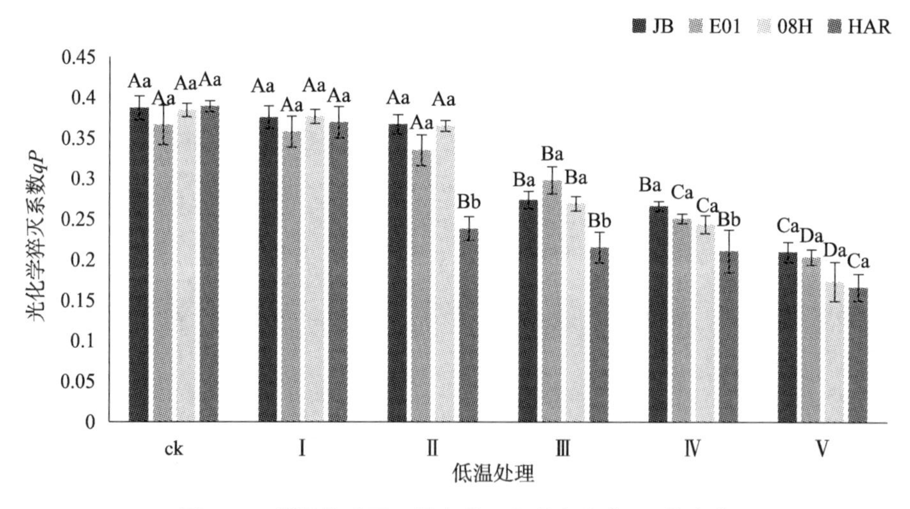

图 6-24　低温胁迫下 4 份大花三色堇和角堇 qP 的变化

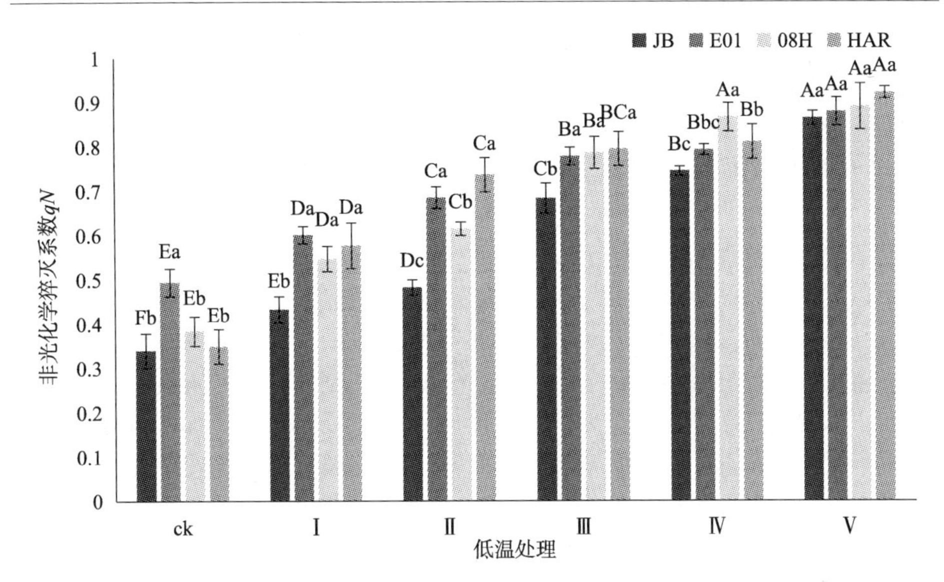

图 6-25　4 份大花三色堇和角堇在低温胁迫下非光化学淬灭（qN）的变化

（三）讨论

1. 三色堇与角堇可忍受的低温胁迫范围　关于堇菜属植物的耐寒性研究，罗玉兰等（2001）曾研究了上海自然低温对当地紫花地丁与荷兰引进的三色堇的一些生理指标（电导率、含糖量、花青素含量）的影响，但该研究采用自然低温，无法考量三色堇所能承受的具体低温范围。本研究采用人工模拟低温，以中国北方新乡市冬季气温（1 月份平均气温－5℃，极端最低气温－10℃）为参考，并根据冬季气温的日变化情况，设置不同的低温胁迫时间，采用的叶绿素荧光技术结合光合作用系统，开展了堇菜属重要的观赏植物大花三色堇和角堇的耐寒性研究，对抗寒栽培与育种实践具有重要参考价值。

植物在受到低温危害时，细胞的质膜透性增大，电解质外渗，因此电解质外渗率越高说明细胞膜受伤程度越重（王学奎，2006）。本研究表明，随着低温胁迫程度的加剧，大花三色堇与角堇的电解质外渗率呈现先缓慢增加，后急剧增加，再缓慢增加的趋势，这与其他植物的研究相一致。大花三色堇 HAR 是在－5℃ 16 h 的低温胁迫下，电解质外渗率出现迅速增加。而 3 个角堇材料是在－5℃24 h 或－10℃7h 时迅速增加，因此，－5℃ 16 h 可能是大花三色堇 HAR 的叶片出现严重冻害的低温零界点，而－5℃ 24 h 或－10℃ 7 h 可能是角堇叶片出现严重冻害的低温零界点。低于－5℃ 16 h 的低温胁迫条件下，大花三色堇和角堇可能不会出现严重冻害。这与我们多年在新乡地区的观测基本一致。在该地区，冬季的冷棚足可以保证大花三色堇种质资源安全越冬，叶片无明显冻害症状，翌年春季正常开花。

在低温胁迫下，植物叶绿体膜受伤，导致光合光能转化效率下降，释放的荧光量增加，光合速率下降。叶绿素荧光参数（F_v/F_m）是 *PS*Ⅱ光化学反应状况的荧光动力学参数，表示 *PS*Ⅱ的最大潜在光合能力，反映了 *PS*Ⅱ反应中心内原初光能的转化效率（武丽丽，2009）。F_v/F_m 下降，说明植物光合器官受损。在－5℃低温处理 24h 时或－10℃处理 7 h 时，4 份材料叶片的 F_v/F_m 值与对照相比显著下降，显示大花三色堇与角堇的 *PS*Ⅱ反应中心会受到损伤，光合能力降低。说明 F_v/F_m 显著下降时，植物叶片已严重受害，与质膜透性研究结果基本接近，且该指标测定无损、快速，因此可以作为植物寒害测定与资源抗寒性评价指标的首选。

2. 低温胁迫下大花三色堇和角堇的生理响应及其抗寒性　可溶性糖和脯氨酸是植物主要的渗透调节物质，能够提高细胞液浓度，降低水势，增加细胞的保水能力，从而降低冰点，增强植物忍受一定程度的低温胁迫能力（刘金文等，2004）。许多植物研究表明，在一定程度的低温胁迫下，植物可通过增加其体内的可溶性糖和脯氨酸含量提高抵御寒害的能力（何若韫，1995；王树刚，2011）。本研究结果与其相一致，在低温胁迫程度轻于－5℃ 16 h时，大花三色堇与角堇的可溶性糖和脯氨酸含量呈逐渐增加趋势。随着低温胁迫程度的加剧，大花三色堇与角堇的可溶性糖和脯氨酸含量呈下降趋势。这与茶树和油棕的研究结果相一致（李叶云等，2012；杨华庚，2007）。有关可溶性糖含量的降低，可能是因为低温胁迫下植物体内的无氧呼吸增加，能量消耗增大，随着低温胁迫持续或加重，最终导致可溶性糖含量降低（何若韫，1995）。关于脯氨酸含量的变化，不同的研究结果不一致，在一些植物上研究表明，随着低温胁迫加重，脯氨酸上升并维持在一个较高水平，是因为蛋白质降解的结果（何若韫，1995；高丽慧，2009；刘金文等，2004）。但另一些植物上的研究表明，当低温胁迫加重到一定程度，脯氨酸含量开始下降，导致这一结果的原因可能是植物体内防御机制被破坏，可溶性糖和脯氨酸含量下降。

抗寒性较强的植物品种在相同的低温胁迫条件下其质膜受损较轻，电导率越低，反之电导率越大，HAR 在－5℃ 16 h 的低温条件下，电解质外渗率出现迅速增加，表明其抗寒性不如 3 个角堇材料。由于在－5℃ 8 h 胁迫条件下，E01 未出现明显电解质外渗现象，而其他 2 个角堇品种均出现了较明显的电解质外渗，说明 E01 的抗寒性较强。在低温胁迫下，JB 的电解质外渗率始终显著低于 08H，说明 JB 的抗寒性要强于 08H，因此，4 份材料的抗寒性大小依次为：E01＞JB＞08H＞HAR。本研究结果也显示不同植物抗寒性的来源途径可能不同，有些通过增加脯氨酸含量，有些通过增加可溶性糖含量，有些可能通过抗氧化酶活性的提高减轻低温引起的伤害等。

低温对光合作用影响最明显的就是 P_n 的下降，Farquhar 等（1982）研究认为，低温导致光合速率下降的因素既有气孔因素也有非气孔因素。如果 P_n 和 G_s 同时下降，C_i 也相应下降，即气孔因素限制占主导（侯伟等，2014）；如果 G_s 下降的同时 C_i 升高，则是由于非气孔因素阻碍了 CO_2 的利用，造成 C_i 的积累所致（王丽娟等，2006；眭晓蕾等，2008；梁芳等，2010）。本试验中，在－5℃胁迫 24 h 或－10℃胁迫 7 h，大花三色堇和角堇叶片的 P_n 和 G_s 下降的同时，C_i 呈上升趋势，说明此时大花三色堇和角堇叶片 P_n 下降不是由气孔导度下降后 CO_2 供应减少所致，而是由于非气孔因素（光化学活性、RuBP 羧化限制和无机磷限制）阻碍 CO_2 利用，造成细胞间隙 CO_2 积累所致（Allen 和 Ort，2001）。当低温胁迫不严重时（－5℃胁迫 16 h 以下），C_i 未出现明显变化，说明此时 P_n 下降既有气孔因素也有非气孔因素。

对于由非气孔因素所导致的 P_n 下降，F_v/F_m 降低表明植物受到光抑制，初始荧光 F_o 的升高则表明 PSⅡ失活或被破坏（张守仁，1999）。本研究结果表明，－5℃胁迫 8 h 或 16 h，大花三色堇和角堇叶片 F_v/F_m 未出现明显下降，说明没有产生光抑制；而－5℃胁迫 24 h 或－10℃胁迫 7 h，大花三色堇和角堇叶片出现光抑制，但 F_0 未出现显著上升；而当－10℃胁迫 14 h，F_0 出现显著上升，说明其光合机构已受到低温破坏。关于 F_v/F_m 下降的原因，由于低温对碳同化的影响远比对其他光合过程的影响要大得多（陶宏征等，2012），因此可能是低温胁迫下 Rubisco、Rubisco 活化酶等活性下降导致叶片同化 CO_2 的能力下降，引起卡尔文循环中对 ATP 和 NADPH 的需求量下降，反馈抑制了 PSⅡ电子传递（眭晓蕾，2008）。本试验中，当低温胁迫程度较重（－5℃处理 24 h 或－10℃胁迫 7 h 以上），大花三色堇和角堇的 PSⅡ天线色素吸收的光能用于光化学电子传递的比率（qP）和 PSⅡ反应中心电子传递的量子产额（Φ_{PSII}）均明显下降，说明低温对 PSⅡ产生了抑制或破坏。Φ_{PSII} 下降可能与 QA→QB 的电子传递过程受到抑制有关。此外，低温也降低了类囊体膜流动性，进而影响位于类囊体膜上的电子传递链和光合磷酸化过程的组分如 PSⅠ、PSⅡ、细胞色素 b6 f 复合体、ATP 合酶等（陶宏征等，2012），造成 Φ_{PSII} 下降。也有研究表明，冷敏感植物如甜椒等在低温弱光下光合下降的主要

原因是 *PS* Ⅰ 发生光抑制（Müller et al.，2001；Li et al.，2003）。对于大花三色堇和角堇光合下降的主要原因是 *PS* Ⅰ 还是 *PS* Ⅱ 受抑制，本试验还缺乏数据进行说明。低温胁迫下 *qP* 值下降，*qN* 上升，反映了 *PS* Ⅱ 天线色素吸收的光能不能完全用于光化学电子传递，而借助叶黄素循环以热形式耗散掉（Müller et al.，2001；陶宏征等，2012）。且随着低温胁迫程度加深，*qN* 趋于升高，说明当光抑制增加时，非化学能量耗散加强，说明 *qN* 的升高是植物抵御过量光能进行自我保护的一种重要机制（邵毅和徐凯，2009；王兆，2014）。从不同低温条件对 4 份大花三色堇和角堇试材光合和叶绿素荧光参数的影响来看，大花三色堇 HAR 的耐寒性最差，而角堇 E01 和 JB 的抗寒性较强，这与通过细胞膜透性指标得出结论基本一致。

三、三色堇种质资源的耐盐性研究

摘要 为寻求适宜三色堇的灌溉水源，本书研究以 2 个三色堇品种为试材，研究了不同盐度的 3 种灌溉水对三色堇种子萌发、地上部和地下部生长、光合和叶绿素含量的影响。结果表明，高盐度的新乡市的地下水（EC＝2.98 ms/cm）显著降低了 2 个三色堇品种的种子萌发率，根系的长度和数量，以及植株的叶面积、叶绿素 a 含量和净光合速率，导致鲜重和地下部干重显著降低，且对品种 229.05 的影响更大。盐度对三色堇叶片数和地上部干重的影响主要发生在品种 229.05，提示品种 ‘HMB’ 的耐盐性要强于 229.05。与地上部相比，高盐度灌溉水对三色堇根系的影响更大。黄河水是三色堇比较适宜的灌溉水。

关键词 三色堇；盐胁迫；光合；叶绿素含量

土壤盐渍化是一个世界性的资源问题和生态问题，对农业生产和生态环境产生了一定影响。据统计，全球有各类盐渍土约 9.5 亿 hm^2，占全球陆地面积的 10%。我国是盐渍土分布广泛的国家，各种类型的盐渍土约有 9 900 万 hm^2 其中约 670 万 hm^2 分布于农田之中，约占耕地面积的 7%左右（隋德宗等，2010）。土壤中的过多盐分降低了植物从土壤中可利用的水分，并对植物造成的一定的毒害，从阻碍了植物的生长和发育，对植物造成了一定的生理胁迫。除了少数的盐生植物可用特定的策略解决盐胁迫外，绝大多数植物都属于盐敏感植物。了解盐胁迫对三色堇生长和发育的影响，对于三色堇在我国华北、西北等盐渍化较为严重地区的应用，以及筛选耐盐资源，培育耐盐品种具有重要的指导意义。新乡市地处我国华北地区，为主要的黄泛区之一，由于气候及不合理灌溉与耕作等原因，土壤盐渍化较为严重，地下水含盐量高。为此，本研究以新乡市河南科技学院校区的地下水作为盐碱水源对三色堇进行浇灌，以了解其对三色堇的生长和光合作用的影响。

（一）试验材料与方法

1. 试验材料及其处理　试验材料分别引自荷兰和我国酒泉的 2 个三色堇品种：HMB 与 229.05。

试验用三色堇种子和幼苗，分别用以下 3 种不同含盐量的水进行浸种和浇灌处理：①黄河水（EC＝0.812 ms/cm）；②地下水（EC＝2.975 ms/cm）；③黄河水与地下水等比例的混合水（EC＝1.870 ms/cm）。选取饱满的种子浸种 24 h 后捞出、沥干，放在铺有湿润滤纸的培养皿中，置恒温培养箱 25℃下催芽。露白后，统计发芽率并播种于 200 孔穴盘，基质为草炭：蛭石＝1：1。播种后将穴盘浸透水，置 20～22℃培养。20 d 后，统计出苗率。试验设 3 次重复，每重复 20 株。苗长到 2～3 片真叶时移栽到直径 10 cm 到营养钵内，基质为草炭：蛭石＝1：1，其他培养条件同前。

2. 测定指标及方法

（1）出苗率调查　播种后观察记录出苗情况。以子叶出土定义为出苗，记录出苗数。根据出苗数和播种种子数计算出苗率（出苗数/播种种子数）。

（2）生长指标　成株期观测植株的株高、叶片数、根长、根数以及第 5 片真叶的叶长和叶宽，用千分之一天平测定根系和地上部的干重与鲜重。用以下公式计算叶面积：

$$叶面积=\frac{1}{4}\pi\times叶长\times叶宽$$

（3）光合参数测定　每重复各选 3 株长势一致的植株，取相同方位和叶龄的功能叶，于晴天采用 LI-6400 光合测定仪（配 LED 红蓝光源），在气温 26～30℃，RH 30%～40%，参比室 CO_2浓度 360～410 μmol/(m^2・s）条件下测量三色堇的光合参数。

（4）叶绿素和类胡萝卜素含量的测定　叶绿素含量测定采用丙酮乙醇混合液法（苏正淑等，1989），将丙酮和乙醇等量混合成浸提液。详细操作方法：每材料取新鲜叶片，擦净组织表面的污物，用千分之一天平称取 0.100 g，3 个重复。剪碎置于盛有 10 mL 浸提液的试管中，加塞置于暗处，于室温（20℃）下浸提。一段时间材料完全漂白后，将色素提取液倒入光径 1 cm 的比色杯内，以浸提液作为空白，用 VIS-723G 可见分光光度计于波长 663 nm，645 nm 下测定吸光度。参照文献（Lichtenthaler & Wellburm，1983）按下列公式计算叶绿素 a（C_a）和叶绿素 b（C_b）含量：$C_a=12.71\times OD_{663}-2.59\times OD_{645}$；$C_b=22.88\times OD_{645}-4.67OD_{663}$。

3. 数据处理 试验数据的方差分析、相关分析采用 SAS（9.1 版本）进行统计，用 F 检验法进行显著性检验和 Duncan 多重比较。图表制作采用 Excel2003。

（二）结果与分析

1. 盐胁迫对三色堇出苗率的影响 由图 6-26 可以看出，随着浸种水含盐量增加，2 个品种的出苗率均呈现下降趋势。其中 229.05 的出苗率下降更加明显。用盐浓度高的地下水浸种造成 229.05 的出苗率显著下降，约为对照的 40%，而'HMB'仅下降了 9%，表明不同品种在耐盐上存在显著差异。

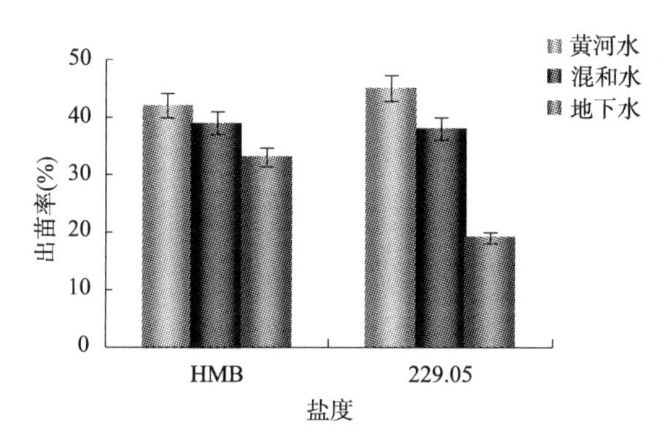

图 6-26 不同盐度水浸种对三色堇出苗率的影响

2. 盐胁迫对三色堇植株的生长指标的影响

如图 6-27 所示，对于品种 HMB，3 种不同盐浓度的水浇灌未造成其叶片数的显著差异；但对于 229.05 而言，高盐度的地下水浇灌导致其出叶数明显减少，表明对其生长造成了较严重抑制。但将地下水与黄河水混合后浇灌发现，229.05 的出叶数与用黄河水浇灌无显著差异，说明将地下水等比例混合黄河水后，可减轻盐度对三色堇生长的抑制作用。

由图 6-28 可知，盐度较高的地下水浇灌造成 2 个三色堇品种的叶面积变小，且对 229.05 影响更显著。而将地下水等比例混合黄河水后，对叶面积的影响大大降低。

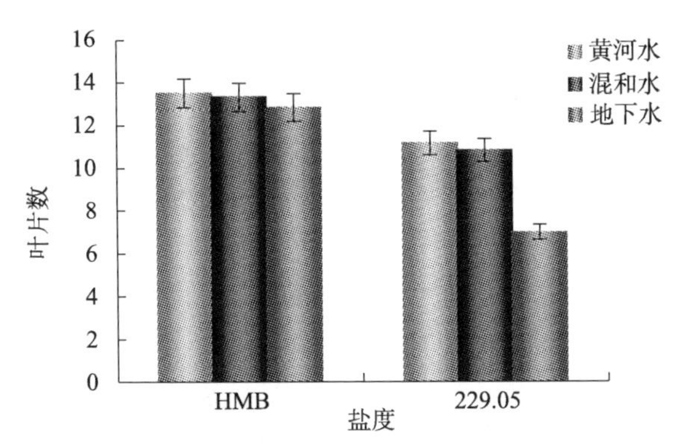

图 6-27　不同盐度的水浇灌对三色堇出叶数的影响

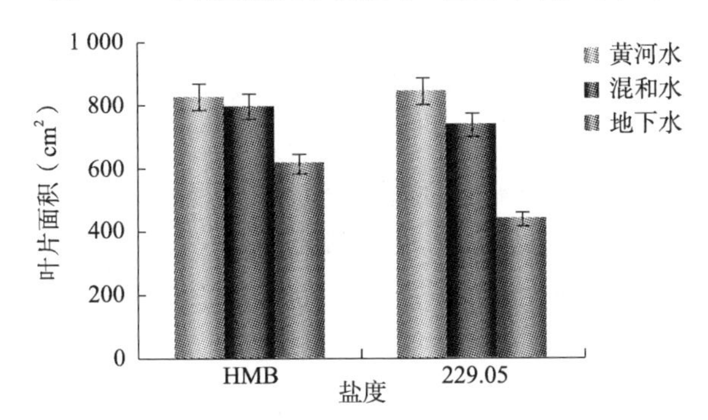

图 6-28　不同盐度的水浇灌对三色堇叶面积的影响

由图 6-29 可知，3 种不同盐度的水浇灌对三色堇植株的株高未产生显著差异，表明在一程度上，盐分对株高的影响较小。

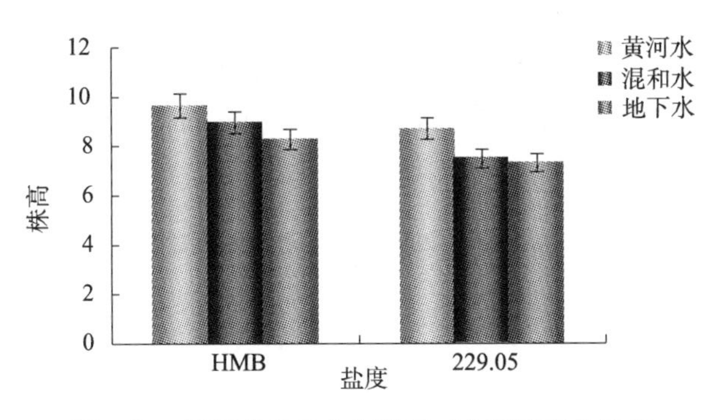

图 6-29　不同盐度的水浇灌对三色堇株高的影响

由图 6-30 可知，高盐度的地下水浇灌对三色堇根长产生了显著抑制，尤其是对 229.05 品种的影响更甚。地下水浇灌导致 229.05 的根长只有黄河水浇灌的一半；而 HMB 品种的根长仅减少 20%。地下水混合黄河水后减轻了对品种 HMB 的根长抑制，但未减轻对 229.05 的根长抑制。表明三色堇根系的伸长对盐浓度较为敏感。

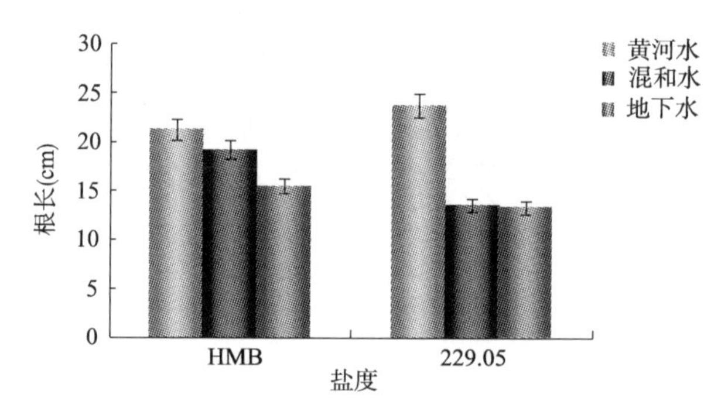

图 6-30　不同盐度的水浇灌对三色堇根长的影响

由图 6-31 可知，高盐度的地下水浇灌对三色堇品种 229.05 的根数量产生了显著抑制，根数减少了近 40%，将地下水与黄河水混合也未减轻对根数的抑制程度。相对而言，地下水浇灌对品种 HMB 的根数影响不很显著。

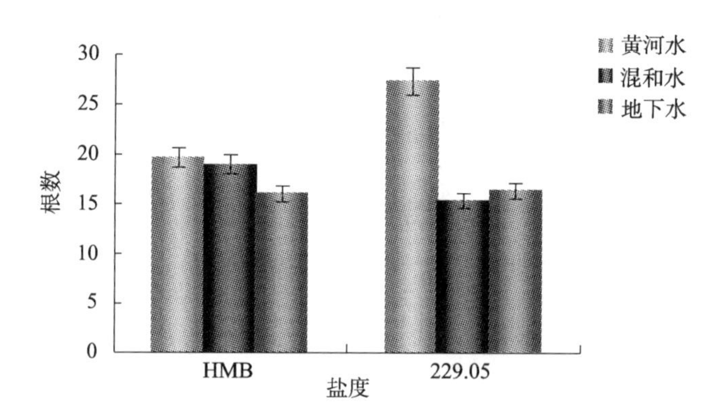

图 6-31　不同盐度的水浇灌对三色堇根数的影响

由图 6-32 可知，高盐度的地下水浇灌显著降低了 2 个三色堇品种的鲜重，达 40%左右。混合了黄河水的地下水浇灌一定程度减轻了对三色堇鲜重的影响。

由图 6-33 可知，黄河水与混合水浇灌的 2 个三色堇品种植株在干重上无显著差异。但高盐度的地下水浇灌对品种 HMB 的干重影响较小，却显著降低了三色堇品种 229.05 的干重近 50%。结合图 6-32 结果，表明高盐分显著较低了植株株体的含水量。

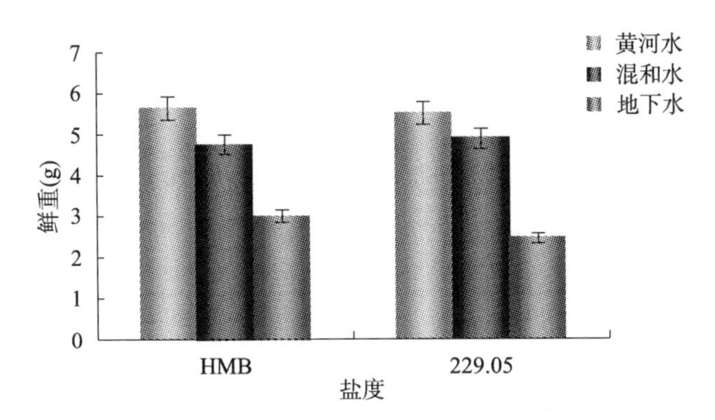

图 6-32　不同盐度的水浇灌对三色堇植株鲜重的影响

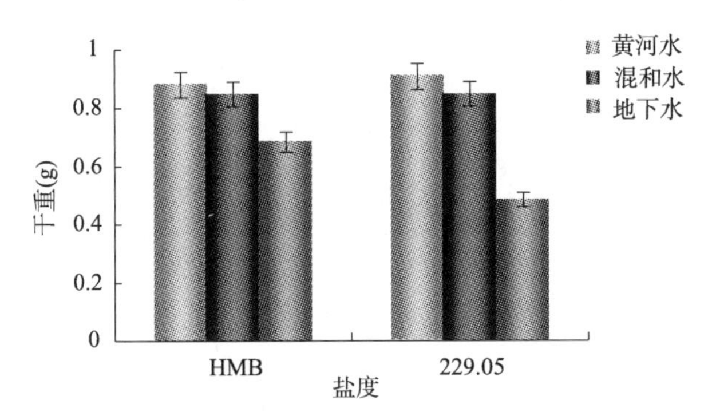

图 6-33　不同盐度的水浇灌对三色堇植株干重的影响

图 6-34 可知，黄河水与混合水浇灌的 2 个三色堇品种植株在地上部干重上无显著差异。高盐度的地下水浇灌显著降低了三色堇品种 229.05 的地上部干重，但对品种 HMB 的地上部干重影响甚微。

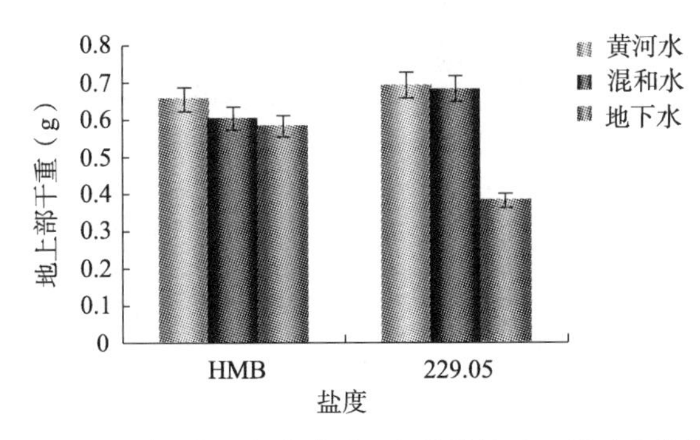

图 6-34　不同盐度的水浇灌对三色堇植株地上部干重的影响

由图 6-35 可知，随灌溉水盐度增加，2 个三色堇品种的地下部干重均显著下降，其中变化幅度最大的是品种 229.05，降低了约 50%。

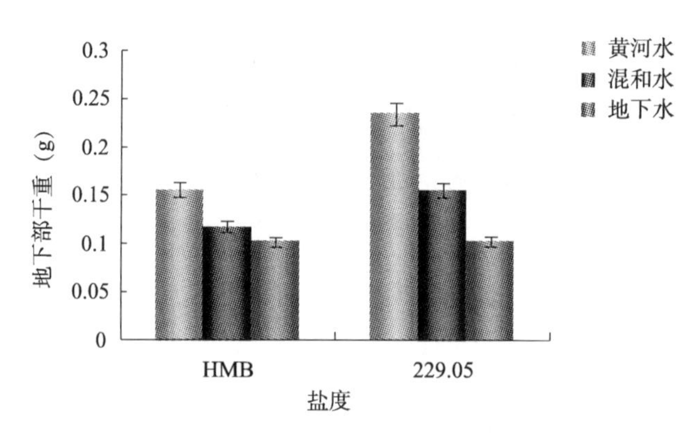

图 6-35 不同盐度的水浇灌对三色堇植株地下部干重的影响

3. 盐胁迫对三色堇叶片作用的影响 由图 6-36 可知，盐度较高的地下水浇灌造成了 2 个品种净光合速率的显著下降。但当地下水与黄河水混合进行浇灌，则未对三色堇的净光合速率产生明显影响。

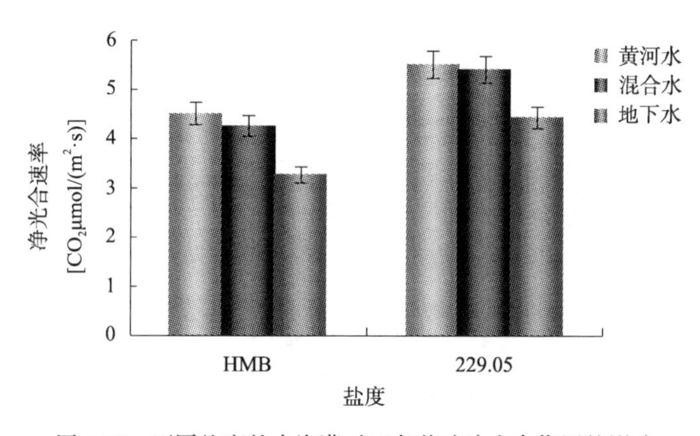

图 6-36 不同盐度的水浇灌对三色堇叶片光合作用的影响

由图 6-37 和 6-38 可以看出，盐度较高的地下水浇灌造成三色堇 2 个品种叶绿素 a 含量的大幅度下降和叶绿素 b 含量的轻微下降。叶绿素 a、叶绿素 b 含量含量的下降可能是光合速率下降的原因之一。

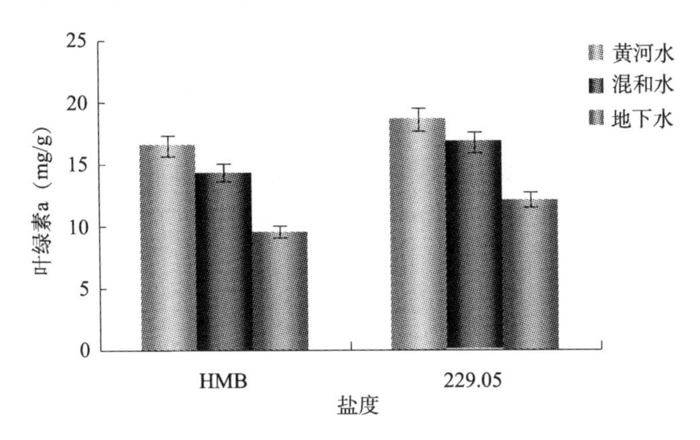

图 6-37　不同盐度的水浇灌对三色堇叶片叶绿素 a 含量的影响

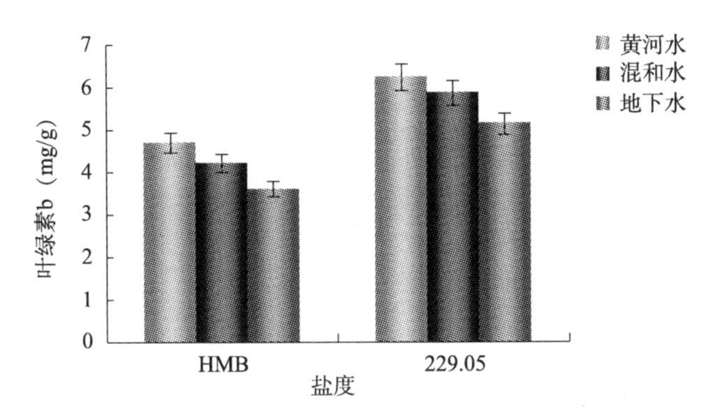

图 6-38　不同盐度的水浇灌对三色堇叶片叶绿素 b 含量的影响

（三）讨论

栽培基质中的高浓度可溶性盐分通常会抑制植物的生长和发育。三色堇是盐敏感性植物，基质中的适宜盐浓度应低于 0.75 ms/cm，相当于 8.5 mmol/L（Kessler 和 Wang，2002）。刘会超等（2010）的研究发现，50 mmol/L NaCl 即可对三色堇产生盐胁迫，250 mmol/L 的 NaCl 会造成细胞膜破坏。本项研究发现，与低盐度的黄河水（EC=0.81 ms/cm）相比，高盐度的地下水（EC=2.98 ms/cm）显著抑制了三色堇种子的萌发及幼苗出土，导致出苗率降低，导致叶片中叶绿素 a 的含量和净光合速率的下降，最终导致植株的干重和鲜重的减少。这与番茄（Alarcon et al，1994）、大麦（Ligaba 和 Katsuhar，2010）等上的研究结果相似。本研究还发现，三色堇根系比地上部对高盐更加敏感，特别是根的伸长生长最易受到高盐的抑制。这可能是因为植株的根部细胞与高盐直接接触，最容易受到盐离子毒害有关。本研究还发现，三色堇植株的鲜重比干重更易受到盐度增加的影响，这与盐胁迫产生的原因之一高浓度盐离子造成植物细胞内外渗透势的变化，导致细胞内外水势差减少，植物可利用水分减少有关。本书研究结果也揭示，不同基因型三色堇在耐盐性上存在显著差异，这为我们选择耐盐性高的三色堇品种美化盐碱地区，以及筛选耐盐三色堇种质资源培育更耐盐的新品种提供了理论依据。

参 考 文 献

包满珠，2004. 园林植物育种学[M]. 北京：中国农业出版社：232-237.

炳其忠，孙磊，2003. 三色堇高效栽培技术育苗管理[J]. 山东蔬菜（3）：43-44.

陈斌，耿三省，张晓芬，等，2005. 辣椒花药培养再生植株染色体倍性检测研究[J]. 辣椒杂志，4：28-30.

陈建明，俞晓平，程家安 . 2006. 叶绿素荧光动力学及其在植物抗逆生理研究中的应用[J]. 浙江农业学报，18（1）：51-55.

陈俊愉，程绪珂，严玲璋，等，1998. 中国花经[M]. 上海：上海文化出版社 .

陈俊愉，王四清，王香春，1995. 花卉育种中的几个关键环节[J]. 园艺学报，22（4）：372-376.

陈梅，唐运来，2012. 低温胁迫对玉米幼苗叶片叶绿素荧光参数的影响[J]. 内蒙古农业大学学报：自然科学版，33（3）：20-24.

陈蕊红，巩振辉，2003. 灰色系统理论应用于辣椒数量性状的遗传分析[J]. 安徽农业大学学报，30（4）：414-417.

陈蕊红，巩振辉，踞淑明，2003. 系统聚类分析法在辣椒亲本选配上的应用[J]. 西北农业学报，12（1）：60-62.

陈瑞阳，宋文芹，李秀兰，等，1979. 植物有丝分裂染色体标本制作的新方法[J]. 植物学报（21）：297-298.

陈香波，吴根娣，万国保，2001. 三色堇 F_1 代杂交制种中过氧化物同工酶研究[J]. 上海农业学报，17（3）：57-60.

陈又生，2006. 中国堇菜属的分类[D]. 修订版 . 北京：中国科学院植物研究所：79-85.

谌志伟，张飞雄，胡东，1997. 六倍体莜麦染色体的核型分析[J]. 首都师范大学学报：自然科学版，18（4）：66-69.

程金水，2000. 园林植物遗传育种学[M]. 北京：中国林业出版社：36-37.

程志号，蔡明历，郝大翠，等，2010. 黄芩的花粉母细胞减数分裂及核型分析[J]. 中国野生植物资源，29（2）：34-37.

戴思兰，2007. 园林植物育种学[M]. 北京：中国林业出版社 .

戴思兰，2010. 园林植物遗传学[M]. 北京：中国林业出版社 .

丁军业，王臣，2007. 早开堇菜大孢子发生和雌配子体发育的研究[J]. 哈尔滨师范大学学报：自然科学学报，23（2）：96-99.

丁婷 . 2015. 4 个水稻恢复系品种全基因组 SNP 及主要农艺性状基因等位型分析[D]. 南昌：江西农业大学 .

杜立颖，冯仁青，2008. 流式细胞术[M]. 北京：北京大学出版社 .

杜玮南，方福德，2000. 单核苷酸多态性的研究进展[J]. 中国医学科学院学报，22（4）：392-394.

杜晓华，2007. 新型DNA标记技术RSAP的创建及其在辣椒遗传育种中的应用[D]. 杨凌：西北农林科技大学.

杜晓华，巩振辉，王得元，2007. 基于RSAP和SSR的辣椒自交系间遗传距离的分析与比较[J]. 西北农林科技大学学报：自然科学版，35（7）：97-102.

杜晓华，巩振辉，王得元，等，2006. 辣椒优良自交系间遗传差异的分子分析[J]. 西北植物学报，26（12）：2445-2452.

杜晓华，李新峥，刘海妮，等，2010. 南瓜前期农艺性状的主成分分析[J]. 西北农业学报，19（2）：168-171.

杜晓华，刘会超，贾文庆，等，2010. 三色堇不同品种观赏性状的比较与评价[J]. 河南农业科学（3）：71-74.

杜晓华，刘会超，刘孟刚，等，2010. 33个三色堇品种遗传差异的初步分析[J]. 西北林学院学报，25（4）：78-82.

杜晓华，王得元，巩振辉，2006. 一种新型DNA标记技术-限制性位点扩增多态性（RSAP）的建立与优化[J]. 西北农林科技大学学报：自然科学版，34（9）：45-54.

杜玉娟，程志号，王沫，等，2009. 半枝莲的花粉母细胞减数分裂观察及核型分析[J]. 华中农业大学学报（1）：93-96.

段春燕，侯小改，张赞平，等，2004. 堇菜属Viola植物资源的园林开发前景探讨[J]. 中国农学通报，20（5）：185-186.

范志忠，1995. 作物杂种优势预测原理与方法述评[J]. 作物研究，9（2）：1-2.

方宣钧，吴为人，唐纪良，2001. 作物DNA标记辅助育种[M]. 北京：科学出版社.

付为国，李萍萍，卞新民，等，2006. 镇江北固山湿地芦苇光合日变化的研究[J]. 西北植物学报，26（3）：496-501.

付为国，李萍萍，王纪章，等，2007. 镇江河漫滩草地藕草光合特性研究[J]. 草地学报，15（4）：381-385.

傅巧娟，孙瑶，2006. 三色堇品比试验[J]. 北方园艺（5）：130-13.

高丽慧，2009. 12个禾本科牧草对低温胁迫的生理响应[D]. 呼和浩特市：内蒙古农业大学.

高卫华，支中生，张恩厚，等，2002. 蜀黍属两个杂交种与其亲本染色体核型分析[J]. 中国草地，24（4）：68-71.

葛蕴智，葛红幸，2005. 杂交三色堇制种技术操作规程[J]. 中国种业（4）：26.

耿三省，陈斌，赵泓，等，2007. 辣椒花药培养再生株群体染色体倍性构成的多样性[J]. 华北农学报，22（1）：123-128.

弓娜，田新民，周香艳，等，2011. 流式细胞术在植物学研究中的应用——检测植物核DNA含量和倍性水平[J]. 中国农学通报，27（9）：21-27.

郭计华，李绍鹏，张蕾，等，2013. 不同基因组类型的香蕉核型分析[J]. 果树学报，30

(4)：567-572，722.
郭平仲，张金栋，甘为牛，等，1989. 距离分析方法与杂种优势[J]. 遗传学报，16 (2)：97-104.
郭瑞林，1995. 作物灰色育种学[M]. 北京：中国农业科技出版社.
郭文场，张九莲，2002. 美味野菜食谱[M]. 北京：中国林业出版社：1-5.
郭照东，2014. 基于SSR标记技术的越橘亲缘关系分析及品种鉴定[D]. 大连：大连理工大学.
郝建军，康宗利，于洋，2006. 植物生理学实验技术[M]. 北京：化学工业出版社.
何丽君，周小燕，2007. 三色堇染色体核型分析[J]. 内蒙古农业大学学报，28 (6)：200-204.
何若韫，1995. 植物低温逆境生理[M]. 北京：中国农业出版社.
洪德元，1990. 植物细胞分类学[M]. 北京：科学出版社：92-95.
侯伟，孙爱花，杨福孙，等，2014. 低温胁迫对西瓜幼苗光合作用与叶绿素荧光特性的影响[J]. 广东农业科学，41 (13)：35-39.
黄燕，吴平，2006. SAS统计分析及应用[M]. 北京：机械工业出版社，265-303.
焦旭亮，惠竹梅，张振文，2007. Li-6400光合作用测定仪在葡萄上应用的商榷[J]. 西北农业学报，16 (1)：258-261.
金基强，崔海瑞，陈文岳，等，2006. 茶树EST-SSR的信息分析与标记建立[J]. 茶叶科学，26 (1)：17-23.
景士西，2007. 园艺植物育种学总论[M]. 北京：中国农业出版社，70-77.
雷鲜，张怀云，2005. 植物分类研究进展[J]. 湖南林业科技，32 (6)：55-58.
雷耘，王燕，刘胜祥，等，1997. 大叶马蹄香的核型分析[J]. 华中师范大学学报：自然科学版，31 (4)：468-469.
李国珍，1985. 染色体及其研究方法[M]. 北京：科学出版社，167-168.
李合生，2000. 植物生理生化实验原理和技术[M]. 北京：高等教育出版社：134-137.
李和平，2009. 植物细胞学[M]. 北京：科学出版社：56-58.
李昆仑，2005. 层次分析在城市道路景观评价中的运用[J]. 武汉大学学报：工学版，38 (1)：143-147.
李满堂，张仕林，邓鹏，等，2015. 洋葱转录组SSR信息分析及其多态性研究[J]. 园艺学报，42 (6)：1103-1111.
李懋学，1981. 植物的染色体组和组型分析[J]. 生物学通报 (4)：18-21.
李懋学，陈瑞阳，1985. 关于植物核型分析的标准化问题[J]. 武汉植物学研究，3 (4)：297-302.
李懋学，张赞平，1996. 作物染色体及其研究技术[M]. 北京：中国农业出版社：1-60.
李涛，侯月霞，蔡国友，等，2001. 流式细胞术分析强声波对植物细胞周期的影响[J]. 生物物理学报，17 (1)：195-198.

李涛，赖旭龙，钟扬，2004. 利用 DNA 序列构建系统树的方法[J]. 遗传，26（2）：205-210.

李喜春，姜丽娜，邵云，等，2005. 生物统计学[M]. 北京：科学出版社.

李小梅，杜晓华，穆金燕，刘会超. 2015. 基于 RSAP 标记的大花三色堇遗传多样性分析[J]. 西北植物学报，35（10）：1989-1997.

李晓，冯伟，曾晓春，2006. 叶绿素荧光分析技术及应用进展[J]. 西北植物学报，26（10）：2186-2196.

李新峥，杜晓华，孙涌栋，等，2009. 中国南瓜主要经济性状的灰色关联分析[J]. 东北农业大学学报，40（11）：38-42.

李雪，陈丽梅，杜捷，等，2003. 兰州百合小孢子母细胞减数分裂异常现象的观察[J]. 西北植物学报，23（10）：1796-1799.

李炎林，熊兴耀，于晓英，等，2009. 红花檵木 RSAP-PCR 反应体系的建立与优化[J]. 湖南农业大学学报：自然科学版，35（1）：65-68，75.

李炎林，杨星星，张家银，等，2014. 南方红豆杉转录组 SSR 挖掘及分子标记的研究[J]. 园艺学报，41（4）：735-745.

李叶云，庞磊，陈启文，等，2012. 低温胁迫对茶树叶片生理特性的影响[J]. 西北农林科技大学学报：自然科学版（4）：134-138.

李永平，刘建汀，陈敏氡，等，2018. 利用黄秋葵转录组信息挖掘 SSR 标记及用于种质分析[J]. 园艺学报，45（3）：579-590.

李斌贝，束怀瑞，石荫坪，等，1998. 流式细胞光度术用于草莓倍性鉴定的研究[J]. 西北农业大学学报，18（4）：3-5.

梁芳，郑成淑，孙宪芝，等，2010. 低温弱光胁迫及恢复对切花菊光合作用和叶绿素荧光参数的影响[J]. 应用生态学报，21（1）：29-35.

林盛华，蒲富慎，张加延，等，1991. 李属植物染色体数目观察[J]. 中国果树（2）：8-10.

林忠旭，张献龙，聂以春，等，2003. 棉花 SRAP 遗传连锁图构建[J]. 科学通报，48（15）：1676-1679.

刘从霞，2007. 4 种李属彩叶植物抗寒生理研究[D]. 保定：河北农业大学.

刘峰，王运生，田雪亮，等，2012. 辣椒转录组 SSR 挖掘及其多态性分析[J]. 园艺学报，39（1）：168-174.

刘浩凯，2015. 榧树遗传多样性的 SRAP 标记分析[D]. 杭州：浙江农林大学.

刘会超，杜晓华，姚连芳，2010. 荷兰 5 个三色堇品种在华北地区的引种试验[J]. 中国园林（4）：42-44.

刘金文，沙伟，王艳君，2004. 低温胁迫对不同物候期细叶杜香的生理影响[J]. 植物研究，24（2）：197-200.

刘绮丽，刘香梅，刘薇薇，等，2006. 紫花地丁开放和闭锁花繁殖特征的研究[J]. 北京师范大学学报：自然科学版，42（6）：605-609.

刘倩，魏臻武，2014. 流式细胞术分析苜蓿相对DNA含量的样品处理方法[J]. 草业科学，31（9）：1718-1723.

刘亚琼，2010. 中国紫薇属植物倍性研究及其cpDNA多样性分析[D]. 郑州：河南农业大学.

刘燕，2003. 园林花卉学[M]. 北京：中国林业出版社：141.

刘毅，2007. 陕西主要栽培银杏的观赏性状评价研究[D]. 杨凌：西北农林科技大学.

刘永安，冯海生，陈志国，等，2006. 植物染色体核型分析常用方法概述[J]. 贵州农业科学，34（1）：98-102.

刘宇峰，萧浪涛，童建华，等，2005. 非直角双曲线模型在光合光响应曲线数据分析中的应用[J]. 农业基础科学，21（8）：76-79.

刘遵春，包东娥，廖明安，2006. 层次分析法在金花梨果实品质评价上的应用[J]. 西北农林科技大学学报：自然科学版，34（8）：125-127.

柳青慕，王赟文，王小山，2012. 流式细胞仪快速检测鸭茅与多花黑麦草染色体倍性的研究[J]. 草业科学，29（3）：403-410.

龙荡，2014. 基于转录组测序大规模开发旱实杫SSR标记[D]. 武汉：华中农业大学.

龙华，2006. 染色体研究的新方法与新进展[J]. 长江大学学报：自科版农学卷，3（1）：79-184.

卢兴霞，2006. 三色堇主要观赏性状遗传规律及花药培养的初步研究[D]. 武汉：华中农业大学.

鲁敏，鄢秀芹，白静，等，2017. 基于EST-SSR标记与果实品质性状的贵州野生刺梨核心种质构建[J]. 园艺学报，44（8）：1486-1495.

罗树伟，郭春会，张国庆，等，2010. 沙地植物长柄扁桃光合特性研究[J]. 西北农林科技大学学报：自然科学版，38（1）：125-132.

罗玉兰，陆亮，王泰哲，2001. 本地和荷兰三色堇抗寒性的比较（简报）[J]. 植物生理学报，37（1）：27-28.

马朝芝，傅廷栋，Stine Tuevesson，等，2003. 用ISSR标记技术分析中国和瑞典甘蓝型油菜的遗传多样性. 中国农业科学（11）：175-180.

马玉涛，惠荣奎，崔颖，等，2011. 益母草基于45S rDNA染色体定位的核型分析及减数分裂观察[J]. 园艺学报，38（1）：125-132.

孟林，1998. 层次分析法在草地资源评价中应用的研究[J]. 草业科学，15（6）：1-4.

穆金艳，2013. 3种堇菜属植物的核型分析及倍性研究[D]. 新乡：河南科技学院.

穆金艳，杜晓华，刘会超，等，2013. 大花三色堇的核型分析[J]. 东北林业大学学报，41（7）：75-78，84.

潘俊松，王刚，李效尊，2005. 黄瓜SRAP遗传图谱的构建及始花节位的基因定位[J]. 自然科学进展，15（2）：167-172.

彭彬，郭丽霞，莫饶，等，2008. 海南野生兰花观赏性状评价[J]. 中国农学通报，24（10）：360-365.

彭建营，刘平，周俊义，等，2005. '赞皇大枣'不同株系的染色体数及其核型分析[J]. 园艺学报，32（5）：33-36.

齐鸣，2003. 三色堇杂交1代优势研究初报[J]. 浙江农业科学，1（6）：309-311.

齐阳阳，杜晓华，王梦叶，等，2017. 大花三色堇和角堇对低温胁迫的生理响应及其抗寒性研究[J]. 江苏农业科学，45（15）：115-118.

祁建民，梁景霞，陈美霞，等，2012. 应用ISSR与SRAP分析烟草种质资源遗传多样性及遗传演化关系[J]. 作物学报，38（8）：1425-1434.

乔利仙，翁曼丽，孔凡娜，等，2007. RSAP标记技术在紫菜遗传多样性检测及种质鉴定中的应用[J]. 中国海洋大学学报，37（6）：951-956.

邱爱军，魏凌基，吴玲，等，2004. 粗柄独尾草染色体核型分析[J]. 石河子大学学报：自然科学版，22（5）：415-416.

任羽，2005. 辣椒自交系的SRAP和基因型值聚类分析的研究[D]. 儋州：华南热带农业大学.

任羽，王得元，张银东，2004. 相关序列扩增多态性（SRAP）一种新的分子标记技术[J]. 中国农学通报，20（6）：11-13，22.

萨姆布鲁克，D. W. 拉塞尔（著），黄培堂，等（译），2015. 分子克隆实验指南[M]. 第3版. 北京：科学出版社.

邵毅，2009. 温度胁迫对杨梅叶片光合作用的影响[D]. 杭州：浙江林学院.

石进朝，2004. 北京地区野生草种资源及其开发利用[J]. 中国野生植物资源，23（1）：32.

时小东，朱学慧，盛玉珍，等，2016. 基于转录组序列的楠木SSR分子标记开发[J]. 林业科学，52（11）：71-78.

苏正淑，张宪政，1989. 几种测定植物叶绿素含量的方法比较[J]. 植物生理学通讯（5）：77-78.

眭晓雷，毛胜利，王立浩，等，2009. 辣椒幼苗叶片解剖特征及光合特性对弱光的响应[J]. 园艺学报，36（2）：195-208.

眭晓蕾，毛胜利，王立浩，等，2008. 低温对弱光影响甜椒光合作用的胁迫效应[J]. 核农学报，22（6）：880-886.

隋德宗，王保松，施士争，等，2010. 盐胁迫对灌木柳无性系幼苗生长及光合作用的影响[J]. 浙江农林大学学报，27（1）：63-68.

孙海燕，安泽伟，2015. 三色堇DFR基因的克隆及表达分析[J]. 江苏农业科学，43（11）：34-37.

孙坤，王庆瑞，1991. 中国堇菜科小志（二）—堇菜属植物细胞学的初步研究[J]. 植物研究（1）：69-72.

孙马，王跃进，2006. 中国野生葡萄染色体倍性研究[J]. 西北农业学报，15（6）：148-152.

孙清明，马文朝，马帅鹏，等，2011. 荔枝EST资源的SSR信息分析及EST-SSR标记开发[J]. 中国农业科学，44（19）：4037-4049.

孙彦，周禾，史德宽，2000. 新麦草有丝分裂及核型分析[J]. 草地学报，8（30）：193-197.

孙长法，赵晖，陈荣江，2010. 棉花新品种产量品质性状的聚类分析与综合评价[J]. 西北农业学报，19（4）：57-61.

谭学瑞，邓聚龙，1995. 灰色关联分析：多因素统计分析新方法[J]. 统计研究（3）：46-48.

陶抵辉，李小红，王立群，等，2009. 植物染色体倍性鉴定方法研究进展[J]. 生命科学研究，13（5）：453-458.

陶宏征，赵昶灵，李唯奇，2012. 植物对低温的光合响应[J]. 中国生物化学与分子生物学报（6）：501-508.

王成树，李增智，2002. 分子数据的遗传多样性分析方法（综述）[J]. 安徽农业大学学报，29（1）：90-94.

王大莉，2013. 香菇栽培品种 SNP 指纹图谱库的构建[D]. 武汉：华中农业大学 .

王关林，方宏筠，2009. 植物基因工程[M]. 北京：科学出版社 .

王恒昌，何子灿，李建强，等，2003. 秤锤树的核型研究及其减数分裂过程的观察[J]. 武汉植物学研究，21（3）：198-202.

王惠萍，2015. 关于萱草属植物倍性育种的相关研究[D]. 山西农业大学 .

王慧俐，2005. 进口与国产三色堇品种适应性的比较[J]. 安徽农业科学，33（11）：41，73.

王健，2005. 三色堇杂交育种、标记辅助育种及组织培养的研究[D]. 武汉：华中农业大学 .

王健，包满珠，2007. RAPD 在三色堇（*Viola*×*writtorckiana*）自交系遗传关系研究及杂种优势预测中的应用[J]. 武汉植物学研究，25（1）：19-23.

王健，包满珠，2007. RAPD 在三色堇（*Viola*×*wittrockiana*）自交系遗传关系研究及杂种优势预测中的应用[J]. 武汉植物学研究，25（1）：19-23.

王健，包满珠，2007. 三色堇主要观赏数量性状的遗传效应研究[J]. 园艺学报，34（2）：449-454.

王津果，隋正红，周伟，等，2014. 龙须菜 RSAP 分析及其 SCAR 标记的转化[J]. 中国海洋大学学报，44（4）：47-53.

王丽娟，李天来，李国强，等，2006. 夜间低温对番茄幼苗光合作用的影响[J]. 园艺学报（4）：757-761.

王庆瑞，1991. 中国植物志[M]. 第 51 卷 . 北京：科学出版社：8-129.

王庆瑞，1992. 中国堇菜属植物新分类群（续）[J]. 云南植物研究，14（4）：379-382.

王树刚，2011. 不同冬小麦品种对低温胁迫的生理生化反应及抗冻性分析[D]. 泰安：山东农业大学 .

王涛，董爱香，张西西，2009. 二十五个三色堇和角堇品系性状比较[J]. 北方园艺（8）：191-193.

王涛，徐进，张西西，等，2012. 43 份三色堇、角堇材料亲缘关系的 SRAP 分析[J]. 中国农业科学，45（3）：496-502.

王晓静，梁燕，徐加新，等，2010. 番茄品质性状的多元统计分析[J]. 西北农业学报，19（9）：103-108.

王晓磊，胡宝忠，2008. 三色堇（*Viola tricolor* L.）生物学特性及栽培管理[J]. 东北农业大学学报，39（6）：132-135.

王旭红，秦民坚，余国奠，2003. 堇菜属药用植物研究概况与其资源利用前景[J]. 中国野生植物资源，22（4）：36-37.

王学奎，2006. 植物生理生化实验原理和技术[M]. 北京：高等教育出版社.

王兆，2014. 低温胁迫对彩叶草的生理效应及抗寒性研究[D]. 福州：福建农林大学.

王子成，李忠爱，2007. 成熟果实未发育胚珠培养获得三倍体柑橘[J]. 河南大学学报：自然科学版，37（2）：174-176.

魏爱民，杜胜利，韩毅科，等，2001. 植物细胞染色体倍性鉴定方法[J]. 天津农业科学，7（2）：42-45.

魏明明，2016. 基于转录组测序的茄子 SSR 标记开发及应用[D]. 北京：中国农业科学院.

魏长礼，梁秀英，1991. 堇菜属（*Viola* L.）染色体数的报道[J]. 东北师大学报：自然科学版（1）：62，74.

吴甘霖，2006. 核型分析在细胞分类学中的应用[J]. 生物学杂志，23（1）：39-42.

吴国盛，2008. 部分菊属与亚菊属植物亲缘关系研究[D]. 南京：南京农业大学.

吴征镒，1984. 云南种子植物名录[M]. 昆明：云南人民出版社：203-209.

武辉，戴海芳，张巨松，等，2014. 棉花幼苗叶片光合特性对低温胁迫及恢复处理的响应[J]. 植物生态学报，38（10）：1124-1134.

武丽丽，2009. SA 与 CaCl 对低温胁迫下辣椒种子萌发及幼苗生理生化特性影响的研究[D]. 兰州：甘肃农业大学.

武荣花，葛蓓蓓，王茂良，等，2016. 应用流式细胞术测 18 个中国古老月季基因组大小[J]. 北京林业大学学报，38（6）：98-104.

向红，田应州，左经会，2004. 玉舍森林公园堇菜属植物资源及其开发利用前景[J]. 六盘水师范高等专科学校学报，16（3）：10-13.

肖强，叶文景，朱珠，等，2005. 利用数码相机和 Photoshop 软件非破坏性测定叶面积的简便方法[J]. 生态学杂志，24（6）：711-714.

谢大森，2000. 长豇豆目标性状的灰关联分析研究[J]. 江西农业大学学报，22（2）：250-251.

辛本华，田孟良，吴镔锣，等，2011. 重楼属植物遗传多样性的 RSAP 标记[J]. 中国中药杂志，36（24）：3425-3427.

忻雅，崔海瑞，卢美贞，等，2006. 白菜 EST-SSR 信息分析与标记的建立[J]. 园艺学报，33（3）：549-554.

新乡市人民政府. 新乡概况-自然条件[EB/OL]. [2010. 9. 30]. http://www.xinxiang.gov.cn.

熊大胜，朱金桃，李兴，2001. 三叶木通的染色体组型研究[J]. 中国野生植物资源（6）：36-38.

徐刚标，吴雪琴，蒋桂雄，等，2014. 濒危植物观光木遗传多样性及遗传结构分析[J]. 植物遗传资源学报，15（2）：255-261.
徐广，方庆权，James E，等，2003. 分子系统进化关系分析的一种新方法——贝叶斯法在硬蜱属中的应用[J]. 动物学报，49（3）：380-388.
徐护朝，张君毅，徐灿，2014. 麦冬不同种群遗传多样性的 RSAP 分析[J]. 中国中药杂志，39（20）：3922-3927.
徐进，陈天华，1997. 荧光显带在松科植物细胞学研究中的应用[J]. 世界林业研究，10（3）：18-22.
徐宗大，赵兰勇，张玲，等，2011. 玫瑰 SRAP 遗传多样性分析与品种指纹图谱构建[J]. 中国农业科学，44（8）：1662-1669.
许大全，2006. 光合作用测定及研究中一些值得注意的问题[J]. 植物生理学通讯，42（6）：1163-1167.
许绍斌，陶玉芬，杨昭庆，等，2002. 简单快速的 DNA 银染和胶保存方法[J]. 遗传，24（3）：335-336.
宣继萍，章镇，房经贵，等，2002. 苹果品种 ISSR 指纹图谱构建[J]. 果树学报，19（6）：421-423.
鄢秀芹，鲁敏，安华明，2015. 刺梨转录组 SSR 信息分析及其分子标记开发[J]. 园艺学报，42（2）：341-349.
杨光穗，冷青云，王呈丹，等，2016. 16 个红掌品种的核型分析[J]. 热带作物学报（12）：2283-2287.
杨华庚，2007. 低温胁迫对油棕幼苗生理生化特性的影响[D]. 海口：华南热带农业大学.
杨江山，常永义，种培芳，2005. 3 个樱桃品种光合特性比较研究[J]. 园艺学报，32（5）：773-777.
杨静，宋勤霞，宁军权，等，2017. 利用流式细胞术鉴定桑树染色体倍性的方法[J]. 蚕业科学（1）：8-17.
杨明琪，2002. 三色堇栽培与品种介绍[J]. 中国花卉园艺（8）：26.
杨文月，刘志洋，陈曦，2009. 40 个国外矮牵牛 F_1代主要性状分析[J]. 东北农业大学学报，43（3）：21-26.
姚振生，傅骞峰，曹岚，2001. 江西省堇菜属药用植物资源及利用[J]. 江西科学，19（2）：104-107.
尹利德，2004. 三个李品种幼树光合特性的研究[D]. 武汉：华中农业大学.
虞晓芬，傅玳，2004. 多指标综合评价方法综述[J]. 统计与决策（11）：119-121.
郁继华，舒英杰，吕军芬，等，2004. 低温弱光对茄子幼苗光合特性的影响[J]. 西北植物学报，24（5）：831-836.
詹瑞琪，2008. 三色堇新品系列种植指南[J]. 中国花卉园艺（9）：40-41.
张振，张含国，莫迟，等，2015. 红松转录组 SSR 分析及 EST-SSR 标记开发[J]. 林业科学，51（8）：114-120.

张华丽，丛日晨，王茂良，等，2018. 基于万寿菊转录组测序的 SSR 标记开发[J]. 园艺学报，45（1）：159-167.

张明科，张鲁刚，巩振辉，等，2009. RSAP 标记技术新引物设计及其反应体系的优化[J]. 西北农林科技大学学报：自然科学版，37（2）：148-154.

张其生，2009. 三色堇与角堇花色、花斑遗传规律及组织培养的研究[D]. 武汉：华中农业大学.

张其生，包满珠，卢兴霞，等，2010. 大花三色堇育种研究进展[J]. 植物学报，45（1）：128-133.

张守仁，1999. 叶绿素荧光动力学参数的意义及讨论[J]. 植物学通报（4）：444-448.

张西西，顾亚东，2009. 三色堇育种背景及新品种选育方法初探[J]. 中国农学通报，25（22）：201-206.

张惜珍，2007. DNA 序列 3D 图形表示及进化树算法研究[D]. 长沙：湖南大学.

张鸭关，匡崇义，薛世明，等，2010. 层次分析法（AHP）在优良牧草品种筛选中的应用[J]. 贵州农业科学，38（4）：151-154.

张扬城，杨文英，2006. 三色堇的生物学特性特征及栽培技术要点[J]. 福建农业科技（5）：49.

张玉玲，2003. 薏苡和薏米的染色体倍数鉴定及核型分析[J]. 辽宁农业职业技术学院学报，5（4）：14-16.

张帧，2008. 三色堇夏季育苗技术[J]. 中国花卉园艺（6）：30-32.

张志刚，尚庆茂，2010. 低温-弱光及盐胁迫下辣椒叶片的光合特性[J]. 中国农业科学，43（1）：123-131.

赵东利，王仁军，刘鸿宇，等，2000. 红三叶（*Trifolium pratense*）的染色体核型分析[J]. 大连大学学报，21（3）：86-90.

赵焕臣，许树柏，1986. 层次分析法[M]. 北京：科学出版社.

赵琪，2007. MCMC 方法研究[D]. 济南：山东大学.

郑毅，2005. 温度胁迫对草莓叶片光合作用的影响[D]. 合肥：安徽农业大学.

职明星，李秀菊，2005. 脯氨酸测定方法的改进[J]. 植物生理学通讯，41（3）：355-357.

中国农业百科全书编辑部，1996. 中国农业百科全书（观赏园艺卷）[M]. 北京：中国农业出版社：366-367.

周劲松，龚琴，黎昌汉，等，2008. 中国堇菜属植物资源及园林应用评价[J]. 广东园林（3）：49-52.

周劲松，邢福武，2007. 中国堇菜属美丽堇菜亚属（堇菜科）植物分类学修订[J]. 西北植物学报（5）：165-169.

周琳，牛明功，陈龙，2010. 盐胁迫对黑麦、硬粒小麦和小黑麦发芽的影响[J]. 河南农业科学（1）：8-10.

朱军，2011. 遗传学[M]. 北京：中国农业出版社.

朱道圩，杨宵，郅玉宝，等，2007. 用流式细胞仪鉴定中华猕猴桃的多倍体[J]. 植物生理学通讯，43 (5)：905-908.

朱林，温秀云，李文武，1994. 中国野生种毛葡萄光合特性的研究[J]. 园艺学报，21 (1)：31-34.

朱徵，1982. 植物染色体及染色体技术[M]. 北京：科学出版社：43.

邹自征，陈建华，栾明宝，等，2012. 应用 RSAP、SRAP 和 SSR 分析苎麻种质亲缘关系[J]. 作物学报，38 (5)：840-847.

Taiz L，Zeiger E (著)，宋纯鹏 (译)，2009，植物生理学[M]. 北京：科学出版社.

Aghaleh M，Niknam V，Ebrahimzadeh H，et al.，2009. Salt stress effects on growth，pigments，proteins and lipid peroxidation in Salicornia persica and S. Europaea [J]. Biologia Plantarum，53 (2)：243-248.

Alarcon JJ，Sanchez-Blanco MJ，Bolarin MC，et al.，1994. Growth and osmotic adjustment of two tomato cultivars during and after saline stress [J]. Plant and Soil (166)：75-82.

Allen DJ，Ort DR，2001. Impact of chilling temperatures on photosynthesis in warm climate plants [J]. Trends in Plant Science (6)：36-42.

An M，Deng M，Zheng S，et al.，2016. *De novo* transcriptome assembly and development of SSR markers of oaks *Quercus austrocochinchinensis* and *Q. kerrii* (Fagaceae) [J]. Tree Genetics & Genomes，12 (6)：103.1-103.9.

Baird WV，Estager AS，Wells J K，1994. Estimating Nuclear DNA Content in Peach and Related Diploid Species Using Laser Flow Cytometry and DNA Hybridization [J]. Journal of the American Society for Horticulturalence，119 (6)：1312-1316.

Ballard HE，1996. Phylogenetic relationships and infrageneric groups in *Viola* (Violaceae) based on morphology，chromosome numbers，natural hybridization and internal transcribed spacer (ITS) sequences [D]. Maddison：University of Wisconsin-Maddison：32-35.

Biradar DP，Lane Rayhurn A，1993. Heterosis and nuclear DNA content in maize [J]. Heredity (71)：300-304.

Boardman NK，1977. Comparative Photosynthesis of sun and shade plants [J]. Annu. Rev. Plant Physiol (28)：355-377.

Chen J，Liu X，Zhu L，et al.，2013. Nuclear genome size estimation and karyotype analysis of Lycium，species (Solanaceae) [J]. Scientia Horticulturae，151 (2)：46-50.

Clausen J，1926. Genetical and cytological investigations on *Viola tricolor* L. and *V. arvensis* Murr [J]. Hereditas (8)：1-156.

Clausen J，1927. Chromosome number and relationship of species in the genus Viola [J]. Ann Bot (41)：677-714.

Clausen J，1931. Cyto-genetic and taxonomic investigations on Melanium violets [J]. Hereditas：219-308.

Clausen J, 1964. Cytotaxonomy and distributional ecology of western North American violets [J]. Madrono (17): 173-204.

Culley TM, Sbita SJ, Wick A, 2007. Population genetic effects of urban habitat fragmentation in the perennial herb Viola pubescens (Violaceae) using ISSR makers [J]. Annals of Botany, 100 (1): 91-100.

Culley TM, Sbita SJ, Wick A, 2007. Population genetic effects of urban habitat fragmentation in the perennial herb *Viola pubescens* (Violaceae) using ISSR markers [J]. Annals of Botany, 100 (1): 91-100.

Du X, Wang D, Gong Z, 2010. Comparison of RSAP, SRAP and SSR for Genetic Analysis in Hot Pepper [J]. Indian Journal of Horticulture, 64 (4): 66-71.

Dutta S, Kumawat G, Singh BP, et al., 2011. Development of genic-SSR markers by deep transcriptome sequencing in pigeonpea (*Cajanus cajan* L. [J]. BMC Plant Biology (11): 17.

ENDO T, 1959. Biochemical and genetical investigations of flower color in Swiss giant pansy, *Viola×wittrockiana* Gams. Ⅲ. [J]. Botanical Magazine Tokyo, 34 (4): 116-124.

Eujayl I, Sorrells M, Banm M, et al., 2002. Isolation of EST-derived microsatellite markers for genotyping the A and B genomes of wheat [J]. Theor Appl Genet, 104 (2): 399-407.

Evanno G, Regnaut S, Goudet J, 2005. Detecting the number of clusters of individuals using the software STRUCTURE: a simulation study [J]. Molecular Ecology, 14 (8): 2611-2620.

Farquhar GD, Sharkey TD, 1982. Stomatal conductance and photosynthesis [J]. Annual Review of Plant Physiology, 33 (1): 74-79.

Frey FM, 2004. Opposing natural selection from herbivores and pathogens may maintain floral-color variation in *Claytonia virginica* (Portulacaceae) [J]. Evolution (58): 2426-2437.

Galbrain D W, Harkins K R, Maddox J M, et al., 1983. Rapid flow cytometric analysis of the cellcycle in intact plant tissues [J]. Science (220): 1049-1051.

George A, 2012. Principles of Plant Genetics and Breeding (Second Edition) [M]. New York: John Wiley & Sons Ltd: 389-423.

Gilles A, Meglecz E, Pech N, et al., 2011. Accuracy and quality assessment of 454 GS-FLX Titanium pyrosequencing. BMC Genomics (12): 245.

Grabherr MG, Haas BJ, Yassour M, et al., 2011. Full-length transcriptome assembly from RNA-Seq data without a reference genome. Nature Biotechnology (29): 644-652.

Guo S, Zheng Y, Joung JG, et al., 2010. Transcriptome sequencing andcomparative analysis of cucumber flowers with different sex types. BMC Genomics, 11 (1): 384.

Herrick JD, Thomas RB, 1999. Effects of CO_2 enrichment on the photosynthetic light response of sun and shade of canopy sweetgum trees (*Liquidombar styraciflua*) in a forest ecosystem [J]. Tree Philosiology (19): 779-786.

Horn W, 1956. Untersuchungen über die cytologischen undgenetischen verhältnisse beim gartenst iefmütte rchen Viola tricolor maxima bort. (*V. wittrockiana* Gams.), einer polyploiden bastardart [J]. Der Züchter (26): 193-207.

Hu JY, Su ZX, Yue BL, et al, 2002. Progress of karyotype analysis method in plants research [J]. Journal of Sichuan Teachers Collage (Natural Science), 23 (3): 239-244.

Huelsenbeek JP, Ronquist F, Nielsen R, et al, 2001. Bayesian inference of phylogeny and its impact on evolutionary biology [J]. Science, 294 (5550): 2310-2314.

Huelsenbeek JP, Larget B, Miller RE, et al, 2002. Potential applications and pitfalls of Phylogeny [J]. SystBiol, 51 (5): 673-688.

Huziwara H, 1966. On the chromosome number of cultivated pansies, *Viola Wittrockiana* Gams [J]. Janpan Jounal Breeding, 16 (2): 61-65.

Ishizaka H, 2003. Cytogenetic studies in *Cyclamen persicum C.* graecum (Primulaceae) and their hybrids [J]. Plant Systematics and Evolution (239): 1-14.

Jian H, Zhang T, Wang Q, et al, 2014. Nuclear DNA content and 1Cx-value variations in genus Rosa L. [J]. Caryologia: international Journal of Cytosystematics and Cytogenetics, 67 (4): 273-280.

Jost C, Maataoui ME, 1997. Flow cytometric evidence for multiple ploidy levels in the endosperm of some gymnosperm species [J]. Theor Appl Genet (94): 865-870.

Kantety RV, Rota ML, Matthews DE, et al., 2002. Data mining for simple sequence repeats in expressed sequence tags from barley, maize, rice, sorghum and wheat [J]. Plant Molecular Biology (48): 501-510.

Kellerwa, Armstrongkc, 1981. Production of anther derived dihaploid plants in autotetrraploid row stem kale (Brassicaoleracea var. acephal a) [J]. Can. J. Genet. Cyto. (23): 259-265.

Kessler JR, Wang LM, 2002. The production and marketing of big-flower pansy. Greenhouse Horticulture (3): 54-56.

Ko MK, Yang J, Jin YH, et al., 1998. Genetic relationship of Viola species evaluated by random amplified polymorphic DNA analysis [J]. Journal of Horticultural Science and Biotechnology, 73 (5): 601-605.

Kota R, Varshney RK, Thiel T, et al., 2001. Generation and comparison of EST-derived SSRs and SNPs in berley (*Hordeum Vulgare* L.) [J]. Hereditas, 135 (1-2): 145-151.

Kroon GH, 1972. Reduction of ploidy level of tetraploid large-flowered garden pansies (*Viola* × *wittrockiana* gams.) to diploid level after crossing with diploid *V. tricolor* L. [J]. Euphytica, 21 (2): 165-170.

Kuo SR, Wang TT, Huang TC, 1972. Karyotype analysis of some formosam gymnosperms [J]. Taiwania, 17 (1): 66-80.

kwangsiensis S G. Lee Liang C F, 2010. Karyotype Analysis on Chromosome of Curcuma [J]. Medicinal Plant (09): 41-42, 46.

Levan A, 1964. Nomenclature for centromeric position on chromosomes [J]. Heredditas (52): 201-220.

Li G, Quiros CF, 2001. Sequence-related amplified polymorphism (SRAP), a new marker system based on a simple PCR reaction: its application to mapping and gene tagging in *Brassica* [J]. Theor. Appl. Genet. (103): 455-461.

Li X, Gao W, Guo H, et al., 2014. Development of EST-based SNP and InDel markers and their utilization in tetraploid cotton genetic mapping [J]. BMC Genomics, 15: 1046-1047.

Li X, Yu HL, Li ZY, et al., 2018. Heterotic group classification of 63 inbred lines and hybrid purity identification by using SSR markers in winter cabbage (*Brassica oleracea* L. var. *capitata*) [J]. Horticultural Plant Journal, 4 (4): 158-164.

Li XG, Bi YP, Zhao SJ, et al., 2003. Thesusceptibi lity of cucumber and sweet pepper to chilling under low irradiance is related to energy dissipation and water-water cycle [J]. Photosynthetica, 41 (2): 259-265.

Lichtenthaler H and Wellburm A R, 1983. Determination of total carotenoids and chlorophyll a and b of leaf extracts in different solvents. Biochem [J]. Soc. Trans (603): 591-593.

Ligaba A, Katsuhara M, 2010. Insights into the salt tolerance mechanism in barley (*Hordeum vulgare*) from comparisons of cultivars that differ in salt sensitivity [J]. J. Plant Res. (123): 105-118.

Moore DM, 1982. Flora Europaea check-list and chromosome index [M]. London: Cambridge University Press: 32-34.

Müller P, Li XP, Niyogi KK, 2001. Non-photochemical quenching. A response to excess light energy [J]. Plant Physiology, 125 (4): 1558-1566.

Murray BG, Young AG, 2001. Widespread chromosome variation in the endangered grassl and forb rutidosis leptorrhynchoides F. Muell (Asteraceae: Gnaphalieae) [J]. Annals of Botany, 87 (1): 83-90.

Nie G, Tang L, Zhang Y, et al., 2017. Development of SSR markers based on transcriptome sequencing and association analysis with drought tolerance in perennial grass *Miscanthus* from China. Frontiers in Plant Science (8): 801.

Nielsen R, Paul JS, Albrechtsen A, et al, 2011. Genotype and SNP calling from next-generation sequencing data [J]. Nat. Rev. Genet., 12 (6): 443-451.

Omka AS, Siwińska D, Wolny EB, et al., 2011. Influence of a heavy-metal-polluted environment on *Viola tricolor* genome size and chromosome number [J]. Acta Biologica Cracoviensia, 53 (1): 7-15.

PanAmerican Seed, 2009. http://www.panamseed.com [EB/OL].

Pearson WR, Robins G, Zhang T, 1999. Generalized neighbor-joining: more reliable Phylogenetic tree Reconstruction [J]. Mol Biol Evol, 16 (6): 806-816.

Peggy A, Kings A, Robert L, et al, 1994. Nuclear DNA content ploidy levels in the genus ipomoe [J]. Amer. Soc. Hort. Sci., 119 (1): 110-115.

Poulíčková A, Poulíèková A, Mazalová P, et al, 2014. DNA content variation and its significance in the evolution of the genus Micrasterias (Desmidiales, Streptophyta) [J]. Plos One, 9 (1): e86247.

Pritchard JK, Stephens M, Donnelly P, 2000. Inference of population structure using multilocus genotype data [J]. Genetics, 155 (2): 945-959.

Rafalsky JA, Tingey SV, 1993. Genetic diagnostics in plant breeding, RAPDs, microsatellites and machines [J]. Trends Genet. (9): 275-279.

Reif JC, Melchinger AE, Frisch M, 2005. Genetical and mathematical properties of similarity and dissimilarity coefficients applied in plant breeding and seed bank management [J]. Crop Sci. (45): 1-7.

Reif JC, Melchinger AE, Xia XC, et al., 2003. Genetic distance based on simple sequence repeats and heterosis in tropical maize populations [J]. Crop Science, 43 (4): 1275-1282.

Roux N, Toloza A, Radecke Z, et al, 2003. Rapid detection of aneuploidy in musausing flow cytometry [J]. Plant Cell Rep., 21 (5): 483-490.

Sliwinska E, Steen P, 1993. Flow cytomoetric estimation of ploidy in anisoploid sugarbeet populations [J]. J. Appl. Genet., 36 (2): 111-118.

Stebbins GL, 1971. Chromosomal evolution in higher plant [M]. London: Edwards Arnold Ltd: 87-89.

Suda J, Travnicek P, 2010. Reliable DNA ploidy determination in dehydrated tissues of vascular plants by DAPI flow cytometry-new prospects for plant research [J]. Cytometry Part A, 69A (4): 273-280.

Tautzl D, Renz M, 1984. Simple sequences are ubiquitous repettive components of eukaryotic genomes [J]. Nucleic Acids Research, 12 (10): 4127-4138.

Vance BW, Estager AS, Wells JK, 1994. Estimatiitg ituclear DNA content in peach and related diploid species using Laser flow cytometry and DNA hyhridization [J]. Amer. Soc. Hort. Sci., 119 (6): 1312-1316.

Vemmos SN, 2015. Characterisation of genetic relationships in pansy (*Viola wittrockiana*) inbred lines using morphological traits and RAPD markers [J]. Journal of Pomology & Horticultural Science, 80 (5): 529-536.

Walker B, 1989. Diversity and stability in ecosystem conservation. In Conservation for the Twenty-first Century. Editors: D. Western and M. Pearl, 121-30. London: Oxford University Press.

Walker DA，1989. Automated measurement of leaf photosynthetic O_2 evolution as a function of photon flux density [J]. Philosophical tmse ations of the Royal Society London B (323): 313-326.

Xiao Y，Zhou L，Xia W，et al.，2014. Exploiting transcriptome data for the development and characterization of gene-based SSR markers related to cold tolerance in oil palm (*Elaeis guineensis*) [J]. BMC Plant Biology (14): 384.

Yockteng R，Ballard HEJ，Mansion G，et al.，2003. Relationships among pansies (*Viola*, section *Melanium*) investigated using ITS and ISSR markers [J]. Plant Systematics & Evolution，241 (3-4): 153-170.

Yoshioka Y，Iwata H，Hase N，et al.，2006. Genetic combining ability of petal shape in garden pansy (*Viola* × *wittrockiana* Gams) based on image analysis [J]. Euphytica，151 (3): 311-319.

Zhang J，Liang S，Duan J，et al.，2012. *De novo* assembly and characterisation of the transcriptome during seed development，and generation of genic-SSR markers in peanut (*Arachis hypogaea* L.) [J]. BMC Genomics，13 (1): 90.

Zietkiewcz E，Rafalski A，Labuda D，1994. Genome，fingerprinting by simple sequence repeats (SSR) anchored PCR amplification [J]. Genomics (20): 176-183.